레이어드

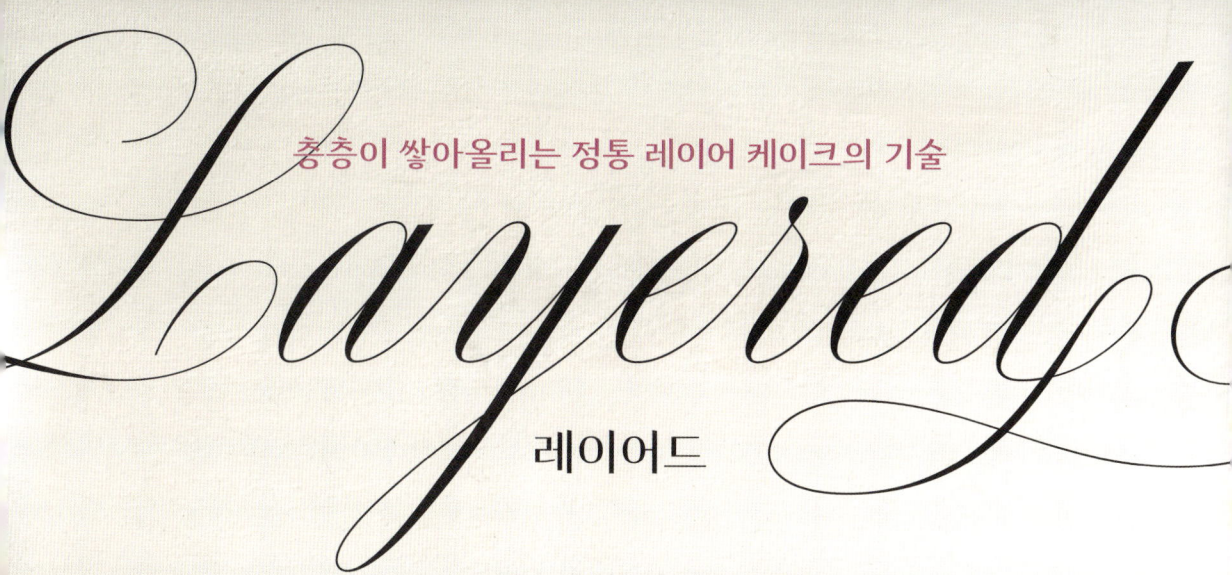

충층이 쌓아올리는 정통 레이어 케이크의 기술

Layered

레이어드

테사 허프 지음

김현희 옮김

내 아들 에버렛 제임스, 꿈을 크게 가지렴.

——

차 례

일러두기

· 이 책에 나오는 외국어 단어들은 국립국어원 외래어표기법을
 따랐으나 일부 용어들은 관용적인 표기를 존중했다.

· 본문의 주석*은 한국의 독자들을 위해 한국어판에 추가한
 것이다. 주석 내용은 284쪽에 표제어 가나다순으로 나와 있다.

· 재료 단위 중 TS는 테이블스푼, ts는 티스푼을 뜻한다.

· 재료에 나오는 달걀은 대란을 기준으로 한다.

달콤한 인생

베이킹은 어떻게 시작하게 되었는지 질문을 받을 때마다 나는 통통한 두 뺨에 하얀 밀가루를 묻히고 작은 에이프런을 두른 채 시나몬 향이 은은하게 퍼지는 부엌에서 집안 대대로 내려오는 레시피대로 빵을 굽는 할머니의 모습을 존경 어린 눈으로 바라보는 아이가 된 나를 상상하곤 한다. 하지만 이것은 말 그대로 상상일 뿐이다. 사실 나는 대학 졸업반이 되어서야 처음 내 손으로 케이크를 만들었다. 캔에 든 완제품 프로스팅과 비닐 지퍼백으로 급조한 짤주머니로 만든 케이크였다. 상상 속에서처럼 좀 더 멋진 스토리가 있었다면 좋았을 텐데 그러지 못한 것이 늘 아쉽다.

그러나 곰곰이 생각해보면 요리와 음식은 언제나 우리 가족 문화의 중요한 일부분이었다. 나는 배경이 다양한 집안 출신이다. 아버지는 독일계 태생이지만 미국 중서부 방식으로 자랐고, 어머니는 하와이 혈통에 푸에르토리코식 생활 방식이 몸에 밴 분이다. 이런 부모 밑에서 태어난 나와 오빠는 다채롭고 창의적인 가정환경에서 자랐다. 부모님이 우리에게 들려준 이야기와 가르침은 대부분 미래에 대한 꿈과 공동체, 요리에 관련된 교훈이었다.

비록 어린 시절 할머니와 함께 빵을 굽던 기억은 없지만, 할머니의 요리가 내가 만든 여러 레시피에 엄청난 영향을 미친 것은 사실이다. 문화적 배경은 화려했지만 주머니 사정은 별로 그러지 못했던 외할머니는 모든 것을 스스로 해결하는 원조 DIY 전문가였다. 유행에 민감해서가 아니라 그럴 수밖에 없는 환경이었던 것이다. 외할머니는 요리, 바느질, 심지어 소파 천갈이에도 능숙했고, 엄마 역할에 충실하면서도 남편과 함께 야간 학교까지 다녔다. 결코 부자는 아니었지만 남에게 나누어주기를 좋아하는 넉넉한 인심이 있었다. 동네 아이들은 외할머니 집에 가기만 하면 맛있는 간식을 얻어먹을 수 있다는 걸 모두 알고 있었다. 외할머니는 좋은 식재료는 특별한 날을 위해 아껴두었다. 그래서 엄마가 기억하는 외할머니표 쿠키는 보통 비싼 바닐라 대신 오렌지 익스트랙트가 들어간 것이었다. 하지만 자식들의 생일날만큼은 집에서 직접 만든 핫도그와 커다란 케이크와 함께 각자가 원하는 선물을 주셨다고 한다.

외갓집에 대한 나의 기억은 대부분 음식과 관련된 것들이다. 외증조할아버지는 필리핀에서 하와이로 이주한 이민 1세대로 사탕수수 가공장에서 일했다. 외할아버지는 하와이 오아후섬 북쪽 해안의 조그만 시골 마을에서 나고 자랐다. 비록 열여덟 살에 섬을 떠나 캘리포니아에서 가정을 꾸렸지만 고향 하와이에 대한 애정은 바다를 건너와서도 변하지 않았다. 외할아버지는 세 자녀가 아직 어릴 때 일과 학업을 병행해 토목 기술자의 꿈을 이루었고, 해마다 여름이면 아이들을 데리고 하와이로 날아갔다. 이 같은 집안 전통은 부모님 세대에서도 이어졌다. 나 역시 내 아이들에게 음식, 가족, 집안 전통을 중시하는 문화를 가르칠 계획이다.

나와 오빠는 절반은 백인이지만, 하와이에 가면 금세 섬 문화에 적응한다. 사람들은 보통 하와이하면 작은 장식용 우산이 꽂힌 음료와 리조트 풀장을 떠올릴 것이다. 하지만 나에게 하와이는 전혀 다른 곳이다. 내가 아는 하와이의 여름 풍경은 가까운 해변에서 먹는 수박과 하우피아 파이*, 하얀 소금이 말라붙은 그을린 피부, (에어컨을 설치한 집이 드물어서) 이웃끼리 동네 주차장에서 즐기는 포틀럭 디너 파티 등으로 채워진다. 나는 하와이의 사촌들에게 훌라 댄스를 배우고 이모들과 함께 레이스를 뜨면서 많은 이야기와 웃음과 우리 가족만의 추억을 나누었다. 하와이에서의 삶은 패션프루트와 망고가 들어간 디저트를 좋아하는 내 취향을 설명해준다. 이국적인 맛과, 익숙지 않은 음식도 존중해야 한다는 가르침도 섬 생활을 하는 동안 자연스레 얻었다.

그런데 내 친가 쪽 가족들은 외가와는 분위기가 사뭇 다르다. 아버지는 디트로이트의 자동차 산업 부흥기 때 그 업계에서 일한, 부유하고 교육 수준이 높은 부모 밑에서 태어났다. 아버지가 어릴 때 살던 집이며 화려한 명절 파티, 친할머니의 결혼식 때 먹었던 정교한 7단 웨딩케이크 사진들을 보면 그야말로 입이 떡 벌어질 정도다. 이렇게 모든 것이 흠잡을 데 없이 완벽해 보이지만, 친가 가족들은 뜻밖의 엄청난 비극을 겪었다. 아버지가 겨우 10대일 때 친할머니가 세상을 떠난 것이다. 나는 친할머니를 만나본 적도 없지만 내 기업가 정신은 그분에게 물려받은 게 분명하다. 친할머니는 1940년대에 미시간주립대학교를 졸업한 뒤 직접 회사를 설립했다. 스물네 살 때 처음 '프로스티드 케이크 숍'을 시작한 나는 스스로 야심가라고 생각했다. 하지만 친할머니의 이력에 비하면 사업가로서 나는 정말 아무것도 아니다. 우리 가족사에서 친할머니가 일찍 돌아가신 것은 엄청난 비극이다. 하지만 그 일이 없었다면 아버지는 직장을 멀리 캘리포니아까지 옮기지 않았을 것이고, 결국 어머니를 만나지도 못했을 것이다.

어린 시절, 나는 매년 크리스마스 쿠키를 구울 때를 빼고는 부엌에 볼일이 거의 없었다. 마룻바닥에서 일상적인 발레 연습을 하기 위해 잠깐씩 드나들었을 뿐이다. 매일 몇 시간씩 발레 연습용 바 앞에서 시간을 보내면서도, 베이킹을 할 인내심은 없었고 요리에도 무관심했다. 하지만 다양한 음식과 세계 각국의 요리에 대해서는 나도 모르는 사이에 익숙해져 있었다. 사업상 출장이 잦았던 아버지는 어린 자식들이 다양한 문화를 체험하게 하는 것이 중요하다고 생각했다. 덕분에 우리는 일본 도쿄에서 밤 페이스트로 만든 국수 형태의 디저트를 발견했고, 호주 시드니에서는 터키시 딜라이트를 처음 맛봤다. 영국 런던 해러즈 백화점에서 과일 모양으로 빚은 마지팬*을 보고 홀딱 반한 기억도 있다. 이처럼 어릴 때부터 내 요리 도구상자에는 다양한 영향들이 조금씩 배어들었다. 하지만 나는 대학생이 되어서야 그 도구들로 재료를 섞어서 나만의 맛 조합을 만들어내기 시작했다.

대학 강의시간과 발레 연습시간 사이에 유일하게 본 텔레비전 예능 프로그램은 쿠킹 쇼였다. 그런데 그 프로그램을 보면서 문득 나도 할 수 있겠다는 생각이 들었다. 나는 곧 종이에 레시피를 적어서 음식을 만든 뒤 룸메이트들에게 시식을 부탁했고, 내게 꽤 재능이 있다는 사실을 알게 되었다. 처음 케이크를 만든 건 2005년 크리스마스 때였다. 뒤늦게 준비를 시작한 탓에 시간도 돈도 부족했다. 미리 진지하게 선물을 준비할 만한 통찰력도 없었다. 나는 선물 대신 처음으로 케이크용 오븐팬 세트를 구입했다. 그리고 친구들에게 줄 케이크를 하나하나 만들기로 했다. 시판용 케이크 믹스와 캔에 든 프로스팅으로 케이크를 만들고, 일회용 비닐 지퍼백으로 급조한 짤주머니에 아이싱을 채워서 떨리는 손으로 케이크에 친구들의 이름을 한 자 한 자 써넣었다. 이렇게 완성한 케이크에는 특별한 무언가가 있었다. 당시 나는 룸메이트들과 이미 꽤 가까워진 상태였다. 그러나 함께 둘러앉아 초콜릿 프로스팅을 파먹으며 웃고 떠들면서 친근감이 더 많이 쌓였고, 겨울 방학 이후 내가 만든 케이크가 주변에 끼친 영향력을 확인할 수 있었다. 내 삶에서 어떤 새로운 일이 시작된 것이다.

음식에 뿌리를 둔 가족의 유대감과 발레 연습이라는 개인적 경험으로 비추어볼 때 내가 제과 일에 열정을 갖게 된 것은 결코 우연이 아닌 것 같다. 비슷한 수준의 에너지와 집중력을 세밀한 부분에까지 쏟아부어야 한다는 점에서 케이크 디자인은 발레를 그만둔 뒤 내가 창의성을 발휘할 수 있는 새로운 출구가 되었다. 주변의 많은 친구들이 의사며 치료사, 간호사로 사회에 첫발을 내딛는 동안, 나는 버터크림과 설탕을 가지고 놀고 있었다. 그리고 얼마 지나지 않아 특별한 축하 자리나 명절, 또는 평일 저녁 모임에 어울리는 쿠키, 컵케이크, 페이스트리를 만드는 '젊은 여자'로 알려졌다. 나는 동네 빵집에서 야간에 레이어 케이크의 필링과 아이싱 작업을 담당하다가 마침내 내 꿈이었던 주문 제작 케이크 숍을 차리기로 했다.

2008년 캘리포니아주 새크라멘토에서 '프로스티드 케이크 숍'을 열었다. 단골 고객들과 결혼식, 지역 행사 등에서 주문이 꽤 들어왔다. 나는 가족들과 남편의 도움만으로 거의 '원 우먼 쇼'를 하듯 대부분의 일을 혼자 해냈다. 물론 사업체의 규모가 작기도 했지만, 컸더라도 다른 방식을 택하진 않았을 것이다. 나는 케이크의 콘셉트 정하기부터 완성에 이르기까지 고객과 함께 논의하며 작업하는 것을 즐겼고, 그렇게 만든 케이크가 누군가의 삶에 기쁨이 되는 장면을 확인하면 더없이 행복했다. 결혼식에서 신부들이 내가 만든 웨딩케이크를 처음 보고 환호하는 모습은 내 기억 속에 영원히 간직될 것이다.

요즘 나는 이렇게 충만한 삶을 살아온 나 자신이 무척 운이 좋았다는 생각을 한다. 베이킹과 요리에 관한 내 시각을 형성하는 데 기여한 모든 사람들과 장소에 감사를 전하고 싶다. 절약이 일상이었던 외가 쪽 영향으로 나는 평소라면 함께 조합하지 않았을 팬트리 안의 재료들로 새로운 레시피를 개발하는 창의성을 발휘할 수 있었다. 한편 부유했던 친가 쪽 덕분에 나는 어릴 때부터 세계 곳곳을 여행할 기회가 많았다. 그래서 도쿄에서 발견한 말찻가루처럼 처음에는 그 용도조차 몰랐던 호사스럽고 이국적인 재료들을 사용한 몇 가지 레시피를 개발할 수 있었다.

현재 내가 사는 곳인 밴쿠버는 우리 집을 기준으로 사방 두 블록 안에 다양한 외국 요리와 별미를 파는 가게가 수십 곳이나 있는 국제적인 도시다. 덕분에 집에서 가족을 위한 식사를 준비할 때도 전 세계의 각종 양념과 신선한 재료를 폭넓게 사용할 수 있어서 새로운 레시피에 관한 영감이 끝없이 떠오른다. 모쪼록 독자 여러분도 이 책에서 영감을 얻어 직접 케이크를 만들 때는 케이크 믹스 상자에 적힌 설명 이상의 것을 생각할 수 있게 되기를 바란다.

창의력을 한 단계 높이려면

레이어 케이크는 뛰어난 맛은 기본이고 창의력을 발휘하기에도 좋은 디저트다. 이 책은 숙련된 제과 기술자든 완전 초보자든 창의력을 한 단계 더 높이는 데 도움을 줄 것이다. 일반 가정에서 멋진 레이어 케이크를 만들기 위해 꼭 알아야 할 기본 정보를 비롯해 창의력 발휘에 영감을 줄 수 있는 요소들로 가득 차 있기 때문이다.

왜 레이어 케이크인가?

레이어 케이크는 시트(제누아즈)와 필링, 프로스팅의 적절한 조화가 돋보이는 맛있는 디저트다. 여러 요소가 합쳐진 만큼 다채로운 식감을 낼 수 있고, 기본 재료의 맛을 보강하는 다양한 풍미의 재료들을 함께 섞어서 단순하면서도 복잡한, 마치 장인의 작품 같은 무언가를 만들어낼 수 있다. 레이어 케이크는 버터크림을 두툼하게 발라 특별한 질감을 표현할 수도 있지만 반대로 최대한 얇게 발라서 순수하고 소박한 느낌으로 마무리할 수도 있다. 또 형형색색의 스프링클로 덮는 방법도 있다. 이처럼 레이어 케이크는 다채로운 데커레이션이 가능한 완벽한 캔버스로서 디저트에 약간의 극적 요소까지 더할 수 있는 기회를 제공한다. 케이크 시트와 버터크림, 가나슈, 가니시의 종류가 얼마나 다양한지 생각해보면 이들을 조합해 만들어낼 수 있는 레이어 케이크의 세계는 그야말로 무한하다.

레이어 케이크는 달콤하고 맛있는 디저트의 차원을 넘어 축하의 상징이기도 하다. 두툼하게 프로스팅한 생일 케이크의 촛불을 끄며 기뻐하는 아이들, 웨딩케이크를 함께 자르는 행복한 신혼부부, 저녁 모임에서 손님들이 지켜보는 가운데 뿌듯한 표정으로 케이크를 들고 나오는 안주인 등과 함께하는 것이 바로 레이어 케이크다. 거품처럼 가볍고 실크처럼 매끈한 초콜릿 퍼지 프로스팅을 듬뿍 바른 레이어 케이크는 어릴 적 추억을 떠올리게 한다. 한 입만 먹어도 죄책감이 느껴질 정도로 진하디진한 초콜릿 케이크를 사랑하는 사람과 나누어 먹으면 로맨틱한 감정이 불타오른다.

가장 중요한 사실은 누구나 레이어 케이크를 좋아한다는 것이다. 버터크림으로 우아하게 장식한 높다란 레이어 케이크는 먹을 때도, 만들 때도, 감상할 때도 즐겁다. 여기서 말하는 건 먹을 수 있는 장식물과 설탕옷을 입힌 가니시로 꾸민 2단, 3단, 6단짜리 레이어 케이크다. 일반 가정에서는 이런 환상적인 작품을 결코 만들 수 없을 거라고? 그건 잘못된 생각이다. 이 책만 있으면 누구나 자신의 주방에서 경탄이 절로 나오는 케이크를 만들어낼 수 있다. 이 책에는 정통 베이킹 기술부터 최신 유행 기법, 전문 케이크 숍에서 활용되는 각종 팁과 노하우를 비롯해 생일이 1년에 한 번뿐인 것이 아쉬울 만큼 새롭고 특별한 맛의 케이크 레시피가 담겨 있다. 이제 더는 시판 케이크 믹스와 캔에 든 프로스팅에 눈길을 주지 말고, 자신의 숨은 능력을 발휘해 한 차원 높은 수준의 케이크를 만들어보자!

이 책의 활용법

이 책 《레이어드》의 목표는 숙련된 제과 기술자에게 새로운 영감과 도전 의식을 심어주는 한편, 내 손으로 전문 케이크 숍 수준의 디저트를 만들고 싶어하는 아마추어들에게 유용한 교본이 되는 것이다. 이 책 속 레시피는 모두 훌륭한 맛의 조화를 꾀하기 위해 케이크 시트와 프로스팅을 전략적으로 짝지은 것이다. 그렇지만 이 레시피들을 독자들이 각자 자신만의 스타일로 변형하기를 적극 추천한다. (시트와 프로스팅의 조합에 대해 더 많은 영감을 얻고 싶다면 279쪽을 참고하라.) 케이크를 굽는 과정은 과학적 사실에 기초해야 하지만, 색다른 맛을 가진 재료들을 자유롭게 사용하고 서로 다른 질감의 조화를 시험해보는 것도 좋다. 데커레이션 기술과 갖가지 종류의 가니시를 창의적으로 조합해 어떤 자리에도 어울리는 특별한 맞춤형 케이크를 만들어보자.

　이 책에는 내가 오랫동안 케이크 전문 파티시에로 일하면서 터득한 수많은 기술과 노하우가 담겨 있다. '파티시에 노트' '데커레이션 팁' '남은 재료 활용법' '시간이 없을 때' 등은 베이킹 경험을 더 단단히 다지는 데 도움이 될 것이다.

　베이킹은 즐거워야 한다! 베이킹에서 가장 중요한 것은 자신감이지만, 올바른 지식과 약간의 연습이 바탕이 되면 가능성은 그야말로 무한하다. 이 책이 그저 보기 좋은 사진과 맛있는 디저트를 소개하는 데 그치는 게 아니라, 그 안에 담긴 이야기까지 전달할 수 있기를 바란다. 특정한 누군가나 어떤 자리에 가장 잘 어울릴 만한 레시피를 고르고, 질 좋은 재료들을 하나하나 직접 구입해서 내 손으로 정성 들여 케이크를 구워낸 뒤 좋아하는 사람들과 함께 나누는 것은 더없는 기쁨이다. 나는 이 책의 독자들이 처음부터 케이크 프로스팅 작업을 흠잡을 데 없이 완벽하게 해내기를 바라지는 않는다. 평범했던 하루가 직접 케이크를 만들면서 기쁨이 넘치는 특별한 날이 되기를 바랄 뿐이다. 베이킹은 우리 배를 채우기 위한 달콤한 디저트를 만드는 것 이상의 의미가 있다. 여러분이 누군가에게 직접 장식한 홈메이드 케이크를 선물해보면 이 말이 무슨 뜻인지 알 것이다. 정성을 다해 만든 레이어 케이크는 그 자체로 많은 것을 표현할 수 있다. 누군가를 향한 애틋한 마음을 말이나 행동으로 보여줄 수 없을 때, 직접 만든 레이어 케이크로 대신해보자!

　파티시에 아내를 둔 덕분에 지난 몇 년 동안 베이킹 전반에 익숙해진 남편은 이 책에 실을 레시피 초안을 살펴보고는 사뭇 놀라며 이 모든 걸 어떻게 다 개발했느냐고 물었다. 남편의 질문에 나는 각 레시피를 만들게 된 과정을 하나하나 되짚어보았고, 그러다보니 일이 무척 커졌다. 지금부터 그 이야기를 비롯해 여러분이 자신만의 케이크를 만드는 데 필요한 기술과 노하우를 공개하겠다.

잘 정리된 팬트리

재료

맛있는 레이어 케이크를 만들려면 재료 준비에 각별한 주의를 기울이고, 레시피에 맞추어 재료를 올바르게 사용하는 것이 무엇보다 중요하다. 레시피에 맞지 않는 밀가루를 쓰거나 레시피에 나온 말랑한 버터 대신 차가운 버터를 사용하면 완성된 케이크의 질감이 완전히 달라서 형태가 금세 무너질 수 있다. 여기서는 이 책 전반에 사용되는 주요 재료들에 대해 간단히 설명하려 한다. 이 재료들은 대부분 각 가정의 팬트리에 이미 갖춰져 있는 것들이다. 지금부터 홈베이킹 재료들을 어떻게 다루어야 하는지, 프리미엄 초콜릿이나 바닐라빈 같은 고급 재료는 언제 구입해야 하는지, 인스턴트 에스프레소 파우더와 레몬 몇 개쯤은 늘 구비해두는 게 왜 중요한지 이야기해보겠다.

달걀

이 책의 레시피에 나오는 달걀은 개당 무게 57~63g을 기준으로 한다. 가능하면 유기농 또는 자연방사 유정란을 추천한다. 이 책에는 노른자 또는 흰자만 사용하는 레시피들이 많으므로 남은 달걀은 잘 보관했다가 나중에 활용하도록 한다. 흰자의 거품을 탄탄하게 올리려면, 노른자를 비롯한 이물질이 조금도 들어가지 않게 해야 한다. 케이크 레시피에서 쓰는 달걀은 다른 재료들과 마찬가지로 실온 상태여야 한다.

밀가루

밀가루라고 다 똑같은 밀가루가 아니다. 따라서 각 레시피에서 요구하는 밀가루가 무엇인지 분명히 확인해야 한다. 대부분의 경우, 종류가 다른 밀가루로 대체하기는 힘들다. 다목적 밀가루(중력분)는 케이크용 밀가루(박력분)보다 글루텐 함량이 많아서 비교적 질감이 단단하고 실패 확률이 적은 케이크에 많이 사용된다. 예를 들면 초콜릿 케이크나 당근 케이크, 기타 오일 반죽 케이크 등이다. 좀 더 부드럽고 폭신한 케이크에는 박력분을 써야 한다. 이 책에 나오는 거의 모든 버터 베이스 케이크는 박력분을 사용하며, 별도의 언급이 없는 한 다른 밀가루로 대체할 수 없다.

이 책에는 아몬드가루, 통밀가루, 스펠트밀 같은 특수 밀가루를 사용하는 레시피들도 있다. 다행히 최근에는 일반 마트에서도 이런 밀가루를 쉽게 구입할 수 있다. 특수 밀가루는 케이크에 특별한 맛과 질감을 더해주지만, 대부분 일반 밀가루로 대체 가능하다.

밀가루를 계량할 때는 담은 밀가루의 윗면을 평평하게 깎아서 잰다. 먼저 용기 안에 든 밀가루를 거품기로 몇 번 휘저어 공기가 섞이게 한 뒤 계량컵으로 밀가루를 수북하게 퍼 올린다. 그런 다음 칼날을 계량컵 위쪽 모서리에 대고 수평으로 깎아서 여분의 밀가루를 덜어내면 정확한 1컵이 된다.

버터

별도의 언급이 없다면 베이킹용 버터는 언제나 무염을 사용한다. 레시피에 나온 소금의 양은 따로 넣어야 조절이 쉬운 데다 짭조름한 버터크림은 여간해서는 맛이 없기 때문이다. 이 책에서는 대부분 실온 상태의 말랑한 버터를 필요로 한다. 쉽게 펴 바를 수 있을 만큼 부드럽되 절대 분리된 상태여서는 안 된다. 주방 온도에 따라 다르겠지만 일반적으로 사용하기 30~60분 전에 냉장고에서 꺼내두면 적당히 말랑해진다.

설탕

케이크는 달콤한 디저트다. 그러므로 당연히 대부분의 레시피에 설탕이 들어가며 주로 흰색 그래뉴당을 사용한다. 프로스팅에 많이 쓰는 슈거파우더(아이싱 슈거, 가루 설탕)는 밀가루처럼 깎아서 계량한 다음 반드시 체에 쳐서 사용해야 한다. 나는 스파이스 케이크, 초콜릿 케이크, 버터밀크 케이크부터 버터크림까지 다양한 레시피에 갈색설탕을 추가로 넣는 편이다. 무스코바도 설탕은 비정제 사탕수수 설탕으로, 수분 함량이 많고 당밀 향이 강해서 특정한 레시피에만 사용해야 한다. 갈색설탕은 반드시 꽉 눌러 담아서 계량한다.

소금과 향신료

소금은 달콤한 디저트에 어울리지 않을 것 같지만, 다른 맛을 더 부각시키는 효과가 있다. 케이크 레시피에서는 입자가 고운 코셔소금*이나 바닷소금을 사용하고, 가니시 용도로는 플뢰르 드 셀*이나 플레이크 솔트*를 쓴다.

향신료는 별도의 언급이 없는 한, 대부분 분말 형태를 사용한다. 통째로 쓰거나 즉석에서 갈아서 쓰면 더 강한 풍미를 낼 수 있다. 분말 형태는 장기간 보관이 가능하지만, 산 지 2년 이상 지났다면 새로 구입하는 게 좋다.

액상 재료

액상 재료는 케이크의 구조와 질감을 형성하는 데 반드시 필요하다. 액상 재료에 포함된 지방 성분이 밀가루의 글루텐 형성을 방해하는 윤활제 역할을 하기 때문이다. 이 책에서 사용하는 우유는 저지방이나 무지방이 아닌 일반 우유다.

버터밀크도 자주 사용되는데 대체품을 쓸 때는 주의해야 한다. 버터밀크의 산酸 성분이 나머지 재료들이 제대로 부풀어 오르는 데 중요한 역할을 하기 때문이다. 몇몇 레시피에서는 사워크림을 쓰면 지방과 산의 밸런스를 완벽하게 맞출 수 있다. 우유, 버터밀크, 사워크림은 반드시 실온 상태로 케이크 반죽에 넣는다.

헤비크림은 프로스팅과 필링을 만들 때 자주 쓴다. 휩트크림*을 만들 때는 최소한 유지방 35% 이상의 헤비크림을 차가운 상태에서 휘핑해야 최고의 결과물을 얻을 수 있다.

유지류

때로는 버터 대신 오일로 밀가루 단백질을 코팅해서 촉촉한 케이크를 만

들 수 있다. 이 책에서 사용하는 오일은 포도씨유다. 하지만 카놀라유, 홍화씨유 같은 다른 식물성 오일로 대신해도 괜찮다. 별도의 언급이 없는 한, 올리브오일은 케이크의 맛과 향을 달라지게 하므로 사용하지 않는다.

천연 감미료

이 책에는 설탕 외에 당밀, 꿀, 맑은 콘시럽, 메이플시럽, 현미 조청 등 다양한 천연 감미료를 사용한 레시피가 많다. 이런 재료들은 단맛을 낼 뿐 아니라 케이크에 색다른 풍미를 더한다.

초콜릿

어딘가에 돈을 좀 쓰고 싶다면, 고급 초콜릿을 사라. 마트에서 파는 봉지에 든 초콜릿칩을 말하는 게 아니다(물론 이런 초콜릿을 쓰면 절대 안 된다는 뜻은 아니다). 기왕 최고급 초콜릿을 쓰기로 했다면, 대용량으로 판매하는 단추형 또는 판형 커버처 초콜릿(밀크, 세미 다크, 다크)을 추천한다. 개인적으로 선호하는 제과용 초콜릿 브랜드는 칼리바우트Callebaut다.

더 짙은 색상과 진한 맛을 내야 하는 프로스팅이나 글레이즈 용도로는 무가당 더치 프로세스 코코아가루를 쓴다. 이것은 알칼리화 과정을 거쳐 카카오 본연의 신맛을 중화시킨 코코아가루다. 별도의 언급이 없다면 이 책에 나오는 초콜릿 케이크를 구울 때는 모두 알칼리화 과정을 거치지 않은 무가당 내추럴 코코아가루를 사용한다.

화이트초콜릿 역시 최고급 브랜드를 추천하고 싶다. 특히 망고 가나슈(166쪽)와 말차 가나슈(93쪽)처럼 화이트초콜릿으로 가나슈를 만들어야 하는 레시피에서는 더욱 그렇다.

크림치즈

버터와 마찬가지로 크림치즈도 말랑한 실온 상태로 사용해야 한다. 다만

버터보다 빨리 말랑해지기 때문에 보통 사용하기 10~15분 전에 냉장고에서 꺼내두면 충분하다. 별도의 언급이 없다면 크림치즈는 저지방이 아닌 일반형을 쓴다.

팽창제

이 책에서 만들 케이크는 모두 높이가 있는 레이어 케이크다. 따라서 케이크를 부풀게 해주는 재료에 특별히 주목해야 한다.

베이킹파우더와 베이킹소다는 서로 대체될 수 없다. 베이킹소다는 보통 초콜릿, 버터밀크, 감귤류가 들어가는 레시피에 사용된다. 재료의 산 성분에 반응해 중화제 역할을 하기 때문이다.

향미료

별도의 언급이 없다면, 케이크를 만들 때는 늘 신선한 감귤류 즙과 퓨어 익스트랙트를 사용한다. 이 책에는 바닐라, 아몬드, 페퍼민트 익스트랙트가 필요한 레시피가 많은데, 흉내만 낸 합성 제품을 사용했을 때는 결코 같은 맛과 향을 낼 수 없다. 최고급 바닐라 익스트랙트는 갓 짠 레몬즙처럼 맛과 향이 오래 지속된다.

감귤류 제스트도 모든 레시피에 강렬한 향미를 더할 수 있는 재료다. 감귤류 껍질을 강판에 갈면 천연 오일 성분과 향미가 진하게 배어나는데, 여기에 설탕을 섞은 것이 바로 제스트다. 단, 껍질에서 쓴맛이 나는 안쪽의 흰 부분은 빼고 맨 바깥쪽 부분만 얇게 갈아야 한다. 개별 레시피에 따라 밝혔지만, 바닐라빈 페이스트는 바닐라 익스트랙트보다 훨씬 고급스러운 맛과 향을 낸다. 실제 바닐라빈 씨앗이 들어 있어서 개인적으로 가장 좋아하는 재료 중 하나로, 적극 추천하고 싶다. 이런 재료들은 옐로 케이크*나 버터크림 케이크의 퀄리티를 한 단계 끌어올릴 수 있는 비법이다. 물

론 바닐라 페이스트를 구입하기가 부담스럽다면 바닐라 익스트랙트로 대신해도 좋다.

우리 집 팬트리에는 인스턴트 에스프레소 파우더가 항상 구비되어 있다. 커피와 에스프레소는 대부분의 레시피에서 초콜릿의 맛과 향을 더 부각시키기 때문에 생각보다 더 자주 쓰게 된다. 인스턴트 에스프레소 파우더를 구하기 힘들다면 인스턴트 커피로 대체할 수 있다. 그러나 맛과 향이 확실히 약하기 때문에 사용량을 25~50% 늘려야 한다.

각종 도구

이 책에 나오는 케이크를 만들기 위해서는 주걱, 스패튤러, 믹싱볼, 오븐 등 기본적인 베이킹과 케이크 제작에 필요한 도구와 장비 외에 특수한 몇 가지 도구가 더 있으면 도움이 된다. 이 도구들을 반드시 다 갖출 필요는 없지만, 원하는 수준의 케이크를 더 쉽게 만들고 싶다면 조금씩 구비해두는 것도 좋다.

거름망

구멍이 촘촘하고 자루가 달린 거름망은 다양한 레시피에서 자주 쓰인다. 향미시럽이나 커드, 퓌레를 거를 때도 사용한다. 커다란 원형 체는 밀가루 같은 분말류를 체 칠 때 즐겨 쓴다.

거품기

크림을 휘핑할 때, 달걀을 풀 때, 커스터드 크림을 만들 때, 그밖에 여러 재료를 섞을 때 등 다목적으로 사용하기에 가장 좋다.

계량스푼

계량컵과 마찬가지로 계량스푼 세트도 반드시 갖추어야 할 도구다. 베이킹에서는 1/2ts과 3/4ts의 차이가 결과물의 성패를 좌우하기 때문에 정확한 계량이 매우 중요하다.

계량컵

테두리가 평평한 스테인리스 또는 플라스틱 재질의 계량컵 세트는 특히 전문 케이크 숍 주방에서 매우 유용하게 쓰인다. 액상 재료는 반드시 액체용 계량컵을 이용해야 한다. 보통 유리 또는 투명 플라스틱 재질에 옆면에는 수치가 적혀 있고 주둥이 부분이 뾰족하다.

고무 주걱

베이킹에서 고무 주걱이 필요한 경우는 수없이 많다. 믹싱볼 가장자리에 묻은 반죽을 싹싹 긁어 정리할 때, 재료를 폴딩해서 섞을 때, 그밖에 무엇이든 혼합할 때 두루 쓸 수 있다.

돌림판

한 번에 여러 개의 레이어 케이크를 만들 계획이라면, 돌림판을 구입할 것을 적극 추천한다. 돌림판은 다양한 프로스팅 작업에 도움이 되는데, 특히 매끈하게 프로스팅할 때나 회오리 피니시를 할 때 매우 편리하다.

레몬 제스터

작은 강판인 레몬 제스터는 쓴맛이 나는 껍질 안쪽의 흰 부분을 제외하고 과일 본연의 맛과 향을 가득 품은 겉껍질만 추출할 때 유용한 도구다. 개인적으로 마이크로플레인Microplane 제품을 좋아해서 매일 디저트는 물론 식사를 준비할 때도 사용한다.

모양 깍지

이 조그만 도구들이 케이크 디자인에 드라마틱한 효과를 내준다. 깍지의 형태와 크기는 무척 다양하다. 작은 깍지는 보통 보더를 파이핑할 때 쓰고, 큰 깍지는 시트 위에 충전물을 올리거나 버터크림을 이용한 피니시 작업을 할 때 쓴다. 이 책의 케이크 데커레이션에는 다양한 크기의 원형 깍지, 별 깍지, 꽃잎 깍지가 사용되었다.

무스 링(타르트 링)

무스 링은 케이크 팬과 비슷하지만 바닥이 없다는 점이 다르다. 몇몇 레시피에서 시트를 둥글게 찍어내거나 레이어 케이크를 조립할 때 지름 15cm 무스 링이 필요하다.

빵칼

톱날이 달린 기다란 빵칼은 케이크 시트를 수평으로 자를 때 유용하다. 가나슈나 글레이즈를 만들기 위해 커다란 초콜릿 덩어리를 잘게 썰 때도 쓸 수 있다.

삼각칼 / 사각칼

빗살이 달린 삼각칼 또는 사각칼은 버터크림으로 프로스팅할 때나 케이크 옆면에 다양한 질감을 표현할 때 사용한다. 재질은 스테인리스 또는 플라스틱이며, 베이킹 용품 매장의 케이크 데커레이션 코너에서 찾아볼 수 있다.

스테인리스 스패튤러

스테인리스 재질의 스패튤러는 모양과 크기가 매우 다양하다. 일자 스패튤러는 케이크 표면에 프로스팅을 바를 때를 비롯해 다양한 용도로 쓸 수 있다. 개인적으로는 손잡이 쪽 날이 꺾여 있는 L자 스패튤러를 더 좋아한다. 소형 L자 스패튤러는 케이크 안쪽에 필링을 고루 펴 바를 때나 작은 케이크를 프로스팅할 때 편리하다. 중형 L자 스패튤러는 좀 더 큰 케이크를 프로스팅할 때 유용하다. 중형 또는 대형 L자 스패튤러는 돌림판이나 받침 위에 놓인 케이크를 들어서 접시로 옮길 때도 쓸 수 있다.

아이싱 스무더
또는 스테인리스 스크래퍼

스테인리스 스크래퍼나 아이싱 스무더는 프로스팅을 바른 케이크를 매끈하게 다듬고 모서리 부분을 깔끔하게 정리할 때 반드시 필요하다. 한쪽이 매끈한 삼각칼 또는 사각칼을 구입하면 매끈하게 마무리할 때나 무늬가 들어가게 마무리할 때 모두 쓸 수 있다.

오븐 온도계

오븐의 온도를 정확히 맞추는 것은 베이킹에서 매우 중요한 포인트다. 오븐의 실제 온도를 확인할 수 있는 작은 오븐 전용 온도계는 확실히 돈을 주고 구입할 만하다. 이런 온도계가 있으면 오븐 내부에 지나치게 뜨겁거나 차가운 부분이 있는지, 또 문을 열었을 때 내부 온도가 쉽게 내려가지 않는지 알 수 있다. 베이킹 작업에서는 아는 것이 힘이다. 문제에 따라 온도나 굽는 시간을 조정하면 되기 때문이다.

유산지 / 원형 유산지

유산지는 주방에서 매우 유용하게 쓰인다. 가니시를 말릴 때, 짤주머니를 만들 때, 케이크 팬 바닥에 깔 때 등 쓰임새는 다양하다.

전동 스탠드 믹서

이 책에서 믹싱이나 휘핑 작업이 필요할 때는 대부분 스탠드 믹서를 사용한다. 핸드 믹서로 대신할 수도 있지만, 이 경우 시간과 속도가 레시피와 달라진다는 점을 유의해야 한다. 스탠드 믹서를 쓰면 두 손이 자유로워서 머랭을 칠 때처럼 또 다른 재료를 섞으면서 계속 휘저어야 할 때 무척 편리하다.

제과용 붓

제과용 붓은 시트에 특정한 맛과 촉촉함을 더하는 시럽을 바를 때 편리하다. 플라스틱, 실리콘, 천연 모로 된 붓이면 충분하다.

젤 타입 식용색소

일반적으로 젤 타입 색소는 액상 색소보다 더 농축된 상태라 적은 양으로 더 진한 빛깔을 낼 수 있다. 케이크 반죽이나 프로스팅을 원하는 색깔로 물들일 때는 추가되는 액체의 양을 최소화할 수 있는 젤 타입 색소를 추천한다.

조리용 온도계

몇몇 레시피에서는 조리용 온도계가 필요하다. 숙련된 사람은 눈으로 봐도 충분히 알 수 있지만, 특히 설탕을 끓이거나 달걀 혼합물을 데울 때는 온도계로 정확한 온도를 맞추는 게 좋다.

주방용 저울

계량을 더 정확하게 하려면, 주방용 저울과 단위 변환표를 이용한다. 특히 초콜릿이 들어가는 레시피에서 유용하다.

짤주머니

일회용 비닐 짤주머니와 천 짤주머니는 각각 장단점이 있다. 나는 보통 보더(경계 장식) 파이핑처럼 소소하고 쉽게 지저분해지는 작업을 할 때는 작은 비닐 짤주머니를 사용한다. 반면 시트 위에 필링을 올리거나 버터크림을 이용한 피니시처럼 좀 더 규모가 큰 작업을 할 때는 다양한 천 짤주머니를 활용한다. 천 짤주머니는 내용물을 자주 채워넣지 않아도 돼서 기포의 생성을 최소화할 수 있기 때문이다.

채소 필러

채소 필러는 당근 껍질을 벗길 때뿐 아니라 돌돌 말린 초콜릿 컬을 만들 때도 유용하다.

체

밀가루나 코코아가루 같은 마른 재료와 슈거파우더는 사용하기 전 반드시 체에 쳐야 한다. 개인적으로는 고운 원형 체를 선호하지만, 없다면 컵 형태의 체로도 대체할 수 있다.

케이크 받침

케이크 받침은 2단 이상의 케이크를 만들 때 안정성을 확보하기 위해 반드시 필요하다. 베이킹 용품 매장에서 구입할 수 있다. 다양한 크기로 여러 개 준비해두면 케이크를 옮길 때 편리하다. 일반 판지로 만든 것도 있고, 기름이 배지 않도록 코팅된 것도 있다.

케이크 팬

이 책에 소개된 케이크들은 지름 15cm, 20cm, 25cm 크기의 원형 팬(깊이는 모두 5cm)을 이용해 구운 것이다. 정사각형 팬은 같은 크기라도 부피가 더 크기 때문에 원형 팬을 대체할 수 없다. 몇몇 케이크는 25×38cm 크기의 직사각형 팬을 이용했다. 이보다 약간 작은 23×33cm 크기의 팬을 써도 충분하지만, 굽는 시간을 좀 더 길게 잡아야 한다. 보통 표준 베이킹 트레이와 롤케이크 팬의 깊이가 2.5cm이므로, 직사각형 케이크 팬은 깊이가 최소한 5cm 이상이어야 한다.

케이크 만들기와 데커레이션의 기초

제과·제빵은 배워야 할 것이 무궁무진한 분야다. 여기서는 완벽한 케이크를 만들 때 필요한 가장 중요한 기술 몇 가지를 소개하겠다. 이 가운데 다수는 책에서 실제로 활용되는 기술로, 본격적인 시작에 앞서 관련 용어와 과정을 제대로 이해하기를 권한다. 이번 장에서는 완벽한 레이어 케이크를 만들어내기 위한 기본 요소인 케이크 쌓는 법과 프로스팅 방식을 다루려 한다. 또 이 책의 케이크 사진에서 자주 보이는 피니시 방식에 대해서도 이야기해보자.

제과·제빵 기술

크림화Creaming

개인적인 의견으로는 버터와 설탕을 믹싱해서 크림 형태로 만드는 단계가 케이크 레시피에서 가장 중요한 포인트다. 실크처럼 매끈한 질감의 버터크림 케이크를 만들고 싶다면 이 기술에 특히 주목해야 한다. 크림화는 공기층이 충분히 형성되도록 말랑한 버터와 설탕을 섞는 과정이다.

크림화 작업을 시작하기 전, 먼저 필요한 모든 도구(스탠드 믹서에 딸린 믹싱볼과 반죽용 패들 포함)의 온도를 실온에 맞춰야 한다. 이 책에 나오는 레시피의 대다수는 스탠드 믹서의 믹싱볼에 버터를 넣고 중속으로 2분쯤 믹싱해서 실크처럼 매끈하게 만드는 작업부터 시작한다. 이어 설탕을 추가하고 믹서의 속도를 중고속으로 높여 질감이 가벼워지고 뽀얀 빛이 돌 때까지 3~5분쯤 더 믹싱한다.

이 과정에서 설탕 입자들이 버터 사이로 비집고 들어가면서 작은 기포들이 형성된다. 마찰을 통해 설탕은 녹기 시작하고, 버터는 훨씬 더 부드러워진다. 이렇게 크림화된 버터와 설탕은 케이크 반죽 전체에 더 고르게 퍼지기 때문에 이 중요한 과정을 절대 건너뛰어서는 안 된다. 여기에 더 많은 재료를 추가하기 시작하면, 더는 크림화가 되지 않는다.

폴딩Folding

폴딩은 무언가를 섞는 방식의 하나로, 보통 질량과 밀도가 크게 다른 두 가지 혼합물이나 재료를 한데 섞을 때 이용된다. 휘핑한 달걀흰자(머랭)처럼 가벼운 질감의 혼합물을 부피가 줄어들지 않게 하면서 무언가에 섞을 때 이 방식을 자주 쓴다.

폴딩을 할 때는 커다란 고무 주걱을 사용한다. 먼저 케이크 반죽 위에 머랭을 올린다. 주걱은 믹싱볼의 안쪽 벽을 긁듯이 바닥까지 쭉 밀어넣은 다음, 바닥의 반죽을 퍼 올려서 위쪽으로 가볍게 접는다. 믹싱볼을 90°쯤 돌리고 다시 바닥의 반죽을 위로 살짝 접는다. 이 과정을 계속 반복해서 반죽과 머랭이 완전히 섞이게 한다. 휩트크림*을 반죽에 섞을 때도 폴딩 방식으로 한다.

케이크 반죽에 마지막으로 견과류나 초콜릿칩 같은 재료를 넣을 때도 폴딩 방식으로 가볍게 섞는 게 좋다.

달걀흰자 휘핑하기(머랭 치기)

달걀흰자를 휘핑할 때는 반드시 완벽하게 깨끗한 거품기를 써야 한다. 달걀흰자에 지방이나 노른자 같은 것이 조금이라도 섞여 있거나 거품기에 기름기가 묻어 있을 경우, 흰자에 공기층이 제대로 형성되지 않는다. 휘핑은 거품기를 들어올렸을 때 머랭의 끝부분이 뾰족한 모양을 이룰 때까지만 한다. 그 이상 계속하면 머랭이 몽글몽글 뭉치면서 분리되기 시작한다. 머랭은 시간이 지날수록 점점 가라앉기 때문에 반드시 사용 직전에 휘핑해야 한다.

크림 휘핑하기

앞의 재료 설명 부분에서 언급했듯이, 휘핑용 크림은 유지방 함량이 적어도 35% 이상인 차가운 헤비크림이어야 한다. 레시피에 따라 스탠드 믹서에 거품기를 장착해서 크림을 부드러워질 때까지 또는 적당히 단단해질 때까지 휘핑한다. 지나치게 휘핑하면 크림이 분리되기 시작해서 멍울이 생기고 급기야 버터로 변할 수 있으므로 주의한다.

휩트크림을 케이크 필링이나 프로스팅으로 쓸 계획이라면, 휘핑 작업은 서빙 직전에 하는 것이 가장 좋다. 하지만 어쩔 수 없을 경우에는 휩트크림만 따로 밀폐용기에 담아 냉장고에 보관했다가 사용 직전에 거품기로 다시 가볍게 섞어서 써도 괜찮다. 휩트크림이 들어간 케이크는 변질을 막기 위해 서빙 30분 전까지 냉장 보관해야 하므로 시간 계획을 잘 세워야 한다.

중탕냄비

중탕냄비는 약하게 끓는 물을 이용해 간접적으로 위쪽의 재료를 따뜻하게 데울 수 있는 2단 냄비다. 아예 제품화된 것을 구입해도 되지만, 중간 크기의 소스팬 위에 내열처리된 믹싱볼을 올려서 쉽게 만들 수 있다. 아래쪽 소스팬에 물을 적당히 붓고 그 위에 믹싱볼을 올린다. 믹싱볼 바닥이 팬 안쪽으로 완전히 들어가되 물과 직접 닿아서는 안 된다. 이 상태에서 소스팬을 중간불에 올려 물을 약하게 계속 끓인다. 이 책에서 중탕냄비를 사용하는 경우는 대부분 초콜릿을 녹일 때다. 그밖에 달걀물처럼 섬세한 혼합물을 데울 때도 이 방식을 활용한다.

리버스 크림화Reverse Creaming(2단계 반죽법Two-Step Cake Method)

크림화와 비슷한 결과물을 얻을 수 있는 이 기술은 질감이 가볍고 잘게 부스러지는 케이크를 만들 때 활용한다. 먼저 밀가루를 비롯한 마른 재료에 말랑한 버터를 넣고 섞어서 밀가루 입자를 지방으로 코팅한다. 그다음 머랭을 섞는다. 나폴리탄 케이크(48쪽)처럼 반죽에 수분이 부족한 상태에서 머랭과 우유를 넣으면 혼합물이 좀 더 고르게 섞이면서 안정적인 구조를 띠게 된다. 리버스 크림화 방식은 실수했을 때 복구하기가 힘들다. 따라서 마지막에 반죽을 지나치게 믹싱하지 않도록 조심해야 한다. 액상 재료는 아주 천천히 넣는다.

템퍼링Tempering

템퍼링은 온도가 다른 두 가지 혼합물을 섞을 때 활용한다. 이 책에서 템퍼링이 필요한 경우는 대부분 뜨거운 크림과 실온의 달걀을 섞을 때다.

달걀이 익어서 뭉치는 것을 막으려면 뜨거운 액체를 천천히 조금씩 부으면서 계속 휘저어야 한다. 그래야 달걀의 온도가 천천히 올라가면서 내용물이 고루 섞인다.

익은 정도 확인하기

케이크를 굽는 시간은 오븐의 실제 온도, 오븐에서 케이크 팬이 놓인 위치, 습도 등 여러 조건에 따라 조금씩 달라질 수 있다. 다음은 케이크가 잘 익었는지 확인하기 위한 몇 가지 간단한 테스트 방법이다.

이쑤시개로 확인: 케이크의 한가운데에 이쑤시개를 푹 찔러넣었다가 뺀다. 이쑤시개에 묻어나온 것이 전혀 없거나 약간의 부스러기만 묻었다면 케이크가 다 익은 것이다.

육안으로 확인: 케이크 모서리가 케이크 팬에서 살짝 들뜨기 시작하면 다 익은 것이다. 옐로 버터 케이크나 버터밀크 케이크처럼 빛깔이 연한 케이크는 윗면이 황금빛으로 변하기 시작할 때까지 구워야 한다.

촉감으로 확인: 스펀지 케이크나 시폰 케이크는 손끝으로 표면을 눌렀을 때 탄력이 느껴지면 다 익은 것이다.

체 치기

밀가루를 비롯한 마른 재료와 슈거파우더는 사용하기 전에 반드시 고운체로 쳐서 공기를 포함하게 하고 뭉친 덩어리를 제거해야 한다. 마른 재료에는 밀가루, 소금, 향신료, 팽창제, 코코아가루 등이 포함된다. 그래뉴당이나 갈색설탕 같은 것은 보통 마른 재료에 포함되지 않는다.

버터크림 물들이기

바닐라 스위스 머랭 버터크림(41쪽 참조)을 물들일 때는 완성된 버터크림에 젤 타입 식용색소를 몇 방울 넣고 잘 섞는다. 필요하면 원하는 빛깔이 나올 때까지 색소를 조금 더 추가한다. 이처럼 버터크림을 물들이는 것은 언제나 선택 사항이며, 바닐라 버터크림을 쓰는 모든 케이크에 적용할 수 있다.

케이크 팬 준비하기

케이크가 팬 바닥에 눌어붙는 것을 막으려면 먼저 팬 안쪽에 버터나 스프레이 오일로 기름칠을 한다. 그런 다음 밀가루를 약간 뿌리고 팬을 이리저리 흔들어서 밀가루로 팬 안쪽을 전체적으로 얇게 코팅한 뒤, 팬을 뒤집어서 여분의 밀가루를 떨어낸다.

미 장 플라스 Mise en Place

베이킹을 잘하려면 미 장 플라스하는 습관을 들여야 한다. '미 장 플라스'란 '제자리에 둔다'라는 뜻의 프랑스어로, 베이킹에서는 작업을 시작하기 앞서 모든 재료를 준비하고 계량해서 늘어놓는 것을 가리킨다. 다소 지나치다 싶을 수도 있지만, 결과적으로 보면 이것이 작업을 더 쉽게 하는 법이다. 레시피에 필요한 모든 재료가 갖춰진 상태이기 때문에 베이킹 도중에 달걀이 부족하다는 사실을 깨닫는 불상사도 일어나지 않는다.

　　이 책에서는 만드는 과정을 처음부터 끝까지 읽고 이해하는 것, 모든 재료의 온도를 적절하게 맞춰놓는 것도 '미 장 플라스'에 포함된다. 별도의 언급이 없다면 버터, 달걀, 기타 유제품은 언제나 베이킹 시작 전에 실온 상태로 준비되어야 한다. 특히 버터를 설탕과 함께 크림화할 때, 버터크림을 만들기 위해 머랭과 섞을 때는 반드시 말랑한 상태로 넣어야 한다. 완전히 녹거나 차가운 버터를 넣어서는 절대 안 된다.

케이크 자르기

아름다운 케이크를 조각내기 전, 먼저 칼끝으로 케이크에 2등분 지점을 표시한다. 이어서 한쪽 절반에 4등분 또는 3등분 지점을 표시한다. 나머지 절반에도 똑같이 표시하면 모든 조각을 똑같은 크기로 자를 수 있다. 필요할 경우, 자르기 전에 가니시를 걷어내거나 자리를 옮긴다. 케이크를 자를 때는 보통 큰 부엌칼을 사용한다. 하지만 생과일을 필링으로 넣은 케이크나 부서지기 쉬운 케이크는 기다란 빵칼로 살살 톱질하듯 자른다.

　　케이크를 매끈하게 자르려면 케이크 스탠드가 실온 상태여야 한다. 조각낸 케이크는 L자 스패튤러를 바닥 밑으로 밀어넣어 조심스럽게 옮긴다. 차가운 버터크림이나 가나슈 프로스팅 때문에 케이크가 잘리지 않을 경우, 칼날을 뜨거운 물에 살짝 데운다. 따뜻해진 칼날이 프로스팅을 부드럽게 녹여서 쉽게 잘릴 것이다. 한 조각을 자른 뒤에는 깨끗한 행주나 키친타월로 칼을 닦은 뒤 이어서 자른다.

케이크 보관하기

일반적으로 케이크는 시트를 미리 구워서 따로 보관했다가 필요할 때 필링과 프로스팅 작업을 해서 완성할 수 있다. 시트는 냉장실에서 5일까지, 냉동실에서는 한 달까지 보관이 가능하다. 보관할 때는 시트를 식품용 랩으로 두 겹씩 꼼꼼히 감싸야 한다. 냉동된 케이크 시트는 랩으로 싼 상태 그대로 냉장실에서 해동시킨다.

　　프로스팅과 데커레이션까지 마친 케이크를 냉장실에 보관할 때는 랩을 가볍게 씌우거나 케이크 상자에 넣어서 향이 강한 음식과 멀리 떨어진 자리에 놓아야 한다. 프로스팅이 안 된 면이 있는 케이크는 가니시를 올리거나 글레이즈를 바르지 말고, 랩으로 그 부분을 감싸서 수분이 마르는 것을 방지한다. 칼로 자른 흔적이 있는 남은 케이크를 보관할 때는 잘린 표면에 랩이나 유산지를 직접 붙여야 수분이 마르지 않는다. 케이크는 보통 완성 후 48시간 안에 먹는 것이 가장 좋지만, 그 후에도 며칠 정도는 보관이 가능하다(구체적인 기간은 각 레시피를 확인하자). 일반적으로 냉장 케이크는 서빙 전 미리 꺼내 실온에 30~90분쯤 두어야 한다. 이 책에 나오는 대다수의 케이크는 냉동 보관이 가능하다(냉동 기간은 레시피에 구체적으로 나와 있다). 하지만 냉동 또는 해동 과정에서 프로스팅과 케이크의 외형이 변할 수 있다는 점은 기억해야 한다. 남은 케이크를 얼릴 때는 형태가 고정되도록 냉동실에 20~30분쯤 넣었다가 꺼내서 랩으로 두 겹씩 단단히 감싼 다음 다시 냉동실에 넣는다. 별도의 언급이 없다면, 냉동 보관은 최장 두 달까지 할 수 있다.

케이크 프로스팅하기

케이크의 옆면을 벨벳처럼 매끈하게 프로스팅하고, 윗면의 가장자리까지 깔끔하게 마무리하는 것은 전문가만 할 수 있는 기술이 아니다. 몇 가지 도구와 간단한 요령만 있으면, 누구나 멋지게 프로스팅한 케이크를 만들 수 있다.

프로스팅에 필요한 것들

구워서 식힌 케이크 시트 1개	대형 짤주머니	기다란 빵칼
자신이 선택한 레시피	원형 깍지(지름 12~20mm)	L자 스패튤러(대형, 소형 1개씩)
자신이 선택한 프로스팅	돌림판	고무 주걱
자신이 선택한 필링	케이크 받침	아이싱 스무더 또는 스테인리스 스크래퍼

케이크 시트 준비하기

윗면이 평평하고 안정적인 레이어 케이크를 만들고 싶다면 반드시 바닥부터 작업을 시작해야 한다. 시트용 케이크는 맛있고 구조적으로 탄탄해야 할 뿐 아니라 시트 한 장 한 장의 모양과 두께가 똑같아야 한다. 팬에서 빼냈을 때부터 모양이 완벽한 케이크는 거의 없다. 윗면을 칼로 다듬어서 평평하고 적당한 높이가 되도록 맞추어야 한다.

시트용 케이크는 반드시 완전히 식힌 다음 자르거나 프로스팅을 해야 한다. 팬에서 빼낸 뒤 식품용 랩으로 잘 싸서 냉장고에 2시간쯤 넣어두는 것이 가장 좋다. 이렇게 차갑게 식힌 케이크는 칼로 자르거나 이리저리 다룰 때 쉽게 부스러지지 않는다.

이제 굽는 동안 봉긋하게 부풀어오른 케이크의 윗면을 다듬을 차례다. 먼저 깨끗한 돌림판이나 케이크 받침 위에 케이크를 올려놓는다. 기다란 빵칼의 칼날을 눕힌 채, 봉긋한 돔 모양이 시작되는 부분에 칼집을 살짝 넣어 자를 위치를 표시한다. 이어서 돌림판을 조금씩 돌려가며 칼날을 중심 쪽으로 밀어넣어 자르기 시작한다. 봉긋한 돔 부분이 완전히 분리될 때까지 칼날은 계속 눕힌 상태여야 한다. 이 방식은 시트를 똑같은 두께로 가를 때도 이용한다.

이 책의 대다수 레시피에서는 시트용 케이크를 수평으로 2등분하는 과정이 나온다. 케이크를 갈라서 똑같은 두께의 시트 2장을 만들려면, 먼저 케이크의 높이를 자로 재고 2로 나눠서 원하는 시트의 정확한 두께를 확인한다. 그런 다음 빵칼이나 이쑤시개로 자를 위치를 표시한다. 돌림판을 조금씩 돌려가면서 빵칼로 케이크를 살살 가른다. 칼날을 완전히 눕힌 채 계속 그 상태를 유지하며 조금씩 중심 쪽으로 밀어넣어야 잘린 단면이 매끈하다.

레이어 케이크는 조립하기 전 먼저 어떻게 쌓을 것인지 결정한다. 시트가 여러 장이라 고를 수 있다면 가장 안정적인 모양의 시트를 바닥에 깔아야 한다. 케이크 시트를 준비하다보면 조금 갈라지거나 부스러진 것이 생길 때도 있다. 하지만 케이크의 토대가 되는 바닥 시트만큼은 가장 튼튼한 것을 사용한다. 흠이 있는 시트는 중간에 끼워넣고, 두번째로 튼튼한 시트를 맨 위에 올린다. 맨 위의 시트는 칼로 가른 단면이 밑으로 향하게 놓아야 프로스팅할 때 부스러기가 생기는 것을 최소화할 수 있다.

필링 올리기

최고로 아름다운 프로스팅 케이크는 안쪽부터 아름답다. 시트 위에 필링을 올리는 작업은 레시피에 따라 다소 까다로울 수도 있다. 이 책에 나오는 모든 케이크는 조립 방식이 제각각 다르다. 하지만 비교적 부드러운 필링이 들어가는 케이크는 다음과 같은 방식을 따른다.

돌림판 한가운데 케이크 받침을 놓고 그 위에 케이크 시트 1장을 올린다. 원형 깍지를 끼운 짤주머니에 버터크림 또는 각자 준비한 프로스팅을 짤주머니의 1/2~3/4 정도 채워넣는다. 시트 위쪽 가장자리를 빙 둘러가며 댐을 쌓듯 12~20mm 높이로 파이핑한다. 댐 안쪽에 준비한 필링을 채워넣고, 필요할 경우 소형 L자 스패튤러로 평평하게 펼친다. 그 위에 다음 시트를 쌓고 다시 똑같은 과정을 반복한다. 필링을 올리고 시트를 쌓는 작업이 모두 끝나면 케이크가 똑바로 세워져 있는지, 튀어나온 부분은 없는지 확인한다. 케이크가 조금이라도 기울어졌다면 깨끗한 손으로 시트를 살살 밀어서 제대로 자리를 잡아준다.

크럼 코트Crumb Coat

크럼 코트는 프로스팅 작업에서 첫번째로 옷을 입히는 초벌 단계를 가리킨다. 케이크에 프로스팅을 전체적으로 얇게 입혀서 부스러기를 고정시키면 본격적인 프로스팅을 할 때 부스러기가 떨어질 일이 없다. 먼저 프로스팅을 케이크 윗면에 적당히 퍼올린 다음, L자 스패튤러로 고루 펴 바른다. 이어서 케이크 옆면에도 프로스팅을 바른다. 크럼 코트 작업은 케이크 전체에 고르게 하되, 완벽히 매끈하게 할 필요는 없다. 크럼 코트를 마친 케이크를 덮개를 씌우지 않은 채 냉장고에서 10~15분쯤 굳히면 본격적인 프로스팅을 할 때 편하다.

매끈한 케이크 피니시

케이크 표면을 매끈하게 피니시할 때 가장 적합한 프로스팅은 바닐라 스위스 머랭 버터크림(41쪽)이다. 하지만 어떤 프로스팅을 쓰든 적용하는 기술은 동일하다. 러스틱 피니시(31쪽 참조)의 경우에도 시작은 다음과 같은 과정을 따라야 한다.

먼저 크럼 코트를 마친 케이크 윗면에 프로스팅을 듬뿍 퍼서 올린다. L자 스패튤러로 프로스팅의 위쪽부터 살살 눌러가며 케이크에 펴 바르기 시작한다. 돌림판을 조금씩 돌리면서 평평하고 고르게 바른다. 여분의 프로스팅은 케이크 바깥으로 튀어나와도 상관없으니 가장자리 쪽으로 밀어낸다. 어차피 나중에 윗면을 다시 매끈하게 다듬어야 하므로 이 단계에서 완벽하게 프로스팅할 필요는 없다.

L자 또는 일자 스패튤러로 케이크 윗면의 가장자리 밖으로 튀어나온 프로스팅을 눌러서 옆면에 펴 바른다. 이어서 옆면의 위쪽 절반 부분부터 프로스팅을 바르기 시작한다. 아주 매끈하지는 않더라도 고르게 펴 바른다. 계속해서 옆면의 아래쪽 절반에도 프로스팅을 바른다.

케이크 표면 전체에 프로스팅을 입힌 다음에는 매끈하게 다듬을 차례다. 돌림판을 계속 돌리면서 L자 스패튤러로 프로스팅을 싹싹 쓸어내듯 매끈하게 다듬는다. 필요에 따라 프로스팅이 지나치게 두꺼운 부분은 적당히 덜어내고, 부족한 부분은 더 바른다.

이렇게 스패튤러로 1차 다듬기 작업이 끝나면, 도구를 바꿔 2차 작업을 시작한다. 아이싱 스무더를 세워서 케이크 옆면에 나란히 댄다. 길고 매끈한 날 부분이 케이크에 닿고, 바닥을 향한 면은 돌림판이나 케이크 받침 위에 딱 붙인 상태에서 천천히 돌림판을 돌리기 시작한다. 아이싱 스무더가 여분의 프로스팅을 걷어내면서 케이크 옆면이 점점 매끈해질 것이다. 돌림판을 두 바퀴쯤 돌린 뒤에는 잠시 작업을 멈추고, 뒤로 물러나 전체적으로 프로스팅 상태를 살핀다. 프로스팅에 빈 공간이 보이면 작은 L자 스패튤러를 이용해 꼼꼼히 메우고, 케이크의 옆면이 울퉁불퉁하지 않은지도 확인한다. 스스로 만족할 때까지 아이싱 스무더로 매끈하게 다듬는 작업을 계속한다.

케이크 옆면을 매끈하게 다듬는 과정에서 여분의 프로스팅이 위쪽으로 밀려 올라가게 마련이다. 이렇게 튀어나온 프로스팅은 L자 스패튤러의 모서리를 이용해 케이크 윗면 중심 쪽으로 살살 밀어낸다. 이어 스패튤러를 완전히 눕혀서 윗면을 매끈하게 다듬는다. 이때, 케이크 옆면의 프로스팅을 건드리지 않도록 주의한다. 끝으로 아이싱 스무더의 날 부분을 케이크 윗면에 가볍게 올린 뒤 돌림판을 한 바퀴 돌려서 다듬기 작업을 마무리한다.

팁과 문제 해결법

- 크럼 코트 작업할 때 케이크 부스러기가 섞인 프로스팅을 깨끗한 프로스팅이 담긴 그릇에 섞으면 안 된다.

- 프로스팅을 한번 바른 뒤에는 반드시 스패튤러와 아이싱 스무더를 깨끗이 닦는다.

- 돌림판은 각자 편한 방식으로 활용한다. 케이크 윗면과 옆면을 매끈하게 다듬을 때 돌림판을 이용하면 작업이 훨씬 쉬워진다.

- 돌림판이 없다면, 믹싱볼을 엎어놓고 그 위에 케이크 받침과 케이크를 올려놓은 뒤 받침을 조심스럽게 돌려가며 작업할 수도 있다.

- 케이크 옆면에는 프로스팅을 충분히 두껍게 발라야 층층이 쌓은 단면이 보이지 않는다. 매끈하게 다듬는 과정에서 프로스팅을 약간 걷어내게 되므로, 처음에는 과하다 싶을 만큼 많이 바르는 것이 좋다.

- 시트가 너무 무르거나 프로스팅이 흘러내릴 것 같으면, 케이크를 냉장고에 15~20분쯤 넣어서 차갑게 굳힌다.

- 버터크림에 기포가 보이거나 지나치게 되직하면 다시 믹싱해서 매끈하게 만든다.

- 훨씬 더 매끈하게 프로스팅하고 싶다면, 금속 스패튤러나 아이싱 스무더를 뜨거운 물에 데운 다음 물기를 깨끗이 닦아서 작업을 계속한다. 따뜻한 금속에 프로스팅이 살짝 녹으면서 더 매끈하게 다듬을 수 있다. 이 방법은 차가운 케이크에 적용할 수 있다.

- 시트 3장으로 구성된 지름 15cm 케이크를 프로스팅하려면, 약 720ml의 버터크림이 필요하다. 지름이 20cm일 경우는 버터크림의 양을 1L로 늘린다.

심플한 피니시 스타일

케이크 프로스팅은 앞과 같이 매끈하게 마감하는 것이 기본이지만 그밖에도 선택할 수 있는 멋진 스타일이 수없이 많다. 자신의 손에 익은 L자 스패튤러나 빗살 달린 사각칼을 이용해서 프로스팅한 케이크의 표면 질감과 전체적인 모양새를 바꿀 수 있다. 다음 기법은 프로스팅을 다 바르고 차갑게 굳히기 전에 적용해야 한다.

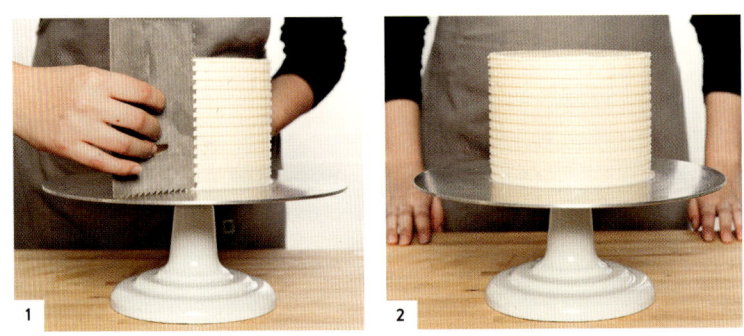

줄무늬 피니시 Striped Finish

빗살 달린 사각칼로 케이크 둘레에 심플한 가로 줄무늬를 넣은 스타일이다. 매끈하게 프로스팅한 케이크를 돌림판 위에 올려놓는다. 사각칼을 똑바로 세워서 케이크 옆면에 나란히 대고 빗살 부분으로 케이크를 살짝 누른다. 그 상태에서 칼이 움직이지 않도록 고정한 채 줄무늬 시작 부분과 끝이 서로 만날 때까지 돌림판을 한 바퀴 완전히 돌린다. 이 스타일은 버터크림으로 프로스팅했을 때 가장 효과가 좋다.

회오리 피니시Swirl Finish

심플한 회오리 무늬를 넣은 이 스타일도 매끈하게 프로스팅한 케이크로 시작한다. 돌림판 위에 케이크를 올려놓고, L자 스패튤러를 케이크 옆면에 거의 완벽한 평행을 이루도록 가까이 댄 채 끝부분을 케이크의 맨 아래쪽에 가볍게 댄다. 그 상태에서 지그시 누르면서 돌림판을 돌리기 시작한다. 케이크가 돌아가는 동안 스패튤러 끝부분을 조금씩 위로 끌어올 리면 케이크 옆면에 회오리 무늬가 생긴다. 이어 케이크 윗면 가장자리에 스패튤러 끝부분을 대고 지그시 누르면서 다시 돌림판을 돌린다. 그 상태에서 스패튤러 끝부분을 케이크 중심 쪽으로 조금씩 옮기면 회오리 무늬가 생긴다. 이 스타일은 버터크림, 퍼지, 크림치즈를 비롯한 거의 모든 종류의 프로스팅으로 시도할 수 있다.

러스틱 피니시Rustic Finish

소박한 느낌의 이 스타일은 얼핏 보면 표현하기 쉬울 것 같지만 약간의 기교가 필요하다. 프로스팅을 아주 매끈하게 할 필 요는 없지만 전체적으로 고르게 발라야 한다. 먼저 다른 케이크와 똑같이 필링을 올리고 크럼 코트까지 마친다. 이어 윗 면과 옆면 전체에 프로스팅을 고르게 바른 뒤, L자 스패튤러를 이용해 소용돌이, 사선 등 원하는 무늬를 단시간에 자유 롭게 표현한다. 이 스타일은 버터크림, 휩트크림*, 크림치즈 등 다양한 프로스팅으로 연출할 수 있다.

파이핑을 이용한 피니시 스타일

짤주머니에 프로스팅을 채워 파이핑하는 기술은 선을 그리거나 섬세한 데커레이션을 할 때만 활용되는 게 아니다. 개인적으로는 중대형 깍지를 사용해 케이크의 표면 전체를 파이핑해서 메우는 피니시 방식을 좋아한다. 깍지의 종류만 바꾸어도 전체 디자인이 극적으로 변하고, 섬세한 주름부터 복잡한 질감까지 다양하게 표현할 수 있기 때문이다.

스파이럴 피니시 Spiral Finish

개인적으로 가장 좋아하는 스타일이다. 먼저 크림 코트를 약간 두껍게 했거나, 프로스팅을 평소보다 얇게 입힌 케이크를 준비한다. 프로스팅 작업은 기본 원칙대로 케이크의 윗면을 먼저, 옆면을 나중에 한다. 돌림판 위에 케이크 받침이나 서빙 접시를 놓고 그 위에 프로스팅한 케이크를 올린다. 금속 스패툴러나 과도의 끝부분을 이용해 케이크 옆면에 일정한 간격으로 세로줄을 표시한다. 이렇게 하면 무늬를 고르게 파이핑할 수 있다. 중대형 오픈별* 깍지를 끼운 짤주머니에 프로스팅을 채워넣는다. 짤주머니를 케이크 옆면과 45° 각도를 이루게 잡고, 맨 아래쪽부터 표시한 세로줄을 따라 위로 올라가면서 스파이럴(나선형)을 파이핑한다. 표면을 빈틈없이 완전히 메우려면, 무늬가 서로 조금씩 겹치도록 짜야 한다. 한 줄에 들어간 스파이럴의 개수를 세서 나머지 줄에도 똑같은 개수를 파이핑해 케이크 옆면과 윗면까지 빈틈없이 메운다. 최상의 결과물을 얻으려면 버터크림을 프로스팅으로 쓰는 것이 가장 좋다.

페탈 피니시|Petal Finish

페탈(꽃잎) 또는 조개껍데기 무늬로 메운 이 심플한 피니시 스타일은 작은 스패튤러나 스푼, 그리고 원형 깍지만 있으면 완성할 수 있다. 먼저 크림 코트를 약간 두껍게 했거나, 프로스팅을 평소보다 얇게 입힌 케이크를 준비한다. 프로스팅으로 층층이 쌓은 케이크 안쪽 모습을 완전히 가리진 못하더라도 전체적으로 매끈하고 고르게 바른다. 프로스팅 작업은 기본 원칙대로 케이크의 윗면을 먼저, 옆면을 나중에 한다.

12~20mm 지름의 원형 깍지를 끼운 짤주머니에 프로스팅을 채워넣는다. 케이크 옆면에 표시한 세로줄을 따라서 커다란 도트 또는 구근bulb 무늬를 파이핑한다. 이때 무늬가 서로 약간씩 닿는 것은 괜찮지만 겹쳐지는 않아야 나중에 크기를 조정할 수 있다. 파이핑을 한 줄 마치면, 맨 위쪽 구근의 중심에 작은 스패튤러나 스푼의 끝부분을 대고 오른쪽으로 가볍게 쭉 밀어서 꽃잎 모양을 만든다. 이어서 같은 방식으로 아래로 내려가며 계속 꽃잎을 만든다. 꽃잎이 한 줄 완성되면, 오른쪽 옆에 다시 구근 무늬를 한 줄 파이핑한다. 이때 왼쪽 꽃잎의 끝부분과 살짝 겹치도록 짜야 빈틈이 생기지 않는다. 최상의 결과물을 얻으려면 버터크림 또는 퍼지를 프로스팅으로 사용한다.

러플 피니시|Ruffle Finish

이 스타일은 강렬한 시각적 효과와 달리 놀랄 만큼 간단하게 완성할 수 있다. 페탈 피니시와 마찬가지로, 크림 코트를 더 두껍게 하거나 프로스팅을 평소보다 얇게 한 케이크를 케이크 받침이나 서빙 접시 위에 올려놓는다. 금속 스패튤러나 과도의 끝부분으로 케이크 옆면에 일정한 간격으로 세로줄을 표시한다. 이렇게 하면 무늬를 고르게 파이핑할 수 있다. 꽃잎 깍지를 끼운 짤주머니에 프로스팅을 채워넣는다. 짤주머니를 케이크 받침이나 서빙 접시와 직각을 이루도록 잡는다. 이때 깍지 끝의 얇은 쪽이 케이크 바깥쪽(작업자 쪽)을 향하게 해야 한다. 케이크 아래쪽에서부터 약 2.5cm 폭으로 지그재그를 그리며 주름 장식(러플)을 파이핑한다. 맨 위까지 파이핑이 끝나면 지그재그의 개수를 세 보고, 다음 줄도 똑같이 파이핑한다. 짤주머니를 쥐는 힘을 일정하게 유지하며 케이크 옆면을 완전히 다 메운다. 케이크 윗면은 깍지 끝의 얇은 쪽이 위로 가도록 짤주머니를 잡고 먼저 가장자리를 따라 빙 둘러가며 파이핑한다(36쪽 참조). 이어 바깥쪽 러플과 살짝 겹치도록 동심원을 그리며 파이핑해서 케이크의 중심까지 완전히 메운다. 최상의 결과물을 얻으려면 버터크림을 사용한다. 러플 피니시 방식으로 완성한 케이크의 모양은 32쪽 맨 위 사진을 참고한다.

매끈한 옴브레 피니시Smooth Ombré Finish

먼저 케이크에 크림 코트를 한다. 버터크림을 작은 볼 3~5개에 나누어 담고, 서로 다른 색깔의 젤 타입 식용색소로 각각 물들인다(원한다면 1개는 흰색 그대로 사용해도 좋다). 각 색깔을 어떤 순서로 배열할지 정한다. 마지막에 바를 색깔 버터 크림을 케이크 윗면에 조금 올리고, 프로스팅 작업의 시작 단계에서 하듯 L자 스패튤러로 고르게 펴 바른다.

　12~20mm 지름의 원형 깍지를 끼운 짤주머니에 첫번째 색깔의 버터크림을 채워서 케이크의 맨 아래쪽부터 빙 둘러 가며 파이핑을 시작한다. 한 바퀴를 완전히 돌아 고리가 생기면 짤주머니에 같은 색깔 또는 다른 색깔의 버터크림을 더 채 워서 그 위쪽에 똑같이 파이핑한다. 앞에서 정한 색깔 배열 순서에 맞추어 케이크 옆면을 버터크림 고리로 완전히 메운다. 케이크의 높이와 준비한 색깔의 가짓수에 따라 다르지만, 보통 색깔별로 2~3개의 고리를 파이핑하면 된다.

　버터크림 파이핑이 끝나면 이제 매끈하게 다듬을 차례다. 먼저 L자 스패튤러로 케이크 옆면의 과도한 프로스팅을 걷 어낸다. 스패튤러가 케이크와 계속 평행을 유지해야 작업이 쉽다. 프로스팅이 어느 정도 고르고 매끈해졌으면 마무리는 아이싱 스무더로 한다. 아이싱 스무더로 매끈하게 다듬는 과정에서 서로 다른 색의 프로스팅이 자연스럽게 섞여야 한다. 프로스팅이 갈라지거나 부족한 부분이 보이면 어울리는 색깔의 버터크림으로 메운다. 기본 프로스팅의 마무리 단계에서 하듯 케이크 윗면의 가장자리도 깔끔하게 다듬는다. 최상의 결과물을 얻으려면 버터크림을 프로스팅으로 사용한다. 옴 브레 피니시 방식으로 완성한 케이크의 모양은 177쪽의 사진을 참고한다.

워터컬러 옴브레 피니시Watercolor Ombré Finish

더 소박하고 수채화처럼 은은한 느낌을 내려면, 짤주머니 대신 L자 스패튤러를 이용해 색색의 버터크림을 바른다. 먼저 크림 코트를 마친 케이크의 윗면에 프로스팅을 조금 올리고 매끈하게 펴 바른다. 이어서 케이크 옆면의 맨 아래쪽부터 L자 스패튤러를 이용해 색색의 버터크림을 한 번에 한 색깔씩 바른다. 케이크 옆면에 전체적으로 프로스팅이 입혀지면, 원하는 느낌이 날 때까지 스패튤러로 조금씩 다듬는다. (위쪽과 옆 페이지의 사진에 나온 케이크에 대해 더 알고 싶다면 170~172쪽을 참조하라.)

파이핑 기법

꽃잎 깍지

원형 깍지

작은 별 깍지

큰 별 깍지

짤주머니와 모양 깍지 같은 단순한 도구를 이용해 표현할 수 있는 한없이 다채로운 모양과 디자인을 보면 감탄이 절로 나온다. 시판되는 모양 깍지의 크기와 종류는 셀 수 없이 다양하다. 파이핑할 때 손의 압력과 움직임에 약간씩 변화를 주면 무궁무진한 데커레이션이 가능하다.

꽃잎 깍지

① **러플 보더Ruffle Border(러플 모양 경계 장식):** 깍지 끝의 얇은 쪽이 케이크 바깥쪽을 향하고 짤주머니가 케이크 표면과 45°를 이루도록 위치를 잡는다. 짜는 힘을 일정하게 유지한 채 깍지를 물결치듯 위아래로 움직여 케이크에 빙 둘러가며 파이핑한다.

② **러플 스웨그Ruffle Swags(늘어진 러플 장식):** 깍지 끝의 얇은 쪽이 케이크 바깥쪽을 향하고 짤주머니가 케이크 표면과 45°를 이루도록 위치를 잡는다. 파이핑 시작점에서 깍지를 살짝 당기면서 짤주머니에 힘을 줬다가, 힘을 빼면서 옆으로 옮겨간다. 이렇게 짤주머니를 짜는 힘의 강약을 계속 조절하면서 늘어진 러플의 완만한 곡선을 표현한다. 케이크 옆면에 파이핑하거나, 케이크 아래쪽 가장자리에 빙 둘러 파이핑한다.

③ **라운디드 러플 스웨그Rounded Ruffle Swags(둥근 모양의 늘어진 러플 장식):** 동그란 케이크 윗면도 러플 스웨그 기법으로 파이핑해서 메울 수 있다. 기본방식은 위와 똑같지만, 러플 사이사이에 깍지의 각도를 살짝 돌리는 것이 다르다. 먼저 케이크 위쪽 가장자리를 빙 둘러가며 파이핑하고, 이어서 동심원을 그리며 계속 파이핑해 중심까지 메운다.

파티시에 노트: 러플 파이핑에 가장 적합한 깍지로 윌튼Wilton의 104번, 125번을 추천한다.

원형 깍지

① **선, 줄무늬, 레터링:** 짤주머니를 케이크 표면과 45°를 이루도록 잡는다. 깍지 끝을 케이크 표면 위로 약간 띄운 상태에

서 원하는 모양이 나올 때까지 일정하게 힘을 주며 파이핑한 뒤 힘을 빼면서 짤주머니를 들어올린다.

② **도트 무늬:** 짤주머니를 케이크 표면과 90°를 이루도록 잡는다. 깍지 끝을 케이크 표면 위로 약간 띄운 상태에서 짤주머니에 힘을 주어 프로스팅을 원하는 크기의 점 모양으로 파이핑한 뒤 힘을 빼면서 짤주머니를 들어올린다. 프로스팅의 끝부분이 뾰족하게 올라왔을 경우, 깨끗한 붓이나 손끝에 물을 묻혀서 살짝 눌러준다.

③ **펄 보더Pearl Border(진주알형 경계 장식):** 짤주머니를 케이크 표면과 45°를 이루도록 잡는다. 짤주머니에 힘을 주어 작은 구근 모양으로 파이핑한 뒤, 힘을 조금씩 빼면서 깍지를 뒤로 당겨 꼬리를 만들어준다. 다음 진주알을 파이핑할 때는 앞서 만든 구근의 꼬리와 약간 겹치는 지점에서 시작한다.

④ **브레이디드 보더Braided Border(땋은 머리형 경계 장식):** 파이핑 요령은 펄 보더와 동일하다. 단, 구슬의 꼬리를 케이크 중심쪽과 바깥쪽으로 번갈아 빼서 V자 두 개가 서로 반쯤 겹친 모양이 되게 한다.

파티시에 노트: 레터링이나 경계를 파이핑할 때 추천하는 원형 깍지는 윌튼의 3번, 5번, 8번이다. 구근(큰 도트 무늬)이나 키세스, 프로스팅 댐(27쪽)을 파이핑할 때는 아테코Ateco의 808번 깍지를 추천한다.

작은 별 깍지

① **별:** 작은 별 깍지를 끼워서 도트 무늬와 동일한 방식으로 파이핑한다.

② **셸 보더Shell Border(조가비형 경계 장식):** 작은 별 깍지를 끼워서 펄 보더와 동일한 방식으로 파이핑한다.

③ **리버스 셸 보더Reverse Shell Border(역 조가비형 경계 장식):** 짤주머니를 케이크 표면과 45°를 이루도록 잡는다. 일정하게 힘을 주어 셸(조가비) 무늬를 촘촘한 나선형으로 파이핑한 다음, 힘을 조금씩 빼면서 깍지를 작업자의 몸쪽으로 당겨 꼬리를 만든다. 다음 셸을 파이핑할 때는 앞서 만든 셸의 꼬리와 약간 겹치는 지점에서 시작하되, 나선형이 반대로 되도록 한다. 이런 식으로 번갈아가며 케이크에 빙 둘러 파이핑한다.

파티시에 노트: 개인적으로 추천하는 별 모양 깍지는 윌튼의 18번과 21번이다. 경계 표현에는 윌튼의 오픈별* 깍지인 1M이 좋다.

큰 별 깍지

① **스파이럴Spiral(나선형 무늬):** 짤주머니를 케이크 표면과 45°를 이루도록 잡는다. 일정하게 힘을 주어 나선형 무늬를 파이핑한다. 케이크 표면을 완전히 덮으려면 나선형을 촘촘히 그린다. 짤주머니를 나선형의 진행 방향으로 움직이면 좀 더 느슨한 모양이 나온다.

② **로제트Rosette(장미 무늬):** 짤주머니를 케이크 표면과 90°를 이루도록 잡는다. 일정하게 힘을 주어 동그라미를 빈틈없이 파이핑한 다음 끝부분에서 힘을 조금 빼며 꼬리를 만들어준다. 마지막으로 꼬리를 자를 때는 힘을 완전히 빼야 한다.

파티시에 노트: 스파이럴과 로제트를 파이핑할 때는 아테코의 824번 깍지를 추천한다.

팁과 문제 해결법

- 파이핑으로 레터링을 할 때는 유산지에 연필로 글씨를 적고 그 위에 프로스팅으로 파이핑을 연습한다.

- 파이핑할 때는 깍지 끝이 항상 케이크 표면에서 어느 정도 떨어져야 프로스팅을 짤 수 있다.

- 파이핑할 때는 짤주머니에 프로스팅을 채워넣기 전 먼저 모양 깍지부터 끼운다. 그다음 한 손으로 짤주머니의 가운데 부분을 잡고 위쪽 끝을 뒤집어 접어서 프로스팅을 채울 공간을 만든다. 스푼이나 고무 주걱으로 프로스팅을 퍼서 짤주머니에 넣고, 짤주머니를 잡은 손의 엄지손가락과 집게손가락으로 프로스팅을 아래쪽으로 죽죽 밀어 내려보낸다. 짤주머니가 적당히 채워지면 프로스팅의 위쪽을 비틀어 쥐고 가볍게 짜서 프로스팅에 섞인 공기가 깍지 끝으로 빠져나가게 한다. 프로스팅이 짤주머니 위쪽으로 새어나오는 것을 막으려면 짤주머니 높이의 1/2~3/4까지만 채우는 게 가장 좋다.

- 파이핑할 때는 자신이 주로 쓰는 손으로 짤주머니를 잡는다. 집게손가락과 엄지손가락을 구부려 짤주머니의 비튼 부분을 가볍게 감싸쥔 다음, 나머지 세 손가락으로 조심스럽게 짤주머니를 눌러서 깍지 끝으로 프로스팅이 흘러나오게 한다. 다른 손으로는 깍지 부분을 잡고 프로스팅이 지나치게 나오지 않도록 조절한다. 손에 더는 프로스팅을 짜낼 힘이 없으면 잠시 작업을 멈추고 손을 풀어준다. 프로스팅의 양이 줄어들수록 짤주머니를 잡은 손의 위치도 점점 밑으로 내려가야 하며 짤주머니도 다시 비틀어야 한다.

마지막 장식

케이크에 필링을 올리고 층층이 쌓은 뒤 원하는 스타일로 프로스팅까지 마쳤으면, 이제 내가 만든 케이크를 어떻게 더 멋지게 꾸밀지 고민할 차례. 내 작품을 더욱 돋보이게 하려면 케이크 위에 설탕옷을 입힌 견과류를 뿌리고 케이크를 올려놓을 탁자에 테이블보를 까는 등 갖가지 부분에 신경을 써야 한다. 작품을 선보일 장소와 행사의 성격에 맞추어 가니시와 데커레이션을 적절하게 섞어서 자유롭게 표현해보자.

먹을 수 있는 가니시

다진 견과류나 설탕물에 조린 감귤류 같은 가니시는 특별한 도구나 장비 없이도 케이크를 꾸밀 수 있는 쉽고 간단한 장식 수단이다. 가니시는 케이크에 특별한 질감과 극적인 효과를 더할 뿐 아니라 케이크의 맛과 향을 미리 알려주는 힌트도 될 수 있다. 이 책에는 돌돌 말린 초콜릿 컬, 홈메이드 스프링클, 설탕옷을 입힌 견과류, 설탕실로 만든 둥지 등 먹을 수 있는 가니시를 사용한 레시피들이 많다. 물론 여러분이 생각한 것이 따로 있다면 얼마든지 추가해도 좋다.

　많은 레시피에서는 코코넛칩, 스프링클, 샌딩슈거* 같은 특정한 재료로 케이크 윗면 전체를 덮는다. 먼저 작업대 위에 베이킹 트레이를 놓고 가니시 재료를 믹싱볼에 담아 한쪽에 준비한다. 케이크 받침이나 서빙 접시 위에 프로스팅을 마친 케이크를 올린다. 케이크 받침 또는 서빙 접시를 한 손으로 잡고 반대쪽 손으로 준비한 가니시 재료를 한 움큼 퍼서 케이크의 윗면과 옆면에 꾹꾹 눌러 붙인다. 이 작업은 베이킹 트레이 위에서 해야 한다. 그래야 미처 케이크에 붙지 않은 조각들이 트레이 위로 떨어졌을 때 다시 모아서 붙일 수 있다. 가니시를 붙이는 작업은 프로스팅이 굳기 전에 하는 게 가장 좋다. 작업 중에 케이크가 미끄러지지 않게 하려면 케이크 받침과 케이크 바닥 사이에 프로스팅을 조금 묻힌다.

생화

생화 장식은 케이크에 화사하고 우아한 느낌을 더할 수 있는 가장 쉬운 방법이다. 종류가 무엇이든 음식에 올리는 생화는 독성이 없고 농약을 뿌리지 않은 꽃이어야 한다. 대표적인 식용 꽃은 장미, 양란, 히비스커스, 천수국, 카네이션, 제비꽃, 라벤더, 라일락, 해바라기 등이다. 꽃대를 직접 케이크에 꽂는 것은 금물이다. 꽃대를 꽃 테이프로 감싸서 꽂거나 꽃송이만 잘라서 케이크 위나 옆에 놓아야 한다. 신선한 민트, 타임, 로즈메리 같은 허브는 케이크에 싱그럽고 소박한 느낌을 더할 수 있다.

데커레이션과 디스플레이

경탄이 절로 나오는 케이크를 만드는 핵심 요소는 데커레이션과 디스플레이다. 프로스팅, 글레이즈, 식용 가니시 외에도 케이크를 장식하는 방법은 수없이 많다. 리본을 두르거나 작은 깃발과 가랜드를 이용해 케이크에 활기차고 통통 튀는 느낌을 줄 수도 있다. 양초처럼 클래식한 장식물도 시도해볼 만하다. 케이크를 어떻게 서빙할 것인지도 생각해봐야 한다. 멋진 서빙 접시를 사용할 것인가, 아니면 가장 아끼는 케이크 스탠드에 올릴 것인가? 케이크와 어울리는 테이블 리넨을 준비하고, 테이블 위에 알록달록한 종이 꽃가루를 뿌리거나 케이크 뒤에 배너 또는 배경 장식을 세우는 것도 고려해본다. 내가 즐겨 찾는 데커레이션 용품 판매점이 궁금하다면 283쪽의 재료 구입처를 참조하라.

기본 레시피

―

다음 레시피들은 이 책에서 다양한 형태로 자주 사용된다. 케이크 종류에 따라 조금씩 변형하고 양도 조정해야 하지만,
여기에서는 기본적인 레시피와 방법을 소개한다.

바닐라 스위스 머랭 버터크림

Vanilla Swiss Meringue Buttercream

바닐라 스위스 머랭 버터크림은 실크처럼 매끈한 질감에다 지나치게 달지 않아서 개인적으로 무척 좋아한다. 맛내기가 쉽고 특별히 무언가를 더하지 않아도 다양한 케이크와 완벽한 조화를 이룬다. 또 개인적으로는 가장 만들기 쉬운 케이크 프로스팅이기도 하다. 나는 여기에 패션프루트, 페퍼민트, 얼그레이 등을 넣어 변형한 레시피를 좋아한다. 이들을 포함한 스위스 머랭 버터크림의 다양한 변형 레시피들은 앞으로 계속 확인하게 될 것이다.

적은 양	중간 양	많은 양
버터크림 약 780ml 분량: 시트 3장으로 구성된 지름 15cm 원형 케이크의 프로스팅으로 충분한 양.	버터크림 약 1L 분량: 시트 3장으로 구성된 지름 20cm 원형 케이크의 프로스팅, 또는 시트 3장으로 구성된 지름 15cm 원형 케이크의 필링과 프로스팅으로 충분한 양.	버터크림 약 1.5L 분량: 시트 3장으로 구성된 지름 20cm 원형 케이크의 필링과 프로스팅으로 충분한 양.
달걀흰자 120ml	달걀흰자 150ml	달걀흰자 240ml
그래뉴당 200g	그래뉴당 250g	그래뉴당 400g
실온 무염 버터 340g(깍둑 썬 것)	실온 무염 버터 450g(깍둑 썬 것)	실온 무염 버터 675g(깍둑 썬 것)
바닐라 익스트랙트 1½ts	바닐라 익스트랙트 2ts	바닐라 익스트랙트 1TS

1. 스탠드 믹서에 딸린 믹싱볼에 달걀흰자와 설탕을 넣고 직접 거품기로 휘저어 섞는다. 중간 크기 소스팬에 물을 약간 붓고 중강불에 올린다. 소스팬 위에 믹싱볼을 걸쳐놓고 중탕을 시작한다. 믹싱볼 바닥이 물에 직접 닿지 않도록 주의한다.

2. 가끔 거품기로 휘저어가며 달걀 혼합물의 온도가 70°C(믹싱볼 바깥쪽을 만졌을 때 따끈한 정도)에 다다를 때까지 데운다. 믹싱볼을 들어서 조심스럽게 스탠드 믹서에 올린다.

3. 스탠드 믹서에 거품기를 끼우고 고속으로 8~10분쯤 휘핑한다. 거품기를 들어올렸을 때 머랭의 끝이 단단하고 뾰족한 모양을 띠면 휘핑을 멈춘다. 이때 믹싱볼의 바깥쪽은 실온 정도로 식은 상태여야 하고, 머랭에 남은 열기도 없어야 한다. 스탠드 믹서에서 거품기를 빼고 반죽용 패들로 교체한다.

4. 저속으로 계속 믹싱하면서 머랭에 버터를 한 번에 몇 스푼씩 추가하고, 바닐라 익스트랙트도 넣는다. 버터가 고루 섞이면 속도를 중고속으로 높여서 3~5분쯤 더 믹싱해 매끈하고 윤기가 흐르는 버터크림을 완성한다.

보관법

버터크림은 밀폐용기에 담아 냉장실에서 최장 10일까지, 냉동실에서는 2개월까지 보관이 가능하다. 냉동된 버터크림은 냉장실에서 해동시키고, 실온으로 맞춘 뒤 다시 섞는다.

팁과 문제 해결법

- 믹싱볼은 사용 전에 깨끗이 씻어서 물기를 완전히 제거해야 한다. 믹싱볼이나 거품기에 기름기가 조금이라도 있어선 안 되고, 머랭용 달걀흰자에 노른자는 한 방울도 섞이면 안 된다.

- 설탕과 달걀흰자는 충분히 휘저어 섞은 뒤 중탕한다. 그러지 않으면 달걀흰자가 익을 수 있다.

- 냄비 안의 물이 계속 약하게 끓을 수 있도록 불의 세기를 잘 조절한다.

- 머랭 치기가 끝나고 믹싱볼 바깥쪽 표면의 온도를 확인할 때는 손바닥보다 손목 안쪽을 대보는 것이 더 정확하다.

- 최종 단계에서 버터크림이 곧 분리될 것처럼 보인다면 머랭에 버터를 섞을 때 차가운 버터를 넣었기 때문이다. 차가운 버터가 머랭과 융화되는 데는 시간이 많이 필요하므로 믹싱 시간을 좀 더 늘린다. 이 방법이 효과가 없다면, 버터크림을 약간 덜어서 전자레인지로 살짝 녹인다(절대 뜨겁게 데워서는 안 된다). 녹인 버터크림을 원래의 혼합물에 천천히 흘려넣으면서 계속 믹싱하면 전체 온도를 고르게 맞추는 데 도움이 된다.

- 버터크림이 거의 수프 상태에 가깝지만 분리되지는 않았다면, 믹싱볼에 담긴 그대로 냉장고에 넣었다가 5~10분 뒤에 다시 믹싱한다.

- 케이크에 프로스팅할 버터크림은 실크처럼 부드럽고 매끈해야 한다. 필요하다면, 저속으로 몇 분쯤 더 믹싱해서 기포를 완전히 제거한다.

솔티드 캐러멜 소스

Salted Caramel Sauce

약 240ml 분량

집에서 설탕을 끓인다는 것이 조금 위험하게 느껴질 수도 있지만, 직접 만든 캐러멜 소스는 시중에 판매되는 어떤 제품보다 풍미가 훨씬 뛰어나다. 이 소스가 얼마나 만들기 쉬운지 직접 체험하고 나면 다른 대안을 생각하는 일은 절대 없을 것이다. 개인적으로는 소금을 적당히 넣은 짭짤한 캐러멜 소스를 좋아하지만, 각자의 입맛에 따라 소금 양은 얼마든지 조절할 수 있다. 이 책에는 솔티드 캐러멜 소스가 들어가는 레시피들이 꽤 있지만 사용량이 많지는 않다. 남은 소스는 냉장고에 보관했다가 다음번 케이크를 만들 때 사용해도 되고, 커피 음료나 아이스크림에 섞어 먹어도 좋다.

그래뉴당 150g

맑은 콘시럽 2TS

실온 헤비크림 120ml

무염 버터 2TS(깍둑 썬 것)

바닷소금 3/4ts

바닐라 익스트랙트 1ts

1. 바닥이 두꺼운 중소형 소스팬에 준비한 그래뉴당, 콘시럽, 물 2TS을 넣고 잘 섞는다.

2. 소스팬을 강불에 올리고 가끔 휘저으면서 중간 톤의 황금빛 호박색이 돌 때까지 8~10분쯤 끓인다. 설탕물은 금세 부글부글 끓어올랐다가 부글대는 속도가 점점 느려지면서 색깔이 진해진다. 원하는 색깔이 나기 시작하면 곧장 불에서 내려 거품을 가라앉힌다.

3. 헤비크림을 천천히 조금씩 넣으면서 조심스럽게 휘젓는다.

4. 거품이 부글부글 올라오면서 사방에 튀더라도 쉬지 않고 젓는다.

5. 버터를 넣고 계속 저어 완전히 녹인다. 마지막으로 소금과 바닐라 익스트랙트를 넣고 고루 섞는다. 완성된 캐러멜 소스를 내열 용기에 부어 실온 또는 냉장고에서 식힌다. 완전히 식은 캐러멜 소스는 뜨거울 때보다 농도가 더 걸쭉해진다.

보관법

캐러멜 소스는 뚜껑이 있는 유리병에 담아 냉장고에서 최장 10일까지 보관할 수 있다.

팁과 문제 해결법

- 설탕물을 끓일 때 팬의 가운데 부분은 밝은 황갈색, 팬의 가장자리 부분은 어두운 황갈색을 띠면 중간 톤의 황금빛 호박색이 완성된 것으로 볼 수 있다. 이때 소스를 직접 휘젓지 말고 팬을 들고 원을 그리듯 흔들어 잘 섞는다.

- 설탕물을 오래 끓일수록 색은 더 어두워지고 캐러멜 향은 더 진해진다.

- 헤비크림을 뜨거운 설탕 시럽에 부을 때는 반드시 실온 상태여야 한다. 크림이 차가우면 캐러멜 소스에 섞었을 때 덩어리가 생긴다.

- 모든 재료는 미리 계량해서 준비해 둔다. 설탕물을 불에서 내리자마자 나머지 재료를 재빨리 섞어야 한다.

- 캐러멜 소스를 케이크 위에 부을 때는 미리 실온에 꺼내두어 걸쭉한 액체 상태일 때 부어야 한다. 냉장고에서 갓 꺼낸 소스는 너무 진득해서 붓기가 힘들다. 이 경우, 전자레인지에 넣어 살짝 데우면 된다.

- 화구와 비슷한 사이즈의 소스팬을 사용하면 열이 고르게 전달될 수 있다.

솔티드 캐러멜 소스

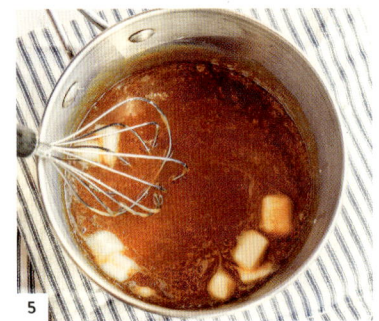

다크초콜릿 가나슈

다크초콜릿 가나슈
Dark Chocolate Ganache

——

240ml 분량

모든 필링과 프로스팅을 통틀어 가장 감미롭고 매혹적인 가나슈는 이름부터 왠지 낭만적이다. 하지만 놀랍게도 가나슈를 만드는 데 필요한 재료는 단 두 가지. 적어도 가나슈용 초콜릿을 구입할 때만큼은 돈을 아끼지 않기를 권한다. 고급 초콜릿을 사용할수록 더 탁월한 맛의 가나슈를 만들 수 있다. 한꺼번에 많은 양을 만들어서 프로스팅에 사용하거나 또 다른 케이크에 쓸 계획이라면, 레시피에 나온 재료의 양을 두 배로 늘리면 된다.

잘게 썬 다크초콜릿(카카오 함량
　60~85%) 170g

헤비크림 120ml

1. 초콜릿을 내열 그릇에 담아 한쪽에 둔다.

2. 헤비크림을 소스팬에 부어 중약불로 천천히 가열한다. 크림이 약하게 끓기 시작하면 불에서 내려 초콜릿 위에 붓는다.

3-4. 약 30초 동안 그대로 두었다가 초콜릿이 완전히 녹을 때까지 고루 휘저어 섞는다.

5. 가나슈의 용도(글레이즈, 필링, 프로스팅)에 따라 원하는 농도가 될 때까지 식힌다. 글레이즈용 가나슈는 뜨겁지 않은 액체 상태여야 한다. 필링 또는 프로스팅으로 쓸 가나슈는 차갑고 걸쭉하되 고체 상태여서는 안 된다. 케이크에 쉽게 바를 수 있어야 하지만 줄줄 흐르는 상태면 곤란하다.

——

보관법

가나슈는 밀폐용기에 담아 냉장고에서 일주일까지 보관이 가능하다. 다시 데울 때는 전자레인지에 잠깐씩(보통 한 번에 20초 이하) 여러 번 돌리되 원하는 농도가 될 때까지 중간중간 휘저으며 확인해야 한다. 전자레인지 대신 중탕해서 천천히 데우는 방법도 있다.

——

팁과 문제 해결법

- 커다란 판형 또는 덩어리 형태의 초콜릿의 경우 기다란 빵칼로 다져서 사용한다.

- 크림을 끓일 때 소스팬 바닥에 눌어붙거나 타지 않도록 조심한다. 특히 적은 양일 때는 더 주의해야 한다. 약한 불로 천천히 가열하는 것을 추천한다.

- 초콜릿은 물을 싫어하므로 초콜릿 그릇에 다른 액체가 들어가지 않게 해야 한다. 특히 중탕해서 데울 때 수증기가 섞이지 않도록 조심한다.

- 최종 단계에서 초콜릿이 완전히 녹지 않으면 중탕해서 데우거나 전자레인지에 잠깐씩 여러 번 돌리는 방법을 시도한다.

- 초콜릿이 갈라지거나 분리되기 시작하면 핸드믹서를 이용해 다시 믹싱한다. 그래도 효과가 없을 경우, 소량의 크림(원래 레시피 양의 절반)을 데워서 초콜릿 혼합물에 천천히 부으며 고루 휘저어 섞는다.

- 이 방법은 카카오 함량 60~85%의 다크초콜릿 가나슈를 만들 때 쓸 수 있다. 밀크초콜릿과 화이트초콜릿은 지방 함량이 다르기 때문에 재료의 비율이 이 레시피와는 다르다.

- 가나슈를 빠르게 식히고 싶다면 냉장고에 넣어도 좋다. 이 경우 가끔 휘저어서 농도를 고르게 맞춰야 한다.

클래식 케이크

누구나 아는 맛의 검증된 클래식 케이크는 여러 행사에 잘 어울린다. 레이어 케이크 하면 딱 떠오르는 맛의 주인공이기도 하다. 이 책에서 소개할 클래식 케이크는 전통 스타일에 가깝지만 최신 트렌드도 약간 반영했다. 복고풍 브루클린 블랙아웃 케이크부터 100년 이상의 역사를 자랑하는 프렌치 오페라 케이크까지 모든 레시피 하나하나가 품격 있는 디너 코스의 디저트와 유명 케이크숍의 베스트 메뉴를 섭렵해 엄선한 것들이다. 이 책에서는 독특한 재료와 호화로운 맛과 향을 주구하는 편이지만, 새롭게 창조된 이 클래식 케이크들을 결코 빠뜨릴 수 없다.

나폴리탄 케이크

Neapolitan Cake

—

시트 4장으로 구성된 지름 20cm 케이크(12~15인분)

내가 개발한 레시피들이 대부분 그렇듯, 이 케이크도 상상에서 시작되었다. 내가 머릿속에 그린 나폴리탄 케이크는 먹음직스러운 초콜릿 글레이즈가 뚝뚝 흐르고 초콜릿으로 코팅된 딸기로 장식한 것이었다. 초콜릿, 바닐라, 딸기로 이루어진 클래식한 나폴리식 디저트의 심플한 맛을 추구하면서도 좀 더 극적으로 표현하고 싶었다.

　이 레시피에서는 바닐라와 딸기 케이크 시트 대신, 부드러운 화이트초콜릿 시트와 심플한 딸기잼을 사용했다. 화이트초콜릿 시트와 다크초콜릿 시트를 층층이 쌓아서 케이크를 잘랐을 때 단면이 강렬한 색상 대비를 이루는 것이 포인트다. 딸기잼은 달콤함을 더하면서도 각 시트를 촉촉하게 연결시키는 역할을 한다. 실크처럼 부드럽고 매끈한 바닐라 버터크림으로 프로스팅한, 새하얀 캔버스 같은 이 케이크는 초콜릿 글레이즈와 초콜릿을 입힌 생딸기 장식으로 마무리한다.

화이트초콜릿 케이크

케이크 팬에 바를 버터 또는 오일
　스프레이

달걀흰자 5개

우유 180ml

박력분 360g + 케이크 팬에 뿌릴 여분

그래뉴당 250g

베이킹파우더 1TS + 1/2ts

소금 1/2ts

실온 무염 버터 170g

바닐라 익스트랙트 1½ts

화이트초콜릿 170g(녹여서 식힌 것)

클래식 초콜릿 케이크

케이크 팬에 바를 버터 또는 오일
　스프레이

중력분 315g + 케이크 팬에 뿌릴 여분

무가당 코코아가루 95g

베이킹파우더 2½ts

소금 1ts

베이킹소다 3/4ts

포도씨유 150ml

그래뉴당 400g

달걀 2개

달걀노른자 1개

바닐라 익스트랙트 2ts

아몬드 익스트랙트 1/2ts

우유 360ml

뜨거운 커피 240ml(진하게 추출한 것)

초콜릿 코팅된 딸기

다크초콜릿 225g

중간 크기 생딸기 12알(깨끗이 씻어서
　물기를 완전히 제거한 것)

조립 재료

딸기잼 240ml

바닐라 스위스 머랭 버터크림 약 1L
　(41쪽 참조)

초콜릿 글레이즈

다크초콜릿 115g(잘게 썬 것)

헤비크림 120ml

맑은 콘시럽 60ml

바닐라 익스트랙트 1ts

소금 1/8ts

화이트 초콜릿 케이크 만들기

1. 오븐을 175℃로 예열한다. 지름 20cm 케이크 팬 2개의 안쪽에 각각 버터나 기름을 칠하고 밀가루를 살짝 입혀 한쪽에 둔다.

2. 작은 볼에 달걀흰자와 우유 60ml를 넣고 고루 휘저어 섞는다.

3. 스탠드 믹서에 반죽용 패들을 끼운다. 밀가루, 설탕, 베이킹파우더, 소금을 한꺼번에 체에 쳐서 믹싱볼에 담고 저속으로 믹싱해 고루 섞는다. 믹싱을 계속하면서 마른 재료에 촉촉한 수분을 공급할 버터, 바닐라 익스트랙트, 남은 우유 120ml를 차례로 넣는다. 믹서의 속도를 중고속으로 높여서 1분쯤 더 믹싱한다. 믹서를 끄고, 믹싱볼 가장자리에 묻은 반죽을 주걱으로 긁어 정리한다.

4. 다시 중속으로 믹싱하면서 2의 달걀 혼합물을 1/3씩 나누어 반죽에 넣는다. 한 번 넣을 때마다 약 20초 동안 믹싱한다. 믹싱을 멈추고, 믹싱볼 가장자리에 묻은 반죽을 주걱으로 긁어 정리한다. 녹여서 식힌 화이트초콜릿을 넣고 다시 가볍게 믹싱한다.

5. 준비한 팬에 반죽을 똑같이 나누어 붓고 예열된 오븐에 넣는다. 이쑤시개로 케이크 한가운데를 찔렀다 빼도 반죽이 전혀 묻어나지 않을 때까지 25~28분 동안 굽는다. 오븐에서 꺼낸 케이크는 식힘망 위에서 10~15분쯤 식힌 다음 팬에서 빼낸다.

클래식 초콜릿 케이크 만들기

6. 화이트초콜릿 케이크를 굽는 동안, 지름 20cm 케이크 팬 2개의 안쪽에 각각 버터나 기름을 칠하고 밀가루를 살짝 입혀 한쪽에 둔다.

7. 밀가루, 코코아가루, 베이킹파우더, 소금, 베이킹소다를 한꺼번에 체에 쳐서 한쪽에 둔다.

8. 스탠드 믹서에 반죽용 패들을 끼우고, 믹싱볼에 포도씨유와 설탕을 넣고 중속으로 2분 동안 믹싱한다. 계속 믹싱하면서 달걀, 달걀노른자, 바닐라 익스트랙트, 아몬드 익스트랙트를 추가한다. 믹싱을 멈추고 믹싱볼 가장자리를 주걱으로 긁어 정리한다.

9. 다시 저속으로 믹싱하면서 7의 체 친 밀가루를 세 번에 나누어 우유와 번갈아 넣는다. 순서는 '밀가루-우유-밀가루-우유-밀가루'로 한다. 믹싱을 멈추고, 믹싱볼 가장자리에 묻은 반죽을 주걱으로 긁어 정리한다. 다시 믹서를 저속으로 돌리면서 커피를 조금씩 반죽에 붓는다. 모든 재료가 고루 섞이도록 중저속으로 30초 더 믹싱한다.

10. 준비한 팬에 반죽을 똑같이 나누어 붓고 예열된 오븐에 넣는다. 이쑤시개로 케이크 한가운데를 찔렀다 빼도 반죽이 전혀 묻어나지 않을 때까지 25~28분 동안 굽는다. 오븐에서 꺼낸 케이크는 식힘망 위에서 10~15분쯤 식힌 다음 팬에서 빼낸다.

딸기에 초콜릿 코팅하기

11. 중탕냄비에 초콜릿을 녹인다. 그동안 베이킹 트레이에 유산지를 깔아둔다. 초콜릿이 다 녹으면 딸기를 한 알씩 조심스럽게 담갔다가 빼서 유산지 위에서 굳힌다.

케이크 조립하기

12. 케이크가 완전히 식으면 칼로 윗면을 평평하게 다듬은 뒤 바닥 시트로 쓸 것을 골라 케이크 스탠드나 서빙 접시 위에 놓는다. 바닥 시트 윗면에 딸기잼 80ml를 펴 바른다. 다음 시트(바닥 시트가 화이트초콜릿 케이크였다면 다크초콜릿 케이크)를 올리고 똑같이 잼을 바르는 과정을 두 번 반복한 뒤 마지막 시트로 덮는다. 버터크림으로 매끈하게 프로스팅한 뒤 덮개를 씌우지 않은 채 냉장고에 넣고 15~20분쯤 굳힌다.

초콜릿 글레이즈 만들기

13. 작은 소스팬에 초콜릿, 헤비크림, 콘시럽을 넣고 중약불에 올린다. 크림에서 김이 나고 초콜릿이 녹기 시작하면 불에서 내린다. 바닐라 익스트랙트와 소금을 넣고 잘 저어 섞는다. 실온에서 10분쯤 식혀 시럽처럼 걸쭉한 글레이즈를 완성한다.

14. 프로스팅을 마친 케이크 한가운데에 초콜릿 글레이즈를 한 번에 120ml 정도씩 조심스럽게 붓는다. L자 스패튤러로 넓게 펴 발라 케이크 가장자리를 타고 자연스럽게 흘러내리게 한다. 부족하면 글레이즈를 조금씩 더 부으며 원하는 모양을 낸다. 남은 버터크림과 초콜릿으로 코팅한 딸기로 케이크를 장식한다.

데커레이션 팁

별 깍지를 끼운 짤주머니에 남은 버터크림을 채워넣는다. 글레이즈가 완전히 굳었을 때, 케이크 윗면 가장자리에 작은 로제트를 빙 둘러가며 파이핑한다. 각 로제트 위에 초콜릿으로 코팅한 딸기를 하나씩 올린다. 케이크를 잘라서 서빙할 때 접시 한쪽에 딸기를 함께 담아 내도 좋다.

파티시에 노트

초콜릿 글레이즈의 온도가 적당한지 잘 모르겠다면, 케이크 옆면에 살짝 끼얹어서 테스트해본다. 테스트한 면은 눈에 띄지 않도록 나중에 뒤로 돌려놓으면 된다. 초콜릿 글레이즈는 냉장 보관하면 윤기가 사라질 수 있다. 나폴리탄 케이크는 냉장고에서 최장 4일 동안 보관할 수 있고, 냉동도 가능하다 (25쪽 참조). 초콜릿으로 코팅한 딸기는 따로 보관한다.

남은 재료 활용법

초콜릿 글레이즈를 아이스크림 위에 끼얹으면 훌륭한 아이스크림선디[*]가 된다.

양철 박스 한가득 들어 있는, 집안 대대로 내려오는 비법 레시피 카드를 상상해보라! 밀가루 반죽의 흔적이 남아 있는 디저트 카드들은 많은 사랑을 받은 만큼 너덜너덜하게 해어진 상태다. 아마도 가족들의 생일이나 축하 자리 때마다 수없이 사용되어왔을 것이다. 레시피 자체는 이미 머릿속에 기억되어 있을 테지만 말이다. 안타깝게도 나는 이런 가보를 물려받지 못했다. 하지만 내가 만든 레시피들이 내 후손들에게 전해질 거라고 믿는다. 여러분이 아직 자신만의 옐로 버터 케이크 레시피를 갖고 있지 않다면, 바로 여기 있다. 잘 기억해두었다가 물려준다면 후손들이 틀림없이 고마워할 것이다.

옐로 버터 케이크

케이크 팬에 바를 버터 또는 오일
   스프레이
박력분 425g + 케이크 팬에 뿌릴 여분
베이킹파우더 1TS
소금 3/4ts
실온 무염 버터 225g
그래뉴당 400g
바닐라빈 페이스트 2ts
달걀노른자 6개
우유 360ml

퍼지 프로스팅

실온 무염 버터 340g
슈거파우더 690g(체 친 것)
무가당 코코아가루 50g
바닐라 익스트랙트 1½ts
소금 1/8ts
헤비크림 또는 우유 60ml
세미스위트 초콜릿 225g(녹여서
   식힌 것)

생일 케이크

the Birthday Cake

—

시트 4장으로 구성된 지름 20cm 케이크(12~15인분)

옐로 버터 케이크 만들기

1. 오븐을 175°C로 예열한다. 지름 20cm 케이크 팬 2개의 안쪽에 각각 버터나 기름을 칠하고 밀가루를 살짝 입혀 한쪽에 둔다.

2. 밀가루, 베이킹파우더, 소금을 한꺼번에 체에 쳐서 준비한다.

3. 스탠드 믹서에 반죽용 패들을 끼우고, 버터를 중속으로 매끈하게 믹싱한다. 여기에 설탕을 넣고 중고속으로 3~5분쯤 믹싱해 솜사탕처럼 가벼운 질감이 나도록 한다. 믹싱을 멈추고 믹싱볼 가장자리를 주걱으로 긁어 정리한다.

4. 다시 중저속으로 믹싱하면서 바닐라 익스트랙트에 이어 달걀노른자를 한 번에 1개씩 넣는다. 믹싱을 멈추고 믹싱볼 가장자리를 주걱으로 긁어 정리한다.

5. 다시 저속으로 믹싱하면서 **2**의 체 친 밀가루를 세 번에 나누어 우유와 번갈아 넣는다. 순서는 '밀가루-우유-밀가루-우유-밀가루'로 한다. 날가루가 눈에 띄지 않을 정도로 섞이면 속도를 중속으로 높여 30초 더 믹싱한다.

6. 준비한 팬에 반죽을 똑같이 나누어 붓고 예열된 오븐에 넣는다. 이쑤시개로 케이크 한가운데를 찔렀다 빼도 반죽이 전혀 묻어나지 않을 때까지 25~28분 동안 굽는다. 오븐에서 꺼낸 케이크는 식힘망 위에서 10~15분쯤 식힌 다음 팬에서 빼낸다.

퍼지 프로스팅 만들기

7. 스탠드 믹서에 반죽용 패들을 끼우고, 버터를 매끈한 크림 상태가 될 때까지 믹싱한다. 저속으로 계속 믹싱하면서 슈거파우더, 코코아가루, 바닐라 익스트랙트, 소금을 조금씩 천천히 추가한다. 마지막으로 크림을 넣고 고루 섞일 때까지 믹싱한다. 속도를 고속으로 높여서 프로스팅을 솜사탕처럼 가벼운 느낌이 나도록 크림화한다. 믹싱을 멈추고 믹싱볼 가장자리를 주걱으로 긁어 정리한다. 녹여서 식힌 초콜릿을 붓고 다시 매끈하게 믹싱한다.

케이크 조립하기

8. 완전히 식힌 케이크를 조심스럽게 수평으로 2등분해서 똑같은 두께의 시트 4장을 만든다(파티시에 노트 참조). 케이크 윗면을 평평하게 다듬은 뒤 바닥 시트로 쓸 것을 골라 케이크 스탠드 또는 서빙 접시에 올린다. L자 스패튤러로 시트 위에 퍼지 프로스팅 80ml를 고르게 펴 바른다. 다음 시트를 올리고 같은 과정을 반복한다. 4장의 시트를 모두 쌓고 나면 남은 퍼지 프로스팅을 케이크 표면 전체에 바른다.

데커레이션 팁

케이크 윗면에 알록달록한 스프링클을 뿌리거나 양초를 몇 개 꽂으면 더 특별한 축제 분위기를 낼 수 있다.

파티시에 노트

시트 2장으로 구성된 심플한 케이크를 만들고 싶다면 구운 케이크를 자르지 말고 그대로 사용한다. 여기에 맞추어 필링의 양도 조절해야 하는데, 퍼지 프로스팅 240~360ml면 충분하다. 완성된 케이크는 냉장고에서 최장 4일까지 보관할 수 있으며, 냉동 보관도 가능하다(25쪽 참고).

딸기 쇼트케이크

Strawberry Shortcake

시트 4장으로 구성된 지름 20cm 케이크(10~12인분)

아무 준비 없이 무모하게 도전했던 나의 생애 첫 레이어 케이크는 슬라이스한 딸기와 크림이 범벅된 그야말로 엉망진창이었다. 당시 대학 졸업을 앞두고 있던 나는 룸메이트의 생일 선물로 (시판 케이크 믹스로 만든 티가 조금이라도 덜 나는) 특별한 케이크를 만들어주고 싶었다. 그래서 결정한 것이 심플한 스펀지 케이크와 생딸기, 직접 만든 버터크림의 조합이었다. 그 시절에는 지금처럼 음식 관련 블로그들이 활성화되지 않았고, 갖고 있는 베이킹 관련 책도 없었다. 인터넷에서 프로스팅 만드는 법을 찾다가 버터크림에 얼마나 많은 설탕이 들어가는지 처음 알았다. 도무지 믿을 수 없었던 나는 무언가 착오가 있는 게 분명하다며 내 방식대로 버터크림을 만들어 쓰자는 야무진 결심을 했다. 물론 결과는 처참했다. 버터크림은 줄줄 흐를 만큼 묽었고, 슬라이스한 딸기는 계속 미끄러져서 밖으로 삐져나왔다. 케이크는 당연히 친구의 생일날까지 버텨내지 못했다. 하지만 덕분에 우리는 한바탕 실컷 웃을 수 있었고, 몇 년 뒤 나는 그 친구의 웨딩케이크를 만들었다.

　이번 딸기 쇼트케이크는 가볍고 폭신한 스펀지 케이크에 바질 휩트크림*을 사용했다. 바질향은 살짝 스치는 정도지만 잘 익은 딸기와 함께 기막힌 조화를 이루어 여름날의 피크닉 분위기를 한껏 살린다. 친구들을 위한 특별한 날이나 햇살이 밝은 오후에 즐기기 좋은 케이크다.

시폰 케이크	바질 휩트크림	조립 재료
케이크 팬에 바를 버터 또는 오일 스프레이	헤비크림 600ml + 여분	생딸기 580g
박력분 260g	생바질 40~60g(잘게 썬 것)	
베이킹파우더 2ts	그래뉴당 2TS	
소금 1/2ts	바닐라 익스트랙트 1/2ts	
포도씨유 120ml		
그래뉴당 275g		
바닐라 익스트랙트 2ts		
달걀노른자 6개		
우유 120ml		
달걀흰자 8개		
타르타르크림 3/4ts		

시폰 케이크 만들기

1. 오븐을 175°C로 예열한다. 지름 20cm 케이크 팬 2개의 안쪽에 각각 버터나 기름을 칠하고 유산지를 깐다.

2. 밀가루, 베이킹파우더, 소금을 한꺼번에 체에 쳐서 한쪽에 둔다.

3. 스탠드 믹서에 반죽용 패들을 끼운다. 믹싱볼에 포도씨유와 설탕 250g을 넣고 중속으로 1분쯤 믹싱한다. 바닐라 익스트랙트에 이어 달걀노른자를 한 번에 1개씩 넣고 3분간 믹싱한다. 혼합물의 부피가 커지면서 뽀얀 빛이 돌면 믹싱을 멈추고 믹싱볼 가장자리를 주걱으로 긁어 정리한다.

4. 다시 저속으로 믹싱하면서 **2**의 체 친 밀가루를 세 번에 나누어 우유와 번갈아 넣는다. 순서는 '밀가루-우유-밀가루-우유-밀가루'로 한다. 날가루가 눈에 띄지 않을 정도로 섞이면 속도를 중속으로 높여 30초 더 믹싱한다. 반죽을 커다란 볼에 옮겨서 한쪽에 둔다.

5. 반죽이 묻은 믹싱볼을 물로 씻어서 완전히 말린다. 스탠드 믹서에 거품기를 끼우고, 깨끗한 믹싱볼에 달걀흰자를 넣고 중저속으로 휘핑해 거품을 낸다. 남은 설탕 2TS과 타르타르크림을 넣고 고속으로 휘핑해 끝이 뾰족하고 단단한 머랭을 만든다.

6. 머랭을 **4**의 케이크 반죽에 조심스럽게 폴딩해서 섞는다. 준비된 케이크 팬에 반죽을 똑같이 나누어 붓고 예열한 오븐에 넣는다. 이쑤시개로 케이크 한가운데를 찔렀다 빼도 반죽이 전혀 묻어나지 않을 때까지 25~28분 동안 굽는다. 오븐에서 꺼낸 케이크는 식힘망 위에서 10~15분쯤 식힌 뒤, 과도나 금속 스패튤러로 가장자리를 따라 한번 쓱 훑은 다음 팬에서 빼낸다.

바질 휩트크림 만들기

7. 중간 크기 소스팬에 크림 480ml를 붓고 중약불에 올려 약하게 끓을 때까지 천천히 가열한다.

8. 크림이 끓는 동안, 바질을 절구에 넣고 가볍게 찧는다.

9. 크림에서 김이 나면서 약하게 끓기 시작하면 곧바로 불에서 내린다. 바질을 넣고 뚜껑을 덮은 뒤 향이 우러나도록 30분쯤 그대로 둔다. 바질 크림을 적당한 용기에 옮겨 담고 냉장고에서 차갑게 식힌다.

10. 거름망에 밭여 바질 건더기를 제거한다. 바질향이 우러난 크림의 양을 다시 재보고, 필요하면 여분의 크림을 더해서 총 480ml로 만든다.

11. 스탠드 믹서에 거품기를 끼우고, 바질 크림을 중속으로 휘핑해 걸쭉하게 만든다. 설탕과 바닐라 익스트랙트를 추가하고 고속으로 휘핑한다. 거품기를 들어올렸을 때 크림의 끝이 단단하고 뾰족하면 완성이다. 완성된 휩트크림은 냉장 보관했다가 서빙 직전에 꺼내서 케이크에 바른다.

케이크 조립하기

12. 6mm 두께로 슬라이스한 생딸기를 준비한다. 딸기 몇 알은 통째로 남겨서 데커레이션에 사용한다.

13. 완전히 식힌 케이크를 조심스럽게 수평으로 2등분해서 똑같은 두께의 시트 4장을 만든다. 케이크 윗면을 평평하게 다듬은 뒤 바닥 시트로 쓸 것을 골라 케이크 스탠드 또는 서빙 접시에 놓는다. 준비된 바질 휩트크림을 180~240ml 펴 바르고, 그 위에 슬라이스한 딸기 1/3을 얹는다. 다음 시트를 올리고 똑같은 과정을 반복한다. 장식을 위해 마지막에 바른 크림 위에 딸기를 통째로, 또는 반으로 갈라서 올린다.

파티시에 노트

휩트크림은 최장 8시간 전에 미리 만들어둘 수 있지만, 반드시 밀폐용기에 따로 담아 냉장 보관해야 한다.
조립을 마친 케이크는 곧바로 먹는 것이 가장 좋고, 냉장고에서 이틀 동안 보관할 수 있다. 이 경우 서빙 30분 전에 실온에 꺼내둔다.

레드 벨벳 케이크

Red Velvet Cake

—

시트 6장으로 구성된 지름 15cm 케이크(10~12인분)

미국 남부 스타일 디저트로 널리 알려진 레드 벨벳 케이크는 사실 뉴욕의 최고급 호텔인 월도프-애스토리아에서 처음 선보인 것이다. 오늘날에는 달콤한 크림치즈 프로스팅을 사용한 레시피가 많지만, 원조 레드 벨벳 케이크는 이른바 '헤리티지 프로스팅' 또는 어민 프로스팅ermine frosting을 쓴다. 밀가루를 섞은 우유죽을 베이스로 만든 이 프로스팅은 단맛이 적은 편이며, 질감은 크림치즈 프로스팅보다 훨씬 부드럽고 가볍다.

솔직히 고백하자면 나는 오랫동안 레드 벨벳 케이크의 진짜 매력을 알지 못했다. 이전까지 내가 맛봤던 레드 벨벳 케이크는 붉은색 식용색소를 잔뜩 넣은 평범한 스펀지 케이크에 지독하게 달기만 한 크림치즈 프로스팅을 처덕처덕 바른 것들이라 매력을 느낄 수 없었던 듯하다. 하지만 고객들의 꾸준한 요구가 이어지자 어쩔 수 없이 다시 관심을 갖게 되었고, 내 입맛에 맞는 레드 벨벳 케이크를 개발해 가게 메뉴에 올리기로 했다. 그리하여 6년 전쯤 만들어낸 것이 바로 지금 소개할 레시피다. 이 레드 벨벳 케이크는 무척 촉촉하고 벨벳처럼 부드러우며, 코코아를 약간 넣어서 은은한 초콜릿향을 더한 것이 특징이다.

레드 벨벳 케이크

케이크 팬에 바를 버터 또는 오일 스프레이
중력분 235g + 케이크 팬에 뿌릴 여분
무가당 코코아가루 3TS
베이킹파우더 3/4ts
소금 1/2ts
포도씨유 180ml
그래뉴당 300g
달걀 2개
바닐라 익스트랙트 2ts
적색 식용색소 1~2TS(60쪽 파티시에 노트 참조)
버터밀크 240 ml
베이킹소다 1ts
자연발효 화이트 식초 1ts

헤리티지 프로스팅

우유 240ml
중력분 30g
소금 1/8ts
실온 무염 버터 225g
그래뉴당 200g
바닐라 익스트랙트 1ts

화이트초콜릿 컬

화이트초콜릿 1판(170~280g)

레드 벨벳 케이크 만들기

1. 오븐을 175℃로 예열한다. 지름 15cm 케이크 팬 3개에 버터나 기름을 칠하고 밀가루를 살짝 입혀 한쪽에 둔다.

2. 밀가루, 코코아가루, 베이킹파우더, 소금을 한꺼번에 체에 쳐서 한쪽에 둔다.

3. 스탠드 믹서에 반죽용 패들을 끼운다. 믹싱볼에 포도씨유와 설탕을 넣고 중속으로 믹싱해 고루 섞는다. 중저속으로 계속 믹싱하면서 달걀을 한 번에 1개씩 추가하고, 바닐라 익스트랙트와 식용색소도 넣는다. 모든 재료가 고루 섞이면 믹싱을 멈추고 믹싱볼 가장자리를 주걱으로 긁어 정리한다.

4. 다시 저속으로 믹싱하면서 2의 체 친 밀가루를 세 번에 나누어 버터밀크와 번갈아 넣는다. 순서는 '밀가루-버터밀크-밀가루-버터밀크-밀가루'로 한다. 날가루가 눈에 띄지 않을 정도로 섞이면 믹싱을 멈추고 믹싱볼 가장자리를 주걱으로 긁어 정리한다.

5. 작은 볼에 베이킹소다와 식초를 넣고 잘 섞는다. 이것을 4의 반죽에 넣고 중저속으로 30초 동안 믹싱한다.

6. 준비된 케이크 팬에 반죽을 똑같이 나누어 붓고 예열된 오븐에 넣는다. 이쑤시개로 케이크 한가운데를 찔렀다 빼도 반죽이 전혀 묻어나지 않을 때까지 23~25분 동안 굽는다. 다 구워진 케이크는 식힘망 위에서 10~15분쯤 식힌 다음 팬에서 빼낸다.

헤리티지 프로스팅 만들기

7. 작은 소스팬에 우유, 밀가루, 소금을 넣고 덩어리가 보이지 않도록 거품기로 충분히 섞는다. 소스팬을 중불에 올리고 나무 스푼으로 휘저으며 농도가 걸쭉해질 때까지 끓인다. 불에서 내려 우유 혼합물을 볼에 옮겨 담은 뒤 덮개를 씌워 냉장고에서 차게 식힌다.

8. 스탠드 믹서에 반죽용 패들을 끼우고, 버터와 설탕을 중고속으로 2~4분 동안 믹싱해서 크림화한다. 믹서의 속도를 중저속으로 줄이고 차게 식힌 7의 우유 혼합물과 바닐라 익스트랙트를 넣는다. 속도를 중고속으로 높여 솜사탕처럼 가볍고 풍성하며 뽀얀 빛깔의 프로스팅을 완성한다.

화이트초콜릿 컬 만들기

9. 초콜릿을 전자레인지에서 살짝 부드러워질 때까지 데운다. 처음에는 20초쯤 돌리고, 이후에는 상태를 확인해가며 5~10초씩 시간을 추가한다. 전자레인지의 전력 세기에 따라 조금씩 다르지만, 보통 총 35초 정도면 충분하다. 적당히 부드러워졌는지 테스트하기 위해 채소용 필러로 초콜릿의 옆면을 가로로 쭉 긁어 본다. 초콜릿이 바스러지거나 중간에서 부러지지 않고 동글동글 예쁘게 말린 컬이 나오면 적당한 상태다. 초콜릿을 지나치게 데우면 컬이 생기지 않으니 조심해야 한다. 필러로 긁어낸 초콜릿 컬 55~110g을 유산지 위에 펼쳐놓는다. 중간에 초콜릿이 굳어서 컬이 잘 생기지 않으면 전자레인지로 다시 데운다(파티시에 노트 참조).

케이크 조립하기

10. 완전히 식힌 케이크를 수평으로 2등분해서 똑같은 두께의 시트 6장을 만든다. 윗면을 평평하게 다듬은 뒤 바닥 시트로 쓸 것을 골라서 케이크 스탠드나 서빙 접시에 놓는다. 준비된 프로스팅의 80ml를 L자 스패튤러로 고르게 펴 바른다. 그 위에 다음 시트를 올리고 똑같은 과정을 반복한다. 6장의 시트를 모두 쌓고 나면 남은 프로스팅으로 매끈하게 마무리한다(28쪽 참조). 원한다면 러스틱 피니시(31쪽 참조)도 좋다. 준비된 초콜릿 컬을 프로스팅이 굳기 전에 조심스럽게 케이크 옆면에 붙인다. 잘 붙지 않으면 부드러운 프로스팅 안쪽으로 살짝 밀어넣는다. 사진처럼 케이크의 아래쪽에서 2/3 지점까지 붙여도 좋고, 각자 원하는 대로 붙여도 좋다.

파티시에 노트

판 초콜릿을 집을 때는 손의 온기로 초콜릿이 녹지 않도록 항상 유산지로 감싸서 집는다. 필러로 초콜릿 컬을 긁어낸 뒤에는 굳기 전에 재빨리 원하는 모양대로 다듬어야 한다. 초콜릿이 굳고 나면 되도록 건드리지 않는다. 케이크 시트를 만들 때 젤 타입 대신 액상 식용색소를 사용해도 좋다.
완성된 레드 벨벳 케이크는 냉장고에서 최장 3일 동안 보관이 가능하다(25쪽 참조).

역사상 최초의 보스턴 크림 파이 레시피는 1856년 미국 보스턴의 파커 하우스 호텔에서 나왔다. 나에게 보스턴 크림 파이는 늘 외삼촌이 가장 좋아하는 디저트로 각인되어 있다. 외할머니는 어린 자식들의 생일날 저마다 원하는 특별한 케이크를 만들어주셨다고 한다. 어머니는 알록달록한 스프링클로 장식한 앤젤 푸드 케이크*, 이모는 설탕에 절인 마라스키노 체리를 듬뿍 올린 생크림 케이크, 외삼촌은 보스턴 크림 파이를 좋아했다. 나는 커스터드가 들어간 디저트라면 무조건 좋아하기 때문에 보스턴 크림 파이도 당연히 사랑한다. 벨벳처럼 부드러운 버터밀크 케이크에 진한 바닐라 커스터드, 매끈한 초콜릿 아이싱이 합해진 이 클래식한 케이크를 싫어할 사람은 아무도 없을 것이다.

바닐라 커스터드

바닐라빈 1개(길게 자른 것)

우유 480ml

그래뉴당 135g

달걀노른자 5개

옥수수 전분 6TS(45g)

무염 버터 2TS(깍둑 썬 것)

버터밀크 케이크

케이크 팬에 바를 버터 또는 오일 스프레이

박력분 390g + 케이크 팬에 뿌릴 여분

베이킹파우더 2ts

베이킹소다 1/2ts

소금 1/2ts

실온 무염 버터 225g

그래뉴당 400g

바닐라빈 페이스트 1½ts

달걀 3개

달걀노른자 2개

버터밀크 300ml

실키 초콜릿 아이싱

헤비크림 120ml

맑은 콘시럽 1TS

세미스위트 초콜릿 170g(다진 것)

소금 1/8ts

바닐라 익스트랙트 1/2ts

슈거파우더 190g(체 친 것)

보스턴 크림 파이

Boston Cream Pie

—

시트 2장으로 구성된 지름 20cm 케이크(10~12인분)

바닐라 커스터드 만들기

1. 중간 크기 소스팬에 바닐라빈 깍지와 씨, 우유를 넣고 중약불에 올린다. 우유가 팔팔 끓어오르지 않도록 천천히 뭉근하게 데운다. 소스팬을 불에서 내려 바닐라빈 깍지를 건진다.

2. 우유를 데우는 동안 볼에 설탕, 달걀노른자, 옥수수 전분을 넣고 거품기로 휘저어 잘 섞는다.

3. 2의 달걀 혼합물에 1의 우유를 조금씩 천천히 흘려넣으며 계속 휘젓는다. 혼합물의 온도가 급격히 오르면 달걀이 익을 수 있으므로 특히 조심해야 한다. 이 혼합물을 다시 소스팬에 부어 약불에서 거품기로 휘저으며 데운다. 농도가 걸쭉해지고 기포가 올라오기 시작하면 소스팬을 불에서 내린 다음, 버터를 넣고 고루 휘저어 섞는다.

4. 완성된 커스터드를 볼에 옮겨 담고, 표면이 마르지 않도록 식품용 랩을 커스터드에 직접 닿게 덮는다. 냉장고에 최소 2시간에서 하룻밤 동안 넣어서 차갑고 단단하게 만든다.

버터밀크 케이크 만들기

5. 오븐을 175°C로 예열한다. 지름 15cm 케이크 팬 2개에 버터나 기름을 칠하고 밀가루를 약간 뿌려 한쪽에 둔다.

6. 밀가루, 베이킹파우더, 베이킹소다, 소금을 한꺼번에 체에 쳐서 한쪽에 둔다.

7. 스탠드 믹서에 반죽용 패들을 끼우고, 믹싱볼에 버터를 넣어 중속으로 2분 동안 믹싱한다. 여기에 설탕을 추가하고 중고속으로 3~5분쯤 더 믹싱한다. 버터가 솜사탕처럼 가벼운 크림 상태로 변하면 믹서를 끄고 믹싱볼 가장자리를 주걱으로 긁어 정리한다.

8. 믹서를 중저속으로 돌리면서 바닐라빈 페이스트에 이어 달걀과 달걀노른자를 한 번에 1개씩 넣고 믹싱한다. 믹싱을 멈추고 믹싱볼 가장자리를 주걱으로 긁어 정리한다.

9. 믹서를 다시 저속으로 돌리면서 6의 체 친 밀가루를 세 번에 나누어 버터밀크와 번갈아 넣는다. 순서는 '밀가루-버터밀크-밀가루-버터밀크-밀가루'로 한다. 날가루가 눈에 띄지 않을 정도로 충분히 섞이면 속도를 중속으로 높여 30초 더 믹싱한다.

10. 준비된 케이크 팬에 반죽을 똑같이 나누어 붓고 예열한 오븐에 넣는다. 이쑤시개로 케이크 한가운데를 찔렀다 빼도 반죽이 전혀 묻어나지 않을 때까지 25~28분 동안 굽는다. 다 구워진 케이크는 식힘망 위에서 10~15분쯤 식힌 다음 팬에서 빼낸다.

케이크 조립하기

11. 냉장고에서 차갑고 단단해진 커스터드를 꺼낸다. 필요할 경우 거품기로 살짝 휘저어 부드럽게 풀어준다. 큰 원형 깍지를 끼운 짤주머니에 크림을 채워넣는다.

12. 케이크가 완전히 식으면 칼로 윗면을 평평하게 다듬는다. 바닥 시트로 쓸 것을 골라 케이크 스탠드나 서빙 접시에 올려놓는다. 먼저 시트 윗면의 가장자리를 따라 커스터드를 파이핑한 다음 동심원을 그리듯 안쪽을 메운다. 파이핑한 크림 위에 두번째 케이크 시트를 뒤집어서 올린다.

실키 초콜릿 아이싱 만들기

13. 소스팬에 헤비크림, 콘시럽, 초콜릿을 넣고 중약불에 올려 크림에서 김이 피어오르고 초콜릿이 녹기 시작할 때까지 데운다. 소스팬을 불에서 내리고 나무 주걱으로 잘 휘저어 초콜릿을 완전히 녹인다. 소금과 바닐라 익스트랙트를 넣고 고루 섞는다. 슈거파우더를 넣고 거품기로 잘 휘저어 섞는다. 완성된 아이싱은 곧장 케이크 위에 발라도 되지만 아이싱이 약간 식을 때까지 기다려도 좋다.

파티시에 노트

커스터드는 케이크를 만들기 최대 3일 전에 미리 준비해둘 수 있다. 단, 덮개를 단단히 씌워서 냉장고에 넣어두어야 한다.

보스턴 크림 파이는 조립한 뒤 30분 안에 먹는 것이 가장 맛있다. 남은 케이크는 커스터드를 만든 시점부터 최대 3일 동안 냉장 보관이 가능하다(25쪽 참조). 하지만 냉장고에 넣어두면 실키 초콜릿 아이싱 특유의 광택이 사라질 수 있다는 점을 주의해야 한다.

레몬 슈프림 케이크
Lemon Supreme Cake

시트 3장으로 구성된 지름 15cm 케이크(8~10인분)

나의 외할머니는 종류에 상관없이 레몬이 들어간 디저트라면 모두 좋아하신다. 그래서 내가 어렸을 때 외할머니가 집에 오시면 어머니가 부랴부랴 레몬 머랭 파이를 사러 나가곤 했던 기억이 있다. 당시 나는 왜 할머니가 그것을 그토록 좋아하는지 이해할 수 없었다. 내가 맛본 레몬 머랭 파이는 인공적인 단맛이 나는 레몬 필링에 시판되는 푸석한 질감의 머랭을 얹은 그저 그런 디저트일 뿐이었다. 물론 그런 레몬 머랭 파이를 사온 내 어머니를 탓하려는 것은 아니다. 내가 신선한 재료와 생레몬을 사용한 케이크를 만들게 된 계기는 바로 그 시절의 기억에서 비롯되었으니 말이다.

처음 케이크를 굽기 시작한 2006년에 내가 만든 첫번째 레몬 케이크를 할머니께 드렸다. 나름대로 최선을 다해 매끈하게 프로스팅하고, 슈거 페이스트에서 오려낸 작은 핑크빛 벚꽃으로 장식한 케이크였다. 그때의 레시피를 약간 발전시킨 이번 레시피는 지금도 여전히 참신한 느낌이 있어서 레몬을 사랑하는 모든 이들을 만족시킬 것이다. 매우 크리미하고 진한 맛을 내면서도 갓 짜낸 레몬즙의 신선함이 살아 있는 커드는 레몬 버터밀크 케이크와 완벽한 조화를 이룬다.

레몬 커드

무염 버터 5TS(70g, 깍둑 썬 것)
그래뉴당 150g
레몬즙 5TS(75ml)
달걀노른자 2개
달걀 1개

라이트 레몬 케이크

케이크 팬에 바를 버터 또는 오일 스프레이
박력분 295g + 케이크 팬에 뿌릴 여분
베이킹파우더 1½ts
베이킹소다 3/4ts
소금 1/4ts
그래뉴당 300g
레몬 제스트 1TS(곱게 간 것)
실온 무염 버터 170g
레몬즙 2TS
바닐라 익스트랙트 1ts
달걀 3개
달걀흰자 2개
버터밀크 240ml

레몬 시럽

그래뉴당 50g
레몬즙 2TS
레몬 제스트 2ts(곱게 간 것)

조립 재료

바닐라 스위스 머랭 버터크림 780ml(41쪽 참조)
젤 타입 식용색소(선택)
구슬 스프링클(선택)

레몬 커드 만들기

1. 내열 그릇에 버터를 담아 한쪽에 둔다.

2. 중간 크기의 소스팬에 설탕, 레몬즙, 달걀노른자, 달걀을 모두 넣고 거품기로 잘 섞는다. 중불에 올려서 달걀이 뭉치지 않도록 나무 주걱으로 계속 휘저으며 6∼8분 동안 끓인다. 혼합물이 주걱 표면에 코팅될 만큼 걸쭉해지거나 온도가 70°C쯤 되면 불에서 내린다.

3. 버터가 담긴 그릇 위에 촘촘한 거름망을 걸쳐놓고 2의 혼합물을 부어서 거른다. 고루 휘저어 섞은 뒤 완성된 커드가 마르지 않도록 식품용 랩을 커드 표면에 직접 닿게 덮는다. 냉장고에 넣어 최소 4시간에서 하룻밤 동안 차갑게 굳힌다.

라이트 레몬 케이크 만들기

4. 오븐을 175°C로 예열한다. 지름 15cm 케이크 팬 3개에 버터나 기름을 칠하고 밀가루를 약간 뿌려 한쪽에 둔다.

5. 밀가루, 베이킹파우더, 베이킹소다, 소금을 한꺼번에 체에 쳐서 한쪽에 둔다.

6. 작은 볼에 설탕과 레몬 제스트를 담고 레몬향이 퍼질 때까지 손끝으로 조물조물 버무린다.

7. 스탠드 믹서에 반죽용 패들을 끼우고, 믹싱볼에 버터를 넣고 중속으로 2분 동안 돌린다. 6의 설탕 혼합물을 붓고 솜사탕처럼 가벼운 크림 상태가 될 때까지 3∼5분쯤 믹싱한다. 믹싱을 멈추고 믹싱볼 가장자리를 주걱으로 긁어 정리한다.

8. 믹서를 다시 중저속으로 돌리면서 레몬즙, 바닐라 익스트랙트에

이어 달걀과 달걀흰자를 한 번에 1개씩 넣는다. 믹싱을 멈추고 믹싱볼 가장자리를 주걱으로 긁어 정리한다.

9. 다시 저속으로 믹싱하면서 5의 체 친 밀가루를 세 번에 나누어 버터밀크와 번갈아 넣는다. 순서는 '밀가루-버터밀크-밀가루-버터밀크-밀가루'로 한다. 날가루가 눈에 띄지 않을 정도로 충분히 섞이면 속도를 중속으로 높여 30초 더 믹싱한다.

10. 준비된 케이크 팬에 반죽을 똑같이 나누어 붓고 예열한 오븐에 넣는다. 이쑤시개로 케이크 한가운데를 찔렀다 빼도 반죽이 전혀 묻어나지 않을 때까지 22∼24분 동안 굽는다. 다 구워진 케이크는 식힘망 위에서 10∼15분쯤 식힌 다음 팬에서 빼낸다.

레몬 시럽 만들기

11. 소스팬에 설탕, 레몬즙, 레몬 제스트, 물 60ml를 넣고 중강불에 올린다. 바글바글 끓기 시작하면 불을 약하게 줄이고 걸쭉한 시럽 상태가 될 때까지 10분쯤 더 졸인 뒤 불에서 내려 식힌다.

케이크 조립하기

12. 바닐라 스위스 머랭 버터크림에 원하는 빛깔의 식용색소를 넣어 물들인다. 큰 원형 깍지를 끼운 짤주머니에 버터크림 약 240ml를 채워넣는다.

13. 완전히 식힌 케이크의 윗면을 칼로 평평하게 다듬고, 바닥 시트로 쓸 것을 고른다. 제과용 붓으로 각 시트의 윗면에 레몬 시럽을 듬뿍 바른다. 케이크 스탠드나 서빙 접시에 바닥 시트를 올려놓고, 윗면의 가장자리를 빙 둘러가며 댐을 쌓듯 버터크림을 파

이핑한다(27쪽 참조). 댐 안쪽을 준비된 레몬 커드의 절반으로 메운다. 그 위에 두번째 시트를 쌓고 버터크림과 커드를 똑같이 올린다. 짤주머니에 남은 크림이 있으면 아직 사용하지 않은 버터크림과 섞어둔다. 세번째 시트까지 쌓고 나면, 1차로 크럼 코트한 뒤 버터크림으로 매끈하게 프로스팅해서 마무리한다. 구슬 스프링클 장식을 더해도 좋다.

파티시에 노트

버터가 레몬 커드에 잘 녹아들지 않을 경우, 중탕 냄비에 넣고 가열하며 계속 휘저어 버터가 완전히 섞이게 한다. 레몬 커드는 미리 만들어서 밀폐용기에 넣어 냉장하면 최장 1개월 동안 보존할 수 있다.

레몬 슈프림 케이크는 3일까지 냉장 보관이 가능하다.

시간이 없을 때

레몬 커드를 시판 제품 300ml로 대신한다.

데커레이션 팁

버터크림으로 매끈하게 프로스팅한 뒤 케이크 아래쪽에 빙 둘러가며 구슬 스프링클을 흩뿌리듯 붙여 장식한다. 스프링클이 케이크에 잘 붙지 않으면 손으로 스프링클을 한 움큼 쥐고 버터크림 안으로 살짝 밀어넣는다. 구슬 스프링클을 케이크 아래쪽이 아닌 윗면의 가장자리에 뿌려서 아래로 자연스럽게 흘러내린 듯 한 효과를 내도 좋다.

프렌치 오페라 케이크

French Opera Cake

—

시트 3장으로 구성된 지름 15cm 케이크(8~10인분)

이따금 내가 이 분야에 어떻게 발을 들이게 됐는지 궁금해질 때가 있다. 만일 독자들이 너저분하기 짝이 없는 내 베이킹 수첩을 들여다보거나 이 책의 원고를 타이핑 중인 지금 내가 앉아 있는 책상의 모습을 볼 수 있다면 어떻게 나 같은 사람이 철저한 준비성, 인내심, 꼼꼼함이 필수인 분야에서 일할 수 있는지 의심스러울 것이다. 그러나 진지하게 생각해보면 나는 지난 거의 20년 동안 발레 연습에 내 모든 에너지와 노력을 쏟아부었던 사람이다. 완벽한 피루에트* 동작 하나를 위해 몇 년씩 애써본 경험이 있고, 그런 만큼 오페라 케이크를 만들 때 필요한 치밀함과 정확성도 내 안에 잠재되어 있는 게 아닐까 싶다.

 이 케이크는 커피에 적신 스펀지 케이크와 가나슈, 버터크림을 층층이 쌓아올린 정교한 형태의 디저트로 유명하다. 20세기 초 파리에서 처음 생겨났다고 추정되며, 보통 사각형의 얇은 시트를 겹겹이 쌓아 만든 뒤 한 조각씩 반듯하게 잘라서 서빙하는 게 일반적이다. 오페라 케이크는 시트와 프로스팅의 비율을 정확히 맞추어 섬세하게 쌓아올려야 하기 때문에 만들기가 몹시 까다롭다고 알려져 있다. 하지만 이 책에서는 원형 레이어 케이크의 형태를 띠기 때문에 좀 더 쉽게 접근할 수 있을 것이다. 물론 여전히 복잡한 단계를 거쳐 여러 겹으로 쌓아올려야 하지만 그런 만큼 시각적인 아름다움이 뛰어나다. 더욱이 입안에서 퍼지는 풍부한 맛과 향을 느끼는 순간, 이 케이크를 만드는 데 들인 시간과 인내심이 아깝다는 생각은 싹 사라질 것이다.

커피 아몬드 케이크

케이크 팬에 바를 버터 또는 오일
  스프레이

슈거파우더 85g(체 친 것)

달걀 4개

바닐라 익스트랙트 1ts

아몬드가루 115g

중력분 65g

인스턴트 에스프레소 파우더 2TS

베이킹파우더 1ts

소금 1/8ts

무염 버터 2TS(녹인 것)

달걀흰자 4개

그래뉴당 50g

타르타르크림 1ts

커피 시럽

그래뉴당 50g

인스턴트 에스프레소 파우더 2ts

커피 리큐어 2TS

커피 프렌치 버터크림

그래뉴당 200g

달걀노른자 6개

인스턴트 에스프레소 파우더 2ts

뜨거운 물 3TS

바닐라 익스트랙트 2ts

실온 무염 버터 280g

조립 재료

다크초콜릿 가나슈 240ml(45쪽 참조)

커피 아몬드 케이크 만들기

1. 오븐을 190°C로 예열한다. 25×38cm 크기의 사각 케이크 팬 안쪽에 버터나 기름을 바른다(파티시에 노트 참조). 유산지를 팬보다 사방 5cm 이상 더 큰 넉넉한 크기로 잘라서 팬 안쪽에 깔아둔다.

2. 커다란 볼에 슈거파우더, 달걀, 바닐라 익스트랙트를 넣고 거품기로 충분히 휘저어 섞는다. 거품기를 들어올렸을 때 뽀얀 혼합물이 선처럼 길게 이어질 정도가 되면 아몬드가루와 밀가루, 에스프레소 파우더, 베이킹파우더, 소금을 체에 쳐서 넣은 뒤 모든 재료가 겉돌지 않을 때까지 믹싱한다. 마지막으로 버터를 넣고 고루 휘젓는다.

3. 스탠드 믹서에 거품기를 끼우고, 달걀흰자를 깨끗한 믹싱볼에 붓고 중저속으로 휘핑한다. 하얗고 풍부한 거품이 생기기 시작하면 그래뉴당과 타르타르크림을 추가하고 속도를 고속으로 높인다. 거품기를 들어올렸을 때 머랭의 끝부분이 단단하고 뾰족한 모양을 띠면 다 된 것이다.

4. 완성된 머랭을 2의 케이크 반죽에 조심스럽게 폴딩해 섞는다.

5. 준비된 케이크 팬에 반죽을 붓고 L자 스패튤러로 고르게 펼친다. 오븐에 넣어 5~10분 동안 또는 케이크의 표면을 손끝으로 살짝 누르면 다시 원상태로 돌아올 때까지 굽는다. 굽기가 끝난 케이크는 식힘망 위에서 10~15분쯤 식힌 다음 팬에서 빼낸다.

커피 시럽 만들기

6. 소스팬에 설탕, 에스프레소 파우더, 물 60ml를 부어 중강불에 올린다. 바글바글 끓기 시작하면 불을 약하게 줄이고 걸쭉한 시럽 상태가 될 때까지 5분쯤 더 졸인 뒤 불에서 내려 커피 리큐어를 넣고 고루 휘젓는다. 완성된 커피 시럽은 5분 정도 살짝 식힌 다음에 사용한다.

커피 프렌치 버터크림 만들기

7. 중간 크기의 소스팬에 설탕과 물 60ml를 붓고 고루 휘젓는다. 강불에 올려 시럽의 온도가 114°C에 이를 때까지 바글바글 끓인다.

8. 그동안 스탠드 믹서에 거품기를 끼우고 믹싱볼을 물기 하나 없이 깨끗이 닦는다. 달걀노른자를 넣고 고속으로 휘핑한다. 빛깔이 뽀얗게 변하고 부피가 두 배 이상 커지면 휘핑을 멈춘다.

9. 시럽의 온도가 114°C에 이르면 불에서 내린다. 믹서를 저속으로 계속 돌리면서 뜨거운 시럽을 믹싱볼 안쪽 벽을 타고 흘러내리도록 조심스럽게 붓는다. 속도를 고속으로 높여 믹싱볼 바깥쪽 벽의 온도가 실온으로 떨어질 때까지 계속 믹싱한다.

10. 그동안 작은 볼에 에스프레소 파우더와 뜨거운 물을 붓고 잘 섞어 걸쭉하고 진한 커피를 만든다.

11. 믹서에서 거품기를 빼고 대신 반죽용 패들을 끼운다. 저속으로 돌리면서 바닐라 익스트랙트에 이어 버터를 한 번에 2TS씩 넣는다. 10의 커피까지 붓고 믹서의 속도를 중고속으로 높여 약 20초 또는 매끈하고 크리미해질 때까지 믹싱한다.

케이크 조립하기

12. 케이크가 완전히 식으면 유산지의 양쪽 끝부분을 쥐고 조심스럽게 팬에서 빼낸다. 큰 도마나 깨끗한 조리대 위에 거꾸로 뒤집어 놓고, 유산지를 벗겨낸다. 지름 15cm 무스 링을 이용해 동그란 케이크 시트 3장을 찍어내서 다시 똑바로 뒤집는다. 제과용 붓으로 모든 시트에 커피 시럽을 바른다.

13. L자 스패튤러로 첫번째 시트 윗면에 준비된 가나슈 80ml를 바른다. 두번째 시트에도 똑같은 양을 바른다. 두 시트를 냉장고에 5~10분쯤 넣어 가나슈를 굳힌다. 단단하게 굳은 가나슈 위에 버터크림 120ml를 펴 바른다. 두번째 시트에도 똑같은 양을 바른다.

14. 가나슈와 버터크림을 바른 시트 하나를 케이크 스탠드 또는 서빙 접시 위에 올린다. 그 위에 두번째 시트를 올리고 마지막 세번째 시트로 덮는다.

15. 남은 가나슈를 사용해 케이크 윗면에만 조심스럽게 프로스팅한다. 필요할 경우 냉장고에 넣어 가나슈를 굳힌다. 케이크 옆면에 커피 버터크림을 프로스팅하고, 남은 크림으로 자유롭게 장식한다.

파티시에 노트

가로 세로 25×38cm 크기의 사각 케이크 팬을 이용하면 지름 15cm 원형 시트 3장을 정확히 얻을 수 있다. 이보다 약간 작은 23×33cm 케이크 팬을 쓸 경우, 지름 15cm 원형 시트 2장과 반원형 시트 2장이 나온다. 반원형 시트는 2장을 붙여서 원형으로 만들고 가운데 시트로 쓴다.
오페라 케이크는 냉장고에서 최장 3일까지 보관이 가능하다(25쪽 참조).

데커레이션 팁

작은 원형 깍지를 끼운 짤주머니에 남은 버터크림을 채워넣는다. 케이크 윗면의 가나슈와 옆면의 버터크림이 서로 만나는 부분을 가릴 수 있도록 빙 둘러가며 펄 보더 또는 브레이디드 보더 장식을 파이핑한다(37쪽 참조).

내가 아는 독일의 대표 요리는 어마어마한 크기의 슈니첼과 브라트부르스트, 애플 슈트루델 정도다. 오래전 독일 뮌헨의 맛집 호프브로이하우스에서 그 지역 주민, 관광객, 종업원 등 수백 명의 사람들이 북적이는 가운데 친구와 함께 먹었던 커다란 족발 요리와 맥주의 맛은 지금까지도 기억이 생생하다. 사실 아버지의 먼 조상이 독일에서 미국으로 건너온 분들이기 때문에 내 몸속에는 독일인의 피가 조금은 섞여 있다고 할 수 있다. 하지만 독일의 전통 유산과 나를 이어주는 실질적인 연결 고리는 음식뿐이다. 요즘도 나는 해마다 밴쿠버에서 열리는 독일식 크리스마스 페스티벌을 기대하는데 그 이유는 단 하나, 맛있는 먹거리를 맛볼 수 있기 때문이다.

나는 최근에야 블랙 포레스트 케이크가 독일의 디저트라는 걸 처음 알았고, 그 사실을 알고 나니 초콜릿과 체리가 조합을 이룬 케이크의 맛이 훨씬 더 달콤하게 느껴졌다. 독일의 블랙 포레스트 지역(슈바르츠발트)은 유명한 체리 리큐어 산지다. 1915년 블랙 포레스트 케이크가 처음 만들어졌을 때도 체리 리큐어로 풍미를 더했다고 한다. 오늘날의 블랙 포레스트 케이크는 보통 휩트크림*을 듬뿍 바른다. 하지만 이번 레시피에서는 매끈하고 크리미한 밀크초콜릿 프로스팅과 가볍고 실크처럼 부드러운 바닐라 헤리티지 프로스팅을 필링으로 사용한다. 신선한 체리를 구하기 어렵다면 대신 타트체리 절임을 써도 좋다.

사워크림 초콜릿 케이크

케이크 팬에 바를 버터 또는 오일
   스프레이
중력분 220g + 케이크 팬에 뿌릴 여분
무가당 코코아가루 60g
베이킹파우더 1¼ts
베이킹소다 1/2ts
소금 1/2ts
포도씨유 6TS(90ml)
그래뉴당 100g
갈색설탕 110g
달걀 1개
달걀노른자 1개
바닐라 익스트랙트 1ts
아몬드 익스트랙트 1/2ts
사워크림 120ml
뜨거운 커피 180ml

체리 가나슈

다크초콜릿 170g(굵게 다진 것)
헤비크림 120ml
생체리 125g(깨끗이 씻어서 씨를 빼고
   굵게 다진 것)

밀크초콜릿 버터크림

바닐라 스위스 머랭 버터크림
   780ml(41쪽 참조)
녹여서 식힌 밀크초콜릿 70g

초콜릿 컬

세미스위트 또는 다크초콜릿 1판
   (55~115g)

조립 재료

헤리티지 프로스팅 58쪽 레시피
   분량의 1/2
생체리 6~8개(선택)

블랙 포레스트 케이크

Black Forest Cake

시트 4장으로 구성된 지름 15cm 케이크(6~8인분)

사워크림 초콜릿 케이크 만들기

1. 오븐을 175℃로 예열한다. 지름 15cm 케이크 팬 2개에 버터나 기름을 칠하고 밀가루를 살짝 뿌려서 한쪽에 둔다.

2. 밀가루, 코코아가루, 베이킹파우더, 베이킹소다, 소금을 한꺼번에 체에 쳐서 한쪽에 둔다.

3. 스탠드 믹서에 반죽용 패들을 끼운다. 믹싱볼에 포도씨유와 2종류의 설탕을 넣고 중속으로 2분 동안 믹싱한다. 믹싱을 계속하면서 달걀, 달걀노른자, 바닐라 익스트랙트, 아몬드 익스트랙트를 넣는다. 믹싱을 멈추고 믹싱볼 가장자리를 주걱으로 긁어 정리한다.

4. 다시 저속으로 믹싱하면서 2의 체 친 밀가루를 세 번에 나누어 사워크림과 번갈아 넣는다. 순서는 '밀가루-사워크림-밀가루-사워크림-밀가루'로 한다. 믹싱을 멈추고 믹싱볼 가장자리를 주걱으로 긁어 정리한다. 다시 저속으로 믹싱하면서 커피를 조금씩 흘려넣는다. 속도를 중저속으로 높여 커피가 완전히 섞일 때까지 30초 더 믹싱한다.

5. 준비된 케이크 팬에 반죽을 똑같이 나누어 붓고 예열한 오븐에 넣는다. 이쑤시개로 케이크 한가운데를 찔렀다 빼도 반죽이 전혀 묻어나지 않을 때까지 24~26분 동안 굽는다. 다 구워진 케이크는 식힘망 위에서 10~15분쯤 식힌 다음 팬에서 빼낸다.

체리 가나슈 만들기

6. 내열 그릇에 초콜릿을 담아 한쪽에 둔다. 작은 소스팬에 헤비크림을 붓고 중불에서 천천히 데운다. 크림이 약하게 끓기 시작하면 곧장 불에서 내려 초콜릿 위에 붓는다. 30초쯤 그대로 두었다가 거품기로 휘저어 초콜릿을 완전히 녹인다. 체리를 넣고 가볍게 휘저은 다음, 부드럽게 펴 바를 정도의 농도로 식을 때까지 20분쯤 그대로 둔다.

밀크초콜릿 버터크림 만들기

7. 스탠드 믹서에 반죽용 패들을 끼우고 버터크림을 실크처럼 매끈하게 믹싱한다. 녹여서 식힌 초콜릿을 넣고 완전히 섞일 때까지 계속 믹싱한다.

초콜릿 컬 만들기

8. 유산지를 깔아놓고 그 위에서 날카로운 과일칼이나 채소 필러로 판형 초콜릿을 쓱쓱 긁어 초콜릿 컬을 만든다. 이후 케이크에 장식하기 전에는 가능하면 건드리지 않는다. 초콜릿 컬의 양은 원하는 케이크의 모양에 따라 옆면, 또는 옆면과 윗면까지 충분히 덮을 수 있을 정도여야 한다.

케이크 조립하기

9. 구운 케이크가 완전히 식으면 수평으로 2등분해서 똑같은 두께의 시트 4장을 만든다. 시트 윗면을 칼로 평평하게 다듬고, 바닥 시트로 쓸 것을 골라 서빙 접시 위에 올린다. L자 스패튤러로 바닥 시트의 윗면에 헤리티지 프로스팅 180ml를 펴 바른다. 커다란 스푼 뒷면으로 프로스팅의 한가운데를 살짝 눌러 움푹하게 만든다. 움푹 팬 자리에 체리 가나슈 80ml를 채운 다음, 그 위에 다음 시트를 올리고 똑같은 과정을 반복한다.

10. 밀크초콜릿 버터크림으로 크럼 코트에 이어 매끈한 프로스팅까지 마무리한다. 초콜릿 컬과 남은 버터크림, 신선한 체리로 장식한다.

데커레이션 팁

중간 크기의 별 깍지를 끼운 짤주머니에 남은 버터크림을 채워넣는다. 케이크 윗면 가장자리를 빙 둘러 로제트(37쪽 참조)를 파이핑하고, 로제트 위에 생체리를 하나씩 올린다. 케이크 아래쪽은 초콜릿 컬로 장식한다. 케이크가 놓인 서빙 접시를 베이킹 트레이 위에 놓고, 초콜릿 컬을 손으로 퍼서 프로스팅에 살짝 밀어넣듯이 붙인다. 이때 초콜릿 컬이 부서지지 않도록 조심해야 한다. 버터크림 로제트 위에 생체리를 올리기 전 초콜릿 컬을 뿌려서 장식하는 방법도 있다.

파티시에 노트

계절상 신선한 체리를 구하기 힘들다면 대신 타트체리 절임을 사용해도 좋다. 단, 수분을 완전히 제거한 상태로 써야 한다.

초콜릿 컬을 긁어내기가 힘들다면 초콜릿이 살짝 말랑해지도록 전자레인지에 넣고 돌리되 한 번에 10초를 넘기지 않도록 주의한다. 블랙 포레스트 케이크는 냉장고에서 최장 3일까지 보관이 가능하다(25쪽 참조).

브루클린 블랙아웃 케이크

Brooklyn Blackout Cake

———

시트 3장으로 구성된 지름 20cm 케이크(12~15인분)

1970년대 이전에 뉴욕 브루클린에 살았던 사람이라면, 죄책감을 느낄 만큼 진한 원조 브루클린 블랙아웃 케이크를 맛보는 행운을 한 번쯤은 누렸을 것이다. 우리는 그들이 그저 부러울 뿐이다. 제2차 세계대전 때 실시했던 블랙아웃 (blackout, 등화관제)에서 이름을 따온 이 걸작 디저트는 당시 유명했던 제과 업체인 에빙거 베이커리에서 처음 선보인 뒤 수십 년 동안 지역을 대표하는 상징이 되었다. 하지만 안타깝게도 1972년 에빙거 베이커리가 파산하면서 브루클린 블랙아웃 케이크의 시대도 끝났다.

　이후 초콜릿에 초콜릿을 더한 이 케이크를 똑같이 따라하려는 시도는 수없이 이어졌지만, 그 어떤 것도 원조의 맛에 비할 수는 없을 것이다. 나는 그저 데블스 푸드 케이크와 초콜릿 커스터드를 조합한 내 레시피가 요즘 세대의 입맛을 만족시킬 수 있기를 바랄 뿐이다. 필링을 만드는 작업이 다소 까다롭고 어려울 수 있지만, 덕분에 케이크의 촉촉함이 뛰어나서 먹을수록 더 끌릴 것이다. 아래의 레시피는 원조 레시피에 이런저런 변화를 더한 것으로, 이 케이크의 흔한 실패 요인을 극복할 수 있는 몇 가지 요령도 나와 있다. 어떤 선택을 하든 훌륭한 맛은 보장된다. 초콜릿 케이크 부스러기로 뒤덮인 더블 초콜릿 케이크는 누구에게나 거부하기 힘든 유혹이다. 그런 면에서 이 케이크는 역사적 보물이 틀림없다.

데블스 푸드 케이크

케이크 팬에 바를 버터 또는 오일
　스프레이
무가당 코코아가루 70g
뜨거운 물 120ml
사워크림 240ml
박력분 390g + 케이크 팬에 뿌릴 여분
베이킹소다 1ts
베이킹파우더 3/4ts
소금 1/2ts
실온 무염 버터 225g
포도씨유 120ml
그래뉴당 300g
갈색설탕 110g
바닐라 익스트랙트 2ts
달걀 4개

초콜릿 커스터드

그래뉴당 500g
무가당 코코아가루 120g
맑은 콘시럽 1TS
소금 1/4ts
따뜻한 물 120ml
옥수수 전분 60g
무염 버터 55g
바닐라 익스트랙트 1ts

데블스 푸드 케이크 만들기

1. 오븐을 175°C로 예열한다. 지름 20cm 케이크 팬 3개에 버터나 기름을 칠하고 밀가루를 살짝 뿌려서 한쪽에 둔다.

2. 볼에 코코아가루와 뜨거운 물을 넣고 거품기로 휘저어 완전히 녹인다. 여기에 사워크림을 섞어 한쪽에 둔다.

3. 밀가루, 베이킹소다, 베이킹파우더, 소금을 한꺼번에 체에 쳐서 한쪽에 둔다.

4. 스탠드 믹서에 반죽용 패들을 끼운다. 믹싱볼에 버터, 포도씨유, 2종류의 설탕을 넣고 중속으로 3~5분 동안 믹싱해서 크림화한다. 속도를 중저속으로 낮추어 계속 믹싱하면서 바닐라 익스트랙트에 이어 달걀을 1개씩 추가한다. 믹싱을 멈추고 믹싱볼 가장자리를 주걱으로 긁어 정리한다.

5. 다시 저속으로 믹싱하면서 3의 체 친 밀가루를 세 번에 나누어 2의 코코아 혼합물과 번갈아 넣는다. 순서는 '밀가루-코코아 혼합물-밀가루-코코아 혼합물-밀가루'로 한다. 날가루가 눈에 띄지 않을 정도로 섞이면 속도를 중속으로 높여서 30초 더 믹싱한다.

6. 준비된 케이크 팬에 반죽을 똑같이 나누어 붓고 예열한 오븐에 넣는다. 이쑤시개로 케이크 한가운데를 찔렀다 빼도 반죽이 전혀 묻어나지 않을 때까지 25~28분 동안 굽는다. 다 구워진 케이크는 식힘망 위에서 10~15분쯤 식힌 다음 팬에서 빼낸다.

초콜릿 커스터드 만들기

7. 중간 크기의 소스팬에 설탕, 코코아가루, 콘시럽, 소금, 물 480ml를 붓고 중강불에 올려 가끔 휘저어가며 끓인다.

8. 그동안 작은 볼에 옥수수 전분을 넣고 따뜻한 물을 부어서 고루 섞는다. 핸드 블렌더나 전동 휘핑기를 이용해 뭉친 부분 없이 매끈한 페이스트가 될 때까지 믹싱한다.

9. 7의 소스팬을 불에서 내려 8의 전분 페이스트를 섞고 다시 불에 올린다. 계속 휘젓다가 끓기 시작하면 중불로 줄인 뒤 5~8분쯤 더 끓여서 걸쭉한 커스터드 상태로 만든다.

10. 팬을 불에서 내리고 버터와 바닐라 익스트랙트를 넣고 고루 휘저어 섞는다. 완성된 커스터드를 깊이가 얕은 내열 용기에 붓고 표면이 마르지 않도록 식품용 랩을 커스터드에 직접 닿게 덮는다. 2시간에서 하룻밤 동안 냉장고에 넣어 차갑게 굳힌다.

케이크 조립하기

11. 케이크가 완전히 식으면 봉긋하게 부푼 윗면을 평평하게 다듬는다. 봉긋하게 부풀지 않았더라도 모든 시트의 윗면을 두께 6mm쯤 잘라낸다. 잘라낸 자투리를 푸드 프로세서를 이용해 적당히 곱게 갈아 크림을 만들어 한쪽에 둔다. 큰 볼에 자투리를 담아 손으로 조물조물 부수어도 좋다.

12. 바닥 시트로 쓸 것을 골라서 케이크 스탠드나 서빙 접시 위에 올린다. 스푼을 이용해 초콜릿 커스터드 180ml를 시트 윗면에 최대한 고르게 펴 바른다. 그 위에 조심스럽게 다음 시트를 올리고 똑

같은 과정을 반복한다. 마지막 시트로 덮은 다음, L자 스패튤러를 이용해 남은 커스터드를 케이크의 옆면과 윗면에 프로스팅한다. 커스터드는 프로스팅하기가 다소 까다로울 수 있지만 최선을 다한다. 프로스팅을 마친 케이크 표면 전체에 크림을 살짝 눌러가며 붙인다. 이때 케이크가 위태롭게 기울지 않도록 조심해야 한다. 서빙 전에 식품용 랩을 헐렁하게 씌워서 1시간 동안 냉장고에 넣어둔다.

파티시에 노트

사실 브루클린 블랙아웃 케이크는 만들기가 몹시 번거롭고 힘들다. 하지만 누구나 맛을 보면 충분히 그만한 가치가 있다고 생각할 것이다. 전통적인 레시피로 만든 커스터드로 프로스팅하려면 지저분하게 줄줄 흘러내려서 꽤나 골치가 아플 수 있다. 이게 싫다면, 초콜릿 커스터드 240ml를 바닐라 스위스 머랭 버터크림 780ml와 섞어서 시트의 가장자리를 빙 둘러 댐을 쌓듯 파이핑한 다음, 댐 안쪽에 커스터드를 펴 바른다. 이어서 앞서 섞은 초콜릿 커스터드 버터크림으로 케이크 표면 전체를 프로스팅하고 크림을 붙여 마무리한다. 커스터드 대신 다크초콜릿 가나슈(45쪽 참조)로 케이크 전체를 프로스팅하는 방법도 있다. 보다 전통적인 방식을 선호한다면, 지저분하더라도 커스터드로 최대한 프로스팅하고 빈 틈은 크림으로 메운다.

브루클린 블랙아웃 케이크는 냉장고에서 최장 3일까지 보관이 가능하다(25쪽 참조).

데커레이션 팁

나무 꼬챙이에 알록달록한 리본 테이프를 묶어서 만든 심
플하면서도 예쁜 장식용 깃발을 케이크에 꽂아도 좋다.

초콜릿 케이크

━━━

축촉하고 진한 맛의 초콜릿 케이크는 아마도 가장 중독성 있는 디저트일 것이다. 너무나도 유혹적인 진한 초콜릿 케이크와 크리미한 퍼지 프로스팅의 조합은 제대로 만들기만 하면 천하무적 디저트가 될 수 있다. 초콜릿은 변화가 자유로운 식재료로 각종 향신료, 견과류, 차, 심지어 맥주와도 훌륭한 조화를 이룬다. 런던 포그 케이크, 땅콩 포터 케이크처럼 말이다. 이번 장은 초콜릿으로 만들 수 있는 일종의 케이크 뷔페라고 할 수 있다. 초콜릿을 사랑하는 사람이라면 특히 주목하시길!

얼티밋 초코바 케이크
Ultimate Candy Bar Cake

———

시트 2장으로 이루어진 지름 20cm 케이크(12~15인분)

나는 서로 다른 콘셉트의 디저트를 조합하고, 클래식한 케이크에 모던한 느낌을 더하는 걸 좋아한다. 얼티밋 초코바 케이크는 내가 사랑하는 두 가지 디저트인 케이크와 초코바를 합친, 중독성이 어마어마한 케이크다. 촉촉한 초콜릿 케이크에 솜사탕처럼 가벼운 캐러멜 마시멜로 필링, 다크초콜릿 가나슈 프로스팅이 합쳐져서 한 조각만 먹어도 신나는 파티에 온 듯한 느낌이 들 것이다! 내가 가장 좋아하는 부분은, 부드러운 누가 같은 필링이다. 나는 여러분이 내 레시피에 각자 자신만의 색깔을 덧입혀 새로운 맛의 케이크를 만들어내기를 바란다. 이 책에서는 웨이퍼를 사용했지만, 굵게 다진 초코바나 좋아하는 견과류, 미니 피넛버터 컵* 등 무엇이든 자신이 원하는 재료로 대신해도 좋다! 이 케이크는 여러분이 마음껏 뛰놀 수 있는 놀이터다.

클래식 초콜릿 케이크

케이크 팬에 바를 버터 또는 오일
   스프레이
중력분 315g + 케이크 팬에 뿌릴 여분
무가당 코코아가루 95g
베이킹파우더 2½ts
베이킹소다 3/4ts
소금 1ts
포도씨유 150ml
그래뉴당 400g
달걀 2개
달걀노른자 1개
바닐라 익스트랙트 2ts
아몬드 익스트랙트 1/2ts
우유 360ml
뜨거운 커피 240ml(진하게 추출한 것)

캐러멜 마시멜로 필링

바닐라 스위스 머랭 버터크림 480ml
   (41쪽 참조)
마시멜로크림 180ml
솔티드 캐러멜 소스(43쪽 참조) 2TS
   또는 취향껏

초콜릿 가나슈 프로스팅

다크초콜릿 370g(다진 것)
헤비크림 240ml

조립 재료

웨이퍼 / 다진 초코바 / 견과류 중 택일
   240ml
장식용 초콜릿 시리얼 볼
   (예: 칼리바우트 크리스펄, 선택)
서빙용 솔티드 캐러멜 소스(43쪽 참조,
   선택)

클래식 초콜릿 케이크 만들기

1. 오븐을 175℃로 예열한다. 지름 20cm 케이크 팬 2개에 버터나 기름을 칠하고 밀가루를 살짝 뿌려서 한쪽에 둔다.

2. 밀가루, 코코아가루, 베이킹파우더, 베이킹소다, 소금을 한꺼번에 체에 쳐서 한쪽에 둔다.

3. 스탠드 믹서에 반죽용 패들을 끼우고, 믹싱볼에 포도씨유와 설탕을 넣고 중속으로 2분 동안 믹싱한다. 믹싱을 계속하면서 달걀, 달걀노른자, 바닐라 익스트랙트, 아몬드 익스트랙트를 추가한다. 믹싱을 멈추고 믹싱볼 가장자리를 주걱으로 긁어 정리한다.

4. 다시 저속으로 믹싱하면서 2의 체 친 밀가루를 세 번에 나누어 우유와 번갈아 넣는다. 순서는 '밀가루-우유-밀가루-우유-밀가루'로 한다. 믹싱을 멈추고 믹싱볼 가장자리를 주걱으로 긁어 정리한다. 다시 저속으로 믹싱하면서 커피를 조금씩 흘려넣은 다음, 속도를 중저속으로 높여 반죽에 완전히 섞일 때까지 30초 더 믹싱한다.

5. 준비된 케이크 팬에 반죽을 똑같이 나누어 붓고 예열한 오븐에 넣는다. 이쑤시개로 케이크 한가운데를 찔렀다 빼도 반죽이 전혀 묻어나지 않을 때까지 25~28분 동안 굽는다. 다 구워진 케이크는 식힘망 위에서 10~15분쯤 식힌 다음 팬에서 빼낸다.

캐러멜 마시멜로 필링 만들기

6. 스탠딩 믹서에 반죽용 패들을 끼우고 바닐라 스위스 머랭 버터크림을 부드럽고 매끈하게 믹싱한다. 마시멜로크림과 캐러멜 소스를 추가하고 완전히 섞일 때까지 믹싱한다.

초콜릿 가나슈 프로스팅 만들기

7. 초콜릿을 내열 그릇에 담아 준비한다. 소스팬에 크림을 부어 약한 불로 천천히 데운다. 살짝 끓기 시작하면 불에서 내려 초콜릿 위에 붓는다. 30초쯤 그대로 두었다가 거품기로 휘저어 초콜릿을 완전히 녹인다. 완성된 가나슈를 가끔씩 휘저어가며 되직하지만 쉽게 펴 바를 수 있는 농도로 식힌다.

케이크 조립하기

8. 케이크가 완전히 식으면 윗면을 평평하게 다듬고, 바닥 시트로 쓸 것을 골라 케이크 스탠드 또는 서빙 접시 위에 올린다. L자 스패튤러로 준비된 캐러멜 마시멜로 필링의 절반을 바닥 시트 윗면에 펴 바른다. 다진 초코바 또는 각자가 선택한 재료를 얹고, 그 위에 남은 캐러멜 마시멜로 필링을 다시 펴 바른다. 두번째 시트로 덮은 다음, 초콜릿 가나슈로 케이크의 옆면과 윗면을 매끈하게 프로스팅해서 마무리한다. 원한다면 초코바로 장식하고, 서빙할 때 캐러멜 소스를 추가로 곁들여도 좋다.

데커레이션 팁

초콜릿으로 코팅된 시리얼 볼 같은 동그란 알 모양 초콜릿을 케이크 옆면에 빙 둘러가며 줄줄이 붙인다. 바둑판 무늬를 표현하려면, 먼저 케이크 위쪽 가장자리 근처에 초콜릿 한 알을 붙이고 바닥 근처에 또 한 알을 놓는다. 두 초콜릿 사이에 똑같은 간격을 두고 또 다른 두 알을 붙여서 한 줄을 완성한다. 같은 방식으로 첫번째 줄 옆에 두번째 줄을 만든다.

파티시에 노트

프로스팅을 완전히 마치기 전에 가나슈가 굳었을 경우, 중탕냄비에 부어 다시 천천히 데우거나 전자레인지에 넣고 잠깐 돌린다.
얼티밋 초코바 케이크는 냉장고에서 최장 4일까지 보관할 수 있으며, 냉동 보관도 가능하다(25쪽 참조).

모카 스파이스 케이크

Mocha Spice Cake

—

시트 4장으로 이루어진 지름 15cm 케이크(10~12인분)

이 세상에는 음식에 활기를 불어넣는 매혹적인 향신료들이 넘쳐난다. 그런데도 우리는 춥고 쌀쌀한 계절에 고작 몇 가지 향신료를 즐기는 정도니 안타까운 일이다. 이른바 호박 파이 스파이스인 너트메그, 시나몬, 생강, 정향, 올스파이스 등은 모두가 잘 알고 좋아하는 향신료다(실제로 253쪽의 호박 파이 케이크는 내가 가장 좋아하는 케이크 중 하나다). 강황, 카다멈 같은 따뜻한 향신료 종류는 초콜릿 케이크와 무척 잘 어울린다.

　모카 스파이스 케이크는 진한 초콜릿과 강렬한 향신료의 조화가 돋보이는 케이크에, 카다멈 시럽을 듬뿍 바르고 카다멈 커피 프로스팅으로 마무리한 디저트다. 통 카다멈을 넣어서 추출한 커피는 중동 지역에서 많이 마시는 따뜻한 음료로, 최근에는 세계적으로 점점 인기가 높아지는 추세다. 카다멈은 다른 향신료들보다 향이 더 강하지만 짭짤한 음식은 물론 달콤한 음식에도 썩 잘 어울린다. 스파이스와 허브, 감귤류 향이 한데 어우러져 대단히 향기롭고, 커피에 넣었을 때는 약간의 훈연향까지 느껴진다. 카다멈 또는 각자가 좋아하는 향신료를 넣고 추출한 신선한 커피 한 잔에 모카 스파이스 케이크 한 조각은 더할 나위 없이 매력적인 조합이다.

모카 스파이스 케이크

케이크 팬에 바를 버터 또는 오일 스프레이

중력분 250g + 케이크 팬에 뿌릴 여분

시나몬가루 1TS

베이킹소다 1½ts

베이킹파우더 1ts

생강가루 1ts

소금 3/4ts

너트메그가루 1/2ts(즉석에서 간 것)

정향가루 1/4ts

커피 240ml(진하게 추출한 것)

무염 버터 170g

사워크림 160ml

달걀 2개

바닐라 익스트랙트 2ts

무가당 코코아가루 70g

그래뉴당 150g

갈색설탕 220g

카다멈 커피 시럽

그래뉴당 100g

커피 120ml(진하게 추출한 것)

녹색 깍지 안에 든 카다멈 1TS (약 40깍지, 으깬 것)

카다멈 커피 버터크림

바닐라 스위스 머랭 버터크림 1.5L (41쪽 참조)

에스프레소 3TS(식힌 것)

카다멈가루 1½ts

모카 스파이스 케이크 만들기

1. 오븐을 175℃로 예열한다. 지름 15cm 케이크 팬 4개에 버터나 기름을 칠하고 밀가루를 살짝 입혀서 한쪽에 둔다.

2. 밀가루, 시나몬가루, 베이킹소다, 베이킹파우더, 생강가루, 소금, 너트메그가루, 정향을 한꺼번에 체에 쳐서 한쪽에 둔다.

3. 약간 큰 소스팬에 커피와 버터를 넣고 중불에 올려 버터가 완전히 녹을 때까지 데운다.

4. 그동안 볼에 사워크림, 달걀, 바닐라 익스트랙트를 넣고 거품기로 고루 섞어 준비해둔다.

5. 3의 버터가 다 녹으면 중불을 유지한 상태에서 코코아가루와 2종류의 설탕을 넣고 거품기로 휘저어 완전히 섞는다. 소스팬을 불에서 내려 4의 크림 혼합물과 잘 섞는다. 여기에 2의 밀가루를 넣고 뭉친 부분이 없을 때까지 거품기로 고루 휘저어 섞는다.

6. 준비된 케이크 팬에 반죽을 똑같이 나누어 붓고 예열한 오븐에 넣는다. 이쑤시개로 케이크 한가운데를 찔렀다 빼도 반죽이 전혀 묻어나지 않을 때까지 22~24분 동안 굽는다. 다 구워진 케이크는 식힘망 위에서 10~15분쯤 식힌 다음 팬에서 빼낸다.

카다멈 커피 시럽 만들기

7. 소스팬에 설탕, 커피, 으깬 카다멈 깍지를 넣고 중강불에 올린다. 바글바글 끓기 시작하면 불을 약하게 줄이고 5~10분 동안 뭉근히 끓여서 시럽을 만든다. 불에서 내려 카다멈 깍지를 건져낸다.

카다멈 커피 버터크림 만들기

8. 스탠드 믹서에 반죽용 패들을 끼우고, 바닐라 스위스 머랭 버터크림을 실크처럼 매끈해질 때까지 믹싱한다. 여기에 에스프레소와 카다멈가루를 넣고 완전히 섞일 때까지 계속 믹싱한다.

케이크 조립하기

9. 케이크가 완전히 식으면 윗면을 평평하게 다듬은 뒤 바닥 시트로 쓸 것을 고른다. 제과용 붓으로 모든 시트에 카다멈 커피 시럽을 넉넉히 바른다. 케이크 스탠드나 서빙 접시에 바닥 시트를 올리고, L자 스패튤러로 시트 윗면에 카다멈 커피 버터크림 80ml를 펴바른다. 그 위에 다음 시트를 올리고 똑같은 과정을 반복한다. 마지막 시트를 덮고 나면 남은 버터크림으로 케이크 전체를 프로스팅한다.

데커레이션 팁

중소형 오픈별* 깍지를 끼운 짤주머니에 남은 크림을 채워서 케이크 옆면은 스파이럴 피니시(32쪽 참조)로, 윗면은 회오리 피니시(31쪽 참조)로 장식한다. 좀 더 심플하게 마무리할 계획이라면, 카다멈 커피 버터크림의 양을 위 레시피의 절반만 준비하면 된다.

파티시에 노트

모카 스파이스 케이크는 냉장고에서 최장 4일까지 보관할 수 있으며, 냉동 보관도 가능하다(25쪽 참조).

남은 재료 활용법

카다멈 커피 시럽은 커피 음료에 달콤한 맛을 낼 때 사용한다. 냉장고에서 최장 2주까지 보관이 가능하다.

땅콩 포터 케이크*

Peanut Porter Cake

———

시트 3장으로 구성된 지름 15cm 케이크(8~10인분)

친오빠에게 어울리는 특별한 생일 케이크는 무엇일까? 오빠가 푹 빠질 만큼 무조건 맛있는 케이크여야 한다! 땅콩 포터 케이크는 맥주, 위스키, 에스프레소가 들어간 '어른들을 위한' 케이크다. 핑크색 프로스팅이나 알록달록한 스프링클, 인위적으로 색을 낸 장식 따위는 전혀 찾아볼 수 없다. 내 경우에는 보통 오빠가 가장 좋아하는 크림치즈로 프로스팅한 레몬 당근 케이크(246쪽 참조)를 만드는 편이다. 하지만 내가 이 중독적인 초콜릿 케이크로 변화를 시도한 건 무언가 대담하면서도 풍미가 넘치는 케이크를 만들고 싶었기 때문이다. 솔직히 어른들도 생일날 특별한 케이크를 받으면 좋아한다. 특히 위스키 커피 글레이즈를 듬뿍 바른 케이크라면 더 말할 필요도 없을 것이다. 위스키와 흑맥주가 들어간 초콜릿 케이크에 피넛버터 크림치즈 필링은 맛이 확실히 보장되는 조합이다. 서빙할 때는 바삭바삭한 설탕과 자인 피넛 브리틀을 몇 조각 올리거나 달콤짭짤하게 조미한 땅콩을 곁들이면 좋다.

포터 초콜릿 케이크

케이크 팬에 바를 버터 또는 오일 스프레이

중력분 190g + 케이크 팬에 뿌릴 여분

베이킹소다 1ts

베이킹파우더 3/4ts

소금 1/2ts

흑맥주(포터 또는 스타우트) 180ml

무염 버터 115g

사워크림 120ml

달걀 1개

달걀노른자 1개

바닐라 익스트랙트 1½ts

무가당 코코아가루 50g

그래뉴당 300g

피넛버터 크림치즈 프로스팅

크림치즈 115g(말랑한 것)

실온 무염 버터 4TS(55g)

알갱이 없이 매끈한 피넛버터 3TS

슈거파우더 250g(체 친 것)

소금 1/8ts

바닐라 익스트랙트 1/2ts

우유 또는 헤비크림 1~2TS

메이플 피넛 브리틀

무염 버터 4TS(55g)

갈색설탕 110g

메이플시럽 60ml

맑은 콘시럽 60ml

베이킹소다 1/4ts

소금 1/2ts

땅콩 150g(무염, 볶은 것)

위스키 에스프레소 글레이즈

헤비크림 3TS

콘시럽 2TS

무가당 코코아가루 2TS

인스턴트 에스프레소 파우더 1½ts

다크초콜릿 55g(다진 것)

위스키 2TS

바닐라 익스트랙트 1/2ts

소금 1/8ts

포터 초콜릿 케이크 만들기

1. 오븐을 175°C로 예열한다. 지름 15cm 케이크 팬 3개에 버터나 기름을 칠하고 밀가루를 살짝 입혀서 한쪽에 둔다.

2. 밀가루, 베이킹소다, 베이킹파우더, 소금을 한꺼번에 체에 쳐서 한쪽에 둔다.

3. 약간 큰 소스팬에 맥주와 버터를 넣고 중불에서 버터가 완전히 녹을 때까지 데운다.

4. 그동안 볼에 사워크림, 달걀, 달걀노른자, 바닐라 익스트랙트를 거품기로 고루 섞어 준비해둔다.

5. 3의 버터가 다 녹으면 중불을 유지한 상태에서 코코아가루와 설탕을 넣고 거품기로 고루 섞는다. 소스팬을 불에서 내려 4의 크림 혼합물과 잘 섞는다. 여기에 2의 밀가루를 넣고 뭉친 부분이 없을 때까지 거품기로 고루 휘저어 섞는다.

6. 준비된 케이크 팬에 반죽을 똑같이 나누어 붓고 예열한 오븐에 넣는다. 이쑤시개로 케이크 한가운데를 찔렀다 빼도 반죽이 전혀 묻어나지 않을 때까지 22~24분 동안 굽는다. 다 구워진 케이크는 식힘망 위에서 10~15분쯤 식힌 다음 팬에서 빼낸다.

피넛버터 크림치즈 프로스팅 만들기

7. 스탠드 믹서에 반죽용 패들을 끼우고, 크림치즈, 버터, 피넛버터를 한꺼번에 믹싱해서 매끈하게 크림화한다. 저속으로 계속 믹싱하면서 슈거파우더, 소금, 바닐라 익스트랙트, 우유를 천천히 추가한다. 모든 재료가 완전히 섞이면 속도를 중강속으로 높여서 매끈해질 때까지 더 믹싱한다.

메이플 피넛 브리틀 만들기

8. 베이킹 트레이에 유산지를 깐다.

9. 중간 크기 소스팬에 버터, 설탕, 메이플시럽, 콘시럽을 넣고 중강불에 올린다. 나무 주걱으로 가끔 휘저어가며 약 8분 동안, 또는 설탕 혼합물의 온도가 149°C에 이를 때까지 가열한다. 소스팬을 불에서 내려 베이킹소다와 소금을 넣고 살살 휘젓는다. 여기에 볶은 땅콩을 폴딩해서 섞은 다음 따뜻할 때 준비된 트레이에 부어 고르게 펼친다. 브리틀이 완전히 식으면 손으로 대충 부러뜨린다. 토핑용 브리틀 약 60g을 밀대나 주방용 망치로 작게 부수어 따로 준비한다. 이때 부스러기처럼 너무 잘게 부수지 않도록 주의한다.

조립하기

10. 완전히 식힌 케이크의 윗면을 빵칼로 평평하게 다듬는다. 바닥 시트로 쓸 것을 골라 케이크 스탠드나 서빙 접시 위에 올린다. 짤주머니에 중간 크기의 원형 깍지를 끼우고, 피넛버터 크림치즈 프로스팅을 채워넣는다. 바닥 시트 윗면의 가장자리를 빙 둘러 댐을 쌓듯이 12mm 높이로 파이핑한다. 댐 안쪽을 프로스팅 약 120ml로 메운다. 그 위에 다음 시트를 올리고 똑같은 과정을 반복한다. 마지막 시트로 덮은 뒤, 세번째 댐을 조심스럽게 파이핑하고 남은 프로스팅으로 댐 안쪽을 메운다. L자 스패튤러로 케이크 윗면을 평평하게 다듬는다. 특히 가장자리를 깔끔하고 예리하게 마무리해야 나중에 글레이즈가 아래로 보기 좋게 흘러내릴 수 있다. 냉장고에 넣어 15~20분 동안 굳힌다.

위스키 에스프레소 글레이즈 만들기

11. 작은 소스팬에 크림, 콘시럽, 코코아가루, 에스프레소 파우더를 넣고 중약불에 올린다. 김이 나면서 코코아가루가 녹기 시작하면 잘 휘저어 섞는다.

12. 소스팬을 불에서 내려 초콜릿을 넣고 30초 동안 그대로 두었다가 거품기로 휘저어 초콜릿을 완전히 녹인다. 위스키, 바닐라 익스트랙트, 소금을 넣고 고루 휘저어 매끈하게 섞는다. 실온에 다다라 농도가 약간 걸쭉해질 때까지 10분쯤 식힌다. (적절한 온도를 잘 모르겠다면 51쪽 파티시에 노트에서 설명한 방식대로 테스트한다.)

13. 식힌 글레이즈를 케이크 윗면 한가운데에 붓고 L자 스패튤러로 매끈하게 펼쳐 가장자리 아래로 자연스럽게 흘러내리게 한다. 가니시로 부순 피넛 브리틀을 케이크 위에 올린다.

파티시에 노트

케이크를 미리 만들었을 경우, 식품용 랩을 씌워서 냉장고에 보관한다. 단, 글레이즈는 서빙 직전에 만들어서 올려야 한다. 남은 케이크는 냉장고에서 3일까지 보관이 가능하다 (25쪽 참조). 글레이즈와 피넛 브리틀은 각각 따로 보관한다.

남은 재료 활용법

위스키 에스프레소 글레이즈를 커피에 섞으
면 어른들을 위한 식후주가 될 수 있다. 또 아
이스크림 위에 뿌려 먹어도 좋다.
메이플 피넛 브리틀은 미리 만든 뒤 밀폐용기
에 담아 시원하고 건조한 곳에 두면 최장 2개
월까지 보관이 가능하다. 이때 브리틀 조각
이 서로 달라붙지 않도록 유산지를 사이사
이에 끼워둔다.

초콜릿 말차 케이크

Chocolate Matcha Cake

—

시트 4장으로 구성된 지름 20cm 케이크(14~16인분)

내가 처음 도쿄에 갔던 때는 파티시에를 내 직업으로 삼기로 결심한 무렵이었다. 나는 줄곧 새로운 레시피의 영감이 될 만한 무언가를 찾느라 여념이 없었다. 고유의 특성을 지닌 일본의 디저트에서 콘셉트를 얻어 내 제과 방식에 접목하고 싶었던 것이다. 당시 내게 녹차는 꽤 익숙한 식재료였지만 말차는 매우 생소했다. 나는 이 차에 대한 설명글을 단 한 마디도 이해하지 못했지만, 과감하게 말찻가루 한 캔을 사서 집으로 가져왔다. 그로부터 2년 뒤에 만든 것이 바로 이 초콜릿 말차 케이크와 맛있고 크리미한 말차 가나슈다.

클래식 초콜릿 케이크

케이크 팬에 바를 버터 또는 오일
   스프레이

중력분 315g + 케이크 팬에 뿌릴 여분

무가당 코코아가루 95g

베이킹파우더 2½ts

베이킹소다 3/4ts

소금 1ts

포도씨유 150ml

그래뉴당 400g

달걀 2개

달걀노른자 1개

바닐라 익스트랙트 2ts

아몬드 익스트랙트 1/2ts

우유 360ml

뜨거운 커피 240ml(진하게 추출한 것)

말차 케이크

케이크 팬에 바를 버터 또는 오일
   스프레이

박력분 360g + 케이크 팬에 뿌릴 여분

베이킹파우더 2½ts

소금 1/4ts

말찻가루 2TS(94쪽 파티시에 노트
   참조)

실온 무염 버터 14TS(195g)

그래뉴당 300g

바닐라빈 페이스트 1ts

아몬드 익스트랙트 1/2ts

달걀 2개

달걀노른자 2개

우유 240ml

말차 가나슈

화이트초콜릿 340g(다진 것)

말찻가루 1ts(94쪽 파티시에 노트
   참조)

헤비크림 120ml

조립 재료

바닐라 스위스 머랭 버터크림 1.5L
   (41쪽 참조)

젤 타입 식용색소(선택)

클래식 초콜릿 케이크 만들기

1. 오븐을 175℃로 예열한다. 지름 20cm 케이크 팬 2개에 버터나 기름을 칠하고 밀가루를 살짝 입혀서 한쪽에 둔다.

2. 밀가루, 코코아가루, 베이킹파우더, 베이킹소다, 소금을 한꺼번에 체에 쳐서 한쪽에 둔다.

3. 스탠드 믹서에 반죽용 패들을 끼우고 포도씨유와 설탕을 중속으로 2분 동안 믹싱한다. 여기에 달걀, 달걀노른자, 바닐라 익스트랙트, 아몬드 익스트랙트를 추가해서 완전히 섞일 때까지 계속 믹싱한다. 믹싱을 멈추고 믹싱볼 가장자리를 주걱으로 긁어 정리한다.

4. 다시 저속으로 믹싱하면서 2의 체 친 밀가루를 우유와 함께 넣는다. 넣는 순서는 '밀가루-우유-밀가루-우유-밀가루'로 한다. 믹싱을 멈추고 믹싱볼에 가장자리에 묻은 반죽을 주걱으로 긁어 정리한다. 다시 저속으로 믹싱하면서 커피를 천천히 흘려넣는다. 속도를 중저속으로 높여서 완전히 섞일 때까지 30초 더 믹싱한다.

5. 준비된 케이크 팬에 반죽을 똑같이 나누어 붓고 예열한 오븐에 넣는다. 이쑤시개로 케이크 한가운데를 찔렀다 빼도 반죽이 전혀 묻어나지 않을 때까지 25~28분 동안 굽는다. 다 구워진 케이크는 식힘망 위에서 10~15분쯤 식힌 다음 팬에서 빼낸다.

말차 케이크 만들기

6. 초콜릿 케이크를 굽는 동안, 지름 20cm 케이크 팬 2개에 버터나 기름을 칠하고 밀가루를 살짝 입혀서 한쪽에 둔다.

7. 밀가루, 베이킹파우더, 소금, 말찻가루를 한꺼번에 체에 쳐서 한쪽에 둔다.

8. 스탠드 믹서에 반죽용 패들을 끼우고, 버터를 중속으로 2분 동안 믹싱한다. 설탕을 추가하고 중고속으로 3~5분쯤 더 믹싱해서 솜사탕처럼 가벼운 질감의 크림 상태로 만든다. 믹싱을 멈추고 믹싱볼 가장자리에 묻은 버터를 주걱으로 정리한다.

9. 다시 중저속으로 믹싱하면서 바닐라빈 페이스트와 아몬드 익스트랙트를 추가한다. 뒤이어 달걀과 달걀노른자를 한 번에 1개씩 넣는다. 믹싱을 멈추고 믹싱볼 가장자리를 주걱으로 긁어 정리한다.

10. 다시 저속으로 믹싱하면서 7의 체 친 밀가루를 세 번에 나누어 우유와 번갈아 넣는다. 넣는 순서는 '밀가루-우유-밀가루-우유-밀가루'로 한다. 날가루가 보이지 않을 정도로 섞이면 속도를 중속으로 높여 30초 더 믹싱한다.

11. 준비된 케이크 팬에 반죽을 똑같이 나누어 붓고 예열한 오븐에 넣는다. 이쑤시개로 케이크 한가운데를 찔렀다 빼도 반죽이 전혀 묻어나지 않을 때까지 24~26분 동안 굽는다. 다 구워진 케이크는 식힘망 위에서 10~15분쯤 식힌 다음 팬에서 빼낸다.

말차 가나슈 만들기

12. 내열 그릇에 초콜릿을 담고, 그 위에 체 친 말찻가루를 올려서 준비해둔다.

13. 소스팬에 헤비크림을 부어 중약불에서 뭉근하게 데운다. 약하게 끓기 시작하면 불에서 내려 초콜릿 위에 붓는다. 30초 동안 그대로 두었다가 초콜릿이 완전히 녹을 때까지 거품기로 고루 휘젓는다. 식품용 랩을 씌워서 부드럽게 펴 바를 수 있는 농도가 될 때까지 식힌다.

케이크 조립하기

14. 원하는 색깔의 식용색소로 버터크림을 물들인다(선택).

15. 케이크가 완전히 식으면 윗면을 빵칼로 평평하게 다듬고, 초콜릿 케이크 가운데 바닥 시트로 쓸 것을 고른다. 케이크 스탠드나 서빙 접시에 바닥 시트를 올리고, L자 스패튤러로 준비된 말차 가나슈의 1/3을 펴 바른다. 그 위에 말차 케이크 시트를 올리고 똑같은 과정을 반복한다. 뒤이어 초콜릿 시트를 올리고 가나슈를 바른 뒤 마지막 말차 시트로 덮는다. 버터크림으로 케이크 전체를 프로스팅한다.

파티시에 노트

별 무늬 대신 좀 더 심플한 스타일로 프로스팅할 계획이라면, 바닐라 스위스 머랭 버터크림을 1L만 준비해도 된다(41쪽 참조).

사용하는 말차의 브랜드에 따라 완성된 케이크의 색깔이 사진과는 다를 수 있다. 보통 색깔이 밝고 선명할수록 품질이 우수한 말차라고 보면 된다. 말차의 가격대는 꽤 높은 편이다. 차로 마실 때는 비싼 고급 제품이 좋겠지만, 요리용으로는 조금 저렴한 제품을 써도 괜찮다. 젠 오가닉스Zen Organics는 품질도 좋고 가격도 적당한 편이다. 도맛차DoMatcha도 추천할 만하다. 말차는 자연식품이나 미식 재료, 아시아 식품을 판매하는 곳에서 구할 수 있다.

초콜릿 말차 케이크는 냉장고에서 최장 4일까지 보관할 수 있으며 냉동 보관도 가능하다(25쪽 참조).

데커레이션 팁

먼저 버터크림으로 크림 코트 작업을 한다. 중형 별 깍지를 끼운 짤주머니에 버터크림을 채워 케이크 위쪽 가장자리부터 수직으로 내려가며 별 모양을 한 줄 파이핑한다. 맨 아래까지 파이핑을 마치면 다시 위에서부터 새로운 줄을 계속 파이핑해 케이크 옆면을 완전히 메운다. 윗면은 가장자리부터 동심원을 그리며 파이핑해서 메운다. 별의 모양과 크기를 최대한 똑같이 파이핑해야 전체적으로 고른 느낌을 낼 수 있다. 빈틈이 보이지 않게 하려면 별들을 서로 조금씩 겹치게 파이핑해도 된다.

초콜릿 헤이즐넛 프랄린 크런치 케이크

Chocolate Hazelnut Praline Crunch Cake

시트 3장으로 구성된 지름 15cm 케이크(8~10인분)

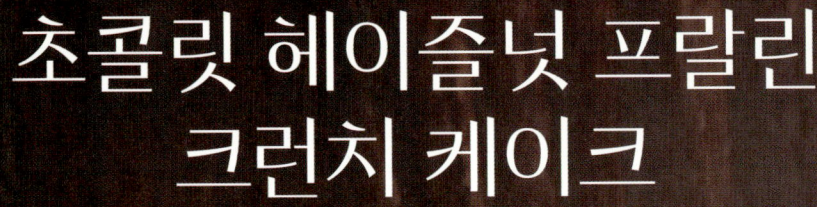

인정한다. 나는 누텔라 통을 열 때마다 한 스푼, 아니 두 스푼씩 퍼먹곤 한다. 여러분도 가끔 그럴 거라고 확신한다. 하지만 잠시만 어른다운 자제력을 가져보면 어떨까? 스푼을 내려놓고 뚜껑을 닫아보자. 이번에는 그 유혹적인 맛을 훨씬 더 특별한 맛의 케이크로 변신시켜보자! 케이크 한 조각에 알록달록한 빨대를 꽂은 흰 우유 한 잔이면 어린 시절로 돌아간 듯한 기분을 느낄 수 있을 것이다.

스몰 클래식 초콜릿 케이크

케이크 팬에 바를 버터나 오일
　스프레이
중력분 235g + 케이크 팬에 뿌릴 여분
무가당 코코아가루 70g
베이킹파우더 1½ts
베이킹소다 1ts
소금 3/4ts
포도씨유 120ml
그래뉴당 300g
달걀 2개
바닐라 익스트랙트 1ts
아몬드 익스트랙트 1/2ts
우유 180ml
뜨거운 커피 240ml(진하게 추출한 것)

헤이즐넛 프랄린 버터크림

바닐라 스위스 머랭 버터크림 480ml
　(41쪽 참조)
헤이즐넛 프랄린 페이스트 80ml

초콜릿 헤이즐넛 퍼지 프로스팅

실온 무염 버터 170g
초콜릿 헤이즐넛 스프레드 120ml
　(예: 누텔라)
슈거파우더 440~500g(체 친 것)
무가당 코코아가루 2TS
소금 1/8ts
바닐라 익스트랙트 1ts
헤비크림 또는 우유 2~3TS
세미스위트 초콜릿 170g(녹여서
　식힌 것)

조립 재료

헤이즐넛 70g(볶아서 다진 것)
　+ 통 헤이즐넛 6~8알

스몰 클래식 초콜릿 케이크 만들기

1. 오븐을 175°C로 예열한다. 지름 15cm 케이크 팬 3개에 버터나 기름을 칠하고 밀가루를 살짝 입혀서 한쪽에 둔다.

2. 밀가루, 코코아가루, 베이킹파우더, 베이킹소다, 소금을 한꺼번에 체에 쳐서 한쪽에 둔다.

3. 스탠드 믹서에 반죽용 패들을 끼우고, 포도씨유와 설탕을 중속으로 2분 동안 믹싱한다. 계속 믹싱하면서 달걀, 바닐라 익스트랙트, 아몬드 익스트랙트를 추가한다. 믹싱을 멈추고 믹싱볼 가장자리를 주걱으로 긁어 정리한다.

4. 다시 저속으로 믹싱하면서 2의 체 친 밀가루를 세 번에 나누어 우유와 번갈아 넣는다. 순서는 '밀가루-우유-밀가루-우유-밀가루'로 한다. 믹싱을 멈추고 믹싱볼 가장자리를 주걱으로 긁어 정리한다. 다시 저속으로 믹싱하면서 커피를 천천히 흘려넣는다. 속도를 중저속으로 높여서 반죽에 완전히 섞일 때까지 30초 더 믹싱한다.

5. 준비된 케이크 팬에 반죽을 똑같이 나누어 붓고 예열한 오븐에 넣는다. 이쑤시개로 케이크 한가운데를 찔렀다 빼도 반죽이 전혀 묻어나지 않을 때까지 25~28분 동안 굽는다. 다 구워진 케이크는 식힘망 위에서 10~15분쯤 식힌 다음 팬에서 빼낸다.

헤이즐넛 프랄린 버터크림 만들기

6. 스탠드 믹서에 반죽용 패들을 끼우고, 버터크림을 실크처럼 매끈해질 때까지 믹싱한다. 프랄린 페이스트를 추가하고 완전히 섞이도록 믹싱한다.

초콜릿 헤이즐넛 퍼지 프로스팅 만들기

7. 스탠드 믹서에 반죽용 패들을 끼운다. 믹싱볼에 버터와 초콜릿 헤이즐넛 스프레드를 넣고 중저속으로 믹싱해 매끈하게 크림화한다. 저속으로 계속 믹싱하면서 슈거파우더, 코코아가루, 소금, 바닐라 익스트랙트를 천천히 추가한 뒤 마지막으로 크림을 붓는다. 모든 재료가 고루 섞이기 시작하면 속도를 중고속으로 높여 솜사탕처럼 가벼운 질감이 날 때까지 믹싱한다. 잠시 믹싱을 멈추고 믹싱볼 가장자리에 묻은 프로스팅을 주걱으로 깨끗이 정리한다. 녹여서 식힌 초콜릿을 넣고 뭉친 부분이 없을 때까지 매끈하게 믹싱한다.

케이크 조립하기

8. 케이크가 완전히 식으면 윗면을 평평하게 다듬고 바닥 시트로 쓸 것을 골라 케이크 스탠드나 서빙 접시 위에 올린다. L자 스패튤러로 바닥 시트 윗면에 프랄린 버터크림 180ml를 펴 바른다. 두번째 시트를 올리고 똑같은 과정을 반복한 뒤 세번째 시트로 덮는다. 케이크 윗면과 옆면에 초콜릿 헤이즐넛 퍼지 프로스팅을 바르고, 다진 헤이즐넛, 통 헤이즐넛, 남은 버터크림으로 장식한다.

데커레이션 팁

다진 헤이즐넛을 조금씩 손에 쥐고 프로스팅을 마친 케이크의 아래쪽 1/3 지점에 가볍게 밀어넣듯이 붙인다. 중형 별 깍지를 끼운 짤주머니에 남은 버터크림을 채워서 케이크 위쪽 가장자리를 빙 둘러가며 로제트(37쪽 참조)를 파이핑한다. 일정한 간격으로 파이핑하려면, 먼저 12시 방향에 첫번째 로제트를, 맞은편 6시 방향에 두번째 로제트를 짠다. 이어서 3시와 9시 방향에도 로제트를 파이핑한다. 4개의 로제트 사이에 똑같은 간격을 두고 2개씩 더 파이핑하면 전체적으로 일정한 간격의 장미가 생긴다. 마지막으로 각 로제트 위에 통 헤이즐넛 한 개씩 올려 마무리한다.

파티시에 노트

초콜릿 헤이즐넛 프랄린 크런치 케이크는 냉장고에서 최장 4일까지 보관할 수 있고, 냉동 보관도 가능하다(25쪽 참조).

피넛버터 러버스 초콜릿 봄브*

Peanut Butter Lover's Chocolate Bombe

—

시트 2장으로 구성된 지름 15cm 케이크(6~8인분)

우리 부부가 천생연분이라는 사실을 깨달은 건 둘 다 달콤한 디저트를 엄청 좋아한다는 걸 알았을 때였다. 내가 전업 파티시에가 되기로 결심했을 무렵에 처음 만난 남편은 그때부터 지금까지 줄곧 나를 응원하는 큰 지원군이다. 내가 가게를 열게 된 것도 남편의 격려 덕분이었다. 미국을 떠나 이곳 캐나다에 정착하는 과정에서도 남편은 모든 일이 순 조롭게 흘러가는 데 일조했고, 설거지와 케이크 시식도 일일이 헤아릴 수 없을 만큼 많이 해주었다.

나로서는 오직 남편만을 위한 케이크를 개발하지 않을 수 없었다. 남편은 솔티드 캐러멜 소스를 특히 좋아하고, 땅콩이 들어간 음식이라면 무조건 눈이 번쩍 뜨이며, '맛이 진할수록' 더 맛있다고 굳게 믿는 사람이다. 그런 점에서 이 케이크는 바로 브렛, 당신을 위한 거야!

피넛버터 무스

크림치즈 115g(말랑한 것)
알갱이 없이 매끈한 피넛버터 120ml
슈거파우더 125g(체 친 것)
우유 2ts
바닐라 익스트랙트 1ts
소금 1/8ts
차가운 헤비크림 300ml

클래식 초콜릿 케이크

케이크 팬에 바를 버터 또는 오일
　스프레이
중력분 155g + 케이크 팬에 뿌릴 여분
무가당 코코아가루 50g
베이킹파우더 1¼ts
베이킹소다 1/2ts
소금 1/2ts
포도씨유 5TS(75ml)
그래뉴당 200g
달걀 1개
달걀노른자 1개
바닐라 익스트랙트 1ts
아몬드 익스트랙트 1/2ts
우유 180ml
뜨거운 커피 120ml(진하게 추출한 것)

피넛 캐러멜 소스

솔티드 캐러멜 소스 60ml(43쪽 참조)
땅콩 3TS(무염, 볶은 것)

피넛버터 초콜릿 글레이즈

무염 버터 2TS
알갱이 없는 매끈한 피넛버터 2TS
맑은 콘시럽 2TS
소금 1/8ts
세미스위트 초콜릿 170g(다진 것)
바닐라 익스트랙트 1/2ts
슈거파우더 30g(체 친 것)

조립 재료

밀크초콜릿 버터크림 72쪽 레시피
　분량의 1/2
가니시용 땅콩

피넛버터 무스 만들기

1. 스탠드 믹서에 반죽용 패들을 끼우고, 크림치즈와 피넛버터를 중속으로 믹싱해 매끈한 크림 상태로 만든다. 저속으로 계속 믹싱하면서 슈거파우더, 우유, 바닐라 익스트랙트, 소금을 차례로 천천히 넣는다. 모든 재료가 고루 섞이면 속도를 중속으로 높여 매끈해질 때까지 믹싱한 뒤 큰 볼에 옮겨서 한쪽에 둔다.

2. 믹싱볼을 물로 깨끗이 씻어서 완전히 말린다. 스탠드 믹서에 거품기를 끼우고, 물기 없이 깨끗한 믹싱볼에 헤비크림을 붓고 중속으로 걸쭉해질 때까지 휘핑한다. 속도를 고속으로 높여서 계속 휘핑한다. 거품기를 들어올렸을 때 크림의 끝부분이 적당히 뾰족해지면 휘핑을 멈춘다.

3. 휘핑한 크림을 1의 피넛버터 혼합물에 폴딩해서 살살 섞는다.

4. 지름 15cm 볼 안쪽에 식품용 랩을 깐다. 스푼으로 3의 무스를 조심스럽게 퍼서 볼에 옮겨 담는다. 무스가 볼에 가득 채워지면 랩을 씌워서 냉동실에 넣어 4시간에서 하룻밤 동안 굳힌다.

클래식 초콜릿 케이크 만들기

5. 오븐을 175°C로 예열한다. 지름 15cm 케이크 팬 2개에 버터나 기름을 칠하고 밀가루를 살짝 입혀서 한쪽에 둔다.

6. 밀가루, 코코아가루, 베이킹파우더, 베이킹소다, 소금을 한꺼번에 체에 쳐서 한쪽에 둔다.

7. 스탠드 믹서에 반죽용 패들을 끼우고, 포도씨유와 설탕을 중속으로 2분 동안 믹싱한다. 계속 믹싱하면서 달걀, 달걀노른자, 바닐라 익스트랙트, 아몬드 익스트랙트를 추가한다. 믹싱을 멈추고 믹싱볼 주변에 묻은 혼합물을 주걱으로 정리한다.

8. 다시 저속으로 믹싱하면서 6의 체 친 밀가루를 세 번에 나누어 우유와 번갈아 넣는다. 순서는 '밀가루-우유-밀가루-우유-밀가루'로 한다. 믹싱을 멈추고 믹싱볼 가장자리를 주걱으로 긁어 정리한다. 다시 저속으로 믹싱하면서 커피를 천천히 흘려넣는다. 속도를 중저속으로 높여서 완전히 섞일 때까지 30초 더 믹싱한다.

9. 준비된 케이크 팬에 반죽을 똑같이 나누어 붓고 예열한 오븐에 넣는다. 이쑤시개로 케이크 한가운데를 찔렀다 빼도 반죽이 전혀 묻어나지 않을 때까지 25∼28분 동안 굽는다. 오븐에서 꺼낸 케이크는 식힘망 위에서 10∼15분쯤 식힌 다음 팬에서 빼낸다.

피넛 캐러멜 소스 만들기

10. 솔티드 캐러멜 소스를 휘저을 수 있을 정도까지 데운 뒤 볶은 땅콩을 넣고 고루 섞어 한쪽에 둔다.

피넛버터 초콜릿 글레이즈 만들기

11. 내열 그릇 또는 중탕냄비에 버터, 피넛버터, 콘시럽, 소금, 초콜릿을 넣고 약하게 끓는 물 위에서 초콜릿이 녹기 시작할 때까지 중탕한다. 불에서 내려 바닐라 익스트랙트를 넣고 고루 휘저어 섞어서 뭉친 부분이 없게 한다. 슈거파우더를 넣고 다시 잘 섞은 뒤 실온에서 식힌다. 케이크 조립용 글레이즈는 진득하면서도 시럽처럼 흐르는 상태여야 한다.

케이크 조립하기

12. 케이크가 완전히 식으면 윗면을 평평하게 다듬고 바닥 시트로 쓸 것을 골라 케이크 스탠드나 서빙 접시에 올린다. 중형 원형 깍지를 끼운 짤주머니에 버터크림을 채워넣는다. 바닥 시트 윗면의 가장자리를 빙 둘러가며 12mm 높이로 댐을 쌓듯 파이핑한다. 댐 안쪽을 버터크림으로 메운다. 버터크림 위에 두번째 댐을 12mm 높이로 파이핑하고, 댐 안쪽을 피넛 캐러멜 소스로 메운다. 그 위에 두번째 시트를 올린다.

13. 냉동실에 넣어둔 피넛버터 무스를 꺼낸다. 볼 안쪽에 깔았던 랩의 가장자리를 양쪽에서 쥐고 무스를 조심스럽게 들어 볼에서 빼낸다. 무스를 거꾸로 뒤집어 케이크 위에 돔처럼 올린다. 랩을 벗긴 뒤 돔 위에 피넛버터 초콜릿 글레이즈를 끼얹고 땅콩으로 장식한다.

파티시에 노트

피넛버터 무스가 볼에서 잘 빠지지 않는다면, 살짝 녹을 때까지 몇 분쯤 기다렸다가 다시 시도한다.

글레이즈 온도 테스트 법은 51쪽 파티시에 노트에 나온다. 글레이즈는 필요에 따라 식힐 수도, 다시 데울 수도 있다.

피넛버터 러버스 초콜릿 봄브를 자를 때는 먼저 식칼을 흐르는 뜨거운 물로 데운 다음 물기를 깨끗이 닦고 자른다.

이 케이크를 미리 만들어두려면, 케이크 시트와 무스를 따로 보관해야 한다. 조립하기 전 시트는 식품용 랩으로 싸서 냉장실에, 무스는 냉동실에 넣어둔다. 이 케이크는 조립 후 30∼45분 안에 먹는 것이 가장 맛있다. 남은 케이크는 냉장고에서 최장 2일까지 보관할 수 있다(25쪽 참조). 이때도 무스는 냉동실에 따로 보관한다.

레드커런트 초콜릿 케이크

Red Currant Chocolate Cake

———

시트 3장으로 이루어진 지름 15cm 케이크(8~10인분)

레드커런트는 이곳 캐나다 브리티시컬럼비아 지역의 여름철 시장을 빛내는 보석 같은 열매다. 적어도 내 눈에는 보석보다 더 귀해 보여서 해마다 한 양동이씩 사지 않고는 못 배긴다. 그러고는 수북이 쌓인 붉은 열매를 보며 새로운 레시피를 고민하곤 한다. 톡 쏘면서도 달콤한 이 조그만 장과류는 깨무는 순간 다양한 맛이 폭발한다. 보통 잼이나 젤리를 만들지만 통째로 보존할 수도 있다. 이번 레드커런트 초콜릿 케이크에서는 멋진 가니시로 사용될 뿐 아니라, 커드의 산뜻한 맛을 내는 주역이기도 하다. 또 블랙커런트로 만든 리큐어인 크렘 드 카시스*crème de cassis*를 넣어 진한 초콜릿 케이크의 맛에 깊이를 더했다.

레드커런트 라즈베리 커드

레드커런트 75g(줄기 달린 것)

생라즈베리 60g

무염 버터 5TS(70g, 깍둑 썬 것)

달걀 1개

달걀노른자 2개

그래뉴당 150g

초콜릿 카시스 케이크

케이크 팬에 바를 버터 또는 오일 스프레이

중력분 190g + 케이크 팬에 뿌릴 여분

베이킹소다 1ts

베이킹파우더 3/4ts

소금 1/2ts

커피 60ml(진하게 추출한 것)

크렘 드 카시스 120㎖(104쪽 파티시에 노트 참조)

무염 버터 115g

사워크림 120ml

달걀 1개

달걀노른자 1개

바닐라 익스트랙트 2ts

무가당 코코아가루 50g

그래뉴당 300g

레드커런트 버터크림

바닐라 스위스 머랭 버터크림 360ml (41쪽 참조)

조립 재료

다크초콜릿 가나슈 120ml(45쪽 참조)

장식용 통 레드커런트(선택)

레드커런트 라즈베리 커드 만들기

1. 소스팬에 레드커런트와 라즈베리를 넣고 중강불에 올린다. 라즈베리가 뭉그러지기 시작하면 감자 매셔나 나무 스푼 뒤쪽으로 커런트를 으깨면서 약 10분 동안 끓이다가 불에서 내린다.

2. 촘촘한 거름망에 밭여 즙만 볼에 담는다. 체에 남은 과육은 스푼이나 고무 주걱으로 꾹 눌러 즙을 최대한 짜낸다. 커런트 줄기와 단단한 씨는 버린다.

3. 내열 그릇에 버터를 담아 한쪽에 둔다.

4. 중간 크기 소스팬에 레드커런트 라즈베리 즙 75ml, 달걀, 달걀노른자, 설탕을 넣고 거품기로 고루 휘저어 섞는다. 중불에서 달걀이 익어서 뭉치지 않도록 나무 스푼으로 가끔 휘저어가며 6~8분 동안 뭉근히 끓인다. 혼합물이 스푼 뒷면에 코팅될 정도로 걸쭉해지거나 온도가 70°C에 다다르면 불에서 내린다.

5. 3의 버터 그릇에 촘촘한 거름망을 걸쳐놓고 그 위에 달걀 혼합물을 부어서 거른다(파티시에 노트 참조). 스푼으로 고루 섞은 다음 커드가 마르지 않도록 식품용 랩을 표면에 직접 닿게 덮는다. 냉장고에 넣어 4시간에서 하룻밤 동안 굳힌다.

초콜릿 카시스 케이크 만들기

6. 오븐을 175°C로 예열한다. 지름 15cm 케이크 팬 3개에 버터나 기름을 칠하고 밀가루를 살짝 입혀서 한쪽에 둔다.

7. 밀가루, 베이킹소다, 베이킹파우더, 소금을 한꺼번에 체에 쳐서 한쪽에 둔다.

8. 약간 큰 소스팬에 커피, 크렘 드 카시스, 버터를 넣고 고루 휘젓는다. 중불로 버터가 완전히 녹을 때까지 가열한다.

9. 그동안 볼에 사워크림, 달걀, 달걀노른자, 바닐라 익스트랙트를 넣고 고루 섞는다.

10. 8의 버터가 완전히 녹으면 중불을 유지한 채 코코아가루와 설탕을 넣고 거품기로 휘저어 섞는다. 소스팬을 불에서 내려 9의 사워크림 혼합물을 섞는다. 뒤이어 7의 체 친 밀가루를 넣고 뭉친 부분 없이 매끈해질 때까지 거품기로 충분히 휘저어 섞는다.

11. 준비된 케이크 팬에 똑같이 나누어 붓고 예열한 오븐에 넣는다. 이쑤시개로 케이크 한가운데를 찔렀다 빼도 반죽이 전혀 묻어나지 않을 때까지 23~25분 동안 굽는다. 오븐에서 꺼낸 케이크는 식힘망 위에서 10~15분쯤 식힌 다음 팬에서 빼낸다.

레드커런트 버터크림 만들기

12. 스탠드 믹서에 반죽용 패들을 끼우고, 버터크림을 실크처럼 매끈하게 믹싱한다. 여기에 레드커런트 라즈베리 커드 3TS을 넣고 완전히 섞이도록 믹싱한다.

케이크 조립하기

13. 케이크가 완전히 식으면 윗면을 평평하게 다듬고 바닥 시트로 쓸 것을 골라 케이크 스탠드나 서빙 접시 위에 올린다. L자 스패튤러로 버터크림 180ml를 펴 바르고, 큰 스푼의 뒷면으로 한가운데 부분을 가볍게 눌러서 움푹 들어가게 만든 다음 그 자리에 레드커런트 라즈베리 커드 약 120ml를 채운다. 두번째 시트를 올리고 똑같은 과정을 반복한 뒤 마지막 시트로 덮는다. 케이크 윗면을 다크초콜릿 가나슈로 프로스팅하고, 통 레드커런트로 장식한다.

파티시에 노트

크렘 드 카시스 대신 석류즙이나 레드커런트 즙을 써도 좋다.

버터가 커드에 잘 녹아들지 않을 경우, 중탕 냄비에 모두 쏟아붓고 주걱으로 휘저으며 버터를 완전히 녹인다. 레드커런트 라즈베리 커드는 미리 만들어서 유리병에 넣어 냉장하면 최장 1개월까지 보관이 가능하다.

케이크는 냉장고에서 3일까지 보관할 수 있다(25쪽 참조).

좀 더 매끈하게 마무리하려면, 시트 위에 버터크림을 펴 바르는 대신 짤주머니에 넣어 댐을 파이핑한 뒤 그 안쪽에 커드를 채워넣는 방법을 쓴다.

케이크 아래쪽 주변에 생레드커런트를 줄기째로 센스 있게 배치한다. 몇몇 줄기는 서빙 접시 가장자리에 걸쳐놓아도 좋다. 원형 깍지를 끼운 짤주머니에 남은 다크초콜릿 가나슈를 채워서 케이크 위쪽 가장자리에 초승달 형태로 키세스 초콜릿 모양을 파이핑한다. 힘을 주어 둥그런 아래쪽 부분을 짜준 다음 힘을 빼면서 위로 살짝 들어올리면 끝이 뾰족하게 올라오면서 모양이 완성된다. 남은 레드커런트가 있다면 케이크 위와 접시에 자연스럽게 올려 장식한다.

쿠키 앤드 크림 케이크

Cookies and Cream Cake

—

시트 3장으로 구성된 지름 15cm 케이크(10~12인분)

오레오 쿠키와 아이스크림은 말이 필요 없는 조합이다. 어린 시절 내가 가장 좋아하는 아이스크림이기도 했다. 그럼 오레오 쿠키와 케이크를 합치면? 그 꿈의 조합이 바로 여기 있다. 촉촉한 초콜릿 케이크와 화이트초콜릿 필링, 쿠키 프로스팅이 합쳐진 쿠키 앤드 크림 케이크는 모두의 마음속에 남아 있는 유년 시절의 기억을 맛있게 되살려줄 것이다.

스몰 클래식 초콜릿 케이크

케이크 팬에 바를 버터나 오일 스프레이

중력분 235g + 케이크 팬에 뿌릴 여분

무가당 코코아가루 70g

베이킹파우더 1½ts

베이킹소다 1ts

소금 3/4ts

포도씨유 120ml

그래뉴당 300g

달걀 2개

바닐라 익스트랙트 1ts

아몬드 익스트랙트 1/2ts

우유 180ml

뜨거운 커피 240ml(진하게 추출한 것)

화이트초콜릿 크림치즈 프로스팅

실온 무염 버터 225g

크림치즈 170g(말랑한 것)

슈거파우더 690g(체 친 것)

화이트초콜릿 170g(녹여서 식힌 것)

바닐라 익스트랙트 2ts

조립 재료

초콜릿 샌드 쿠키(오레오) 10개(잘게 빻은 것)

스몰 클래식 초콜릿 케이크 만들기

1. 오븐을 175°C로 예열한다. 지름 15cm 케이크 팬 3개에 버터나 기름을 칠하고 밀가루를 살짝 입혀서 한쪽에 둔다.

2. 밀가루, 코코아가루, 베이킹파우더, 베이킹소다, 소금을 한꺼번에 체에 쳐서 한쪽에 둔다.

3. 스탠드 믹서에 반죽용 패들을 끼우고, 포도씨유와 설탕을 중속으로 2분 동안 믹싱한다. 계속 믹싱하면서 달걀, 바닐라 익스트랙트, 아몬드 익스트랙트를 추가한다. 믹싱을 멈추고 믹싱볼 가장자리를 주걱으로 긁어 정리한다.

4. 다시 저속으로 믹싱하면서 **2**의 체 친 밀가루를 세 번에 나누어 우유와 번갈아 넣는다. 순서는 '밀가루-우유-밀가루-우유-밀가루'로 한다. 믹싱을 멈추고 믹싱볼 가장자리를 주걱으로 긁어 정리한다. 다시 저속으로 믹싱하면서 커피를 천천히 흘려넣는다. 속도를 중저속으로 높여서 반죽에 완전히 섞일 때까지 30초 더 믹싱한다.

5. 준비된 케이크 팬에 반죽을 똑같이 나누어 붓고 예열한 오븐에 넣는다. 이쑤시개로 케이크 한가운데를 찔렀다 빼도 반죽이 전혀 묻어나지 않을 때까지 25~28분 동안 굽는다. 다 구워진 케이크는 식힘망 위에서 10~15분쯤 식힌 다음 팬에서 빼낸다.

화이트초콜릿 크림치즈 프로스팅 만들기

6. 스탠드 믹서에 반죽용 패들을 끼우고, 버터와 크림치즈를 중저속으로 2분 동안 믹싱한다. 저속으로 계속 믹싱하면서 슈거파우더, 화이트초콜릿, 바닐라 익스트랙트를 천천히 추가한다. 모든 재료가 고루 섞이면 속도를 중고속으로 높여 솜사탕처럼 가벼운 상태가 될 때까지 믹싱한다.

케이크 조립하기

7. 케이크가 완전히 식으면 윗면을 평평하게 다듬고 바닥 시트로 쓸 것을 골라 케이크 스탠드나 서빙 접시 위에 올린다. L자 스패튤러로 바닥 시트 윗면에 화이트초콜릿 크림치즈 120ml를 펴 바른다. 다음 시트를 올리고 똑같은 과정을 반복한 다음 마지막 시트로 덮는다.

8. 남은 크림치즈 프로스팅을 볼에 옮겨 담고, 잘게 빻은 쿠키를 폴딩 방식으로 잘 섞는다. 이 프로스팅을 케이크 전체에 바른다.

파티시에 노트

쿠키 앤드 크림 케이크는 냉장고에서 최장 4일까지 보관할 수 있으며, 냉동 보관도 가능하다(25쪽 참조).

데커레이션 팁

케이크 옆면은 아이싱 스무더로 매끈하게 프로스팅하고, 윗면에는 L자 스패튤러로 회오리 무늬를 표현한다(31쪽 참조). 쿠키 프로스팅을 매끈하게 펴 바르기가 어렵다면 러스틱 피니시(31쪽 참조)로 대신해도 좋다.

런던 포그 케이크

London Fog Cake

—

시트 3장으로 구성된 지름 20cm 케이크(12~15인분)

나는 차를 무척 좋아하는 애호가다. 더 정확히는 새로운 차라면 닥치는 대로 쓸어 담는, 아니 수집하는 걸 좋아한다. 이 취미는 런던에서 얼그레이와 잉글리시 브렉퍼스트 티를 처음 마셔보고, 지금까지 내가 마셔본 최고의 아몬드 홍차를 사서 귀국한 뒤부터 시작되었다. 이후 지금까지 다양한 차를 맛보고 수집해왔지만 가장 좋아하는 것은 언제나 얼그레이다.

이 묵직한 느낌의 홍차는 베르가못 오렌지 오일에서 풍기는 강렬하면서도 미묘한 시트러스향이 특징이다. 취향에 따라 아무것도 넣지 않고 얼그레이 본연의 맛을 즐기거나 레몬 한 조각을 띄워서 마실 수 있다. 하지만 내가 가장 좋아하는 건 얼그레이 라테, 이른바 '런던 포그'다. 런던 포그는 이름과 달리 이곳 캐나다 밴쿠버에서 처음 생겨났다. 내가 이 음료에 그토록 열광하는 건 그 때문인지도 모르겠다.

스팀 밀크와 향기로운 얼그레이, 달콤한 바닐라 시럽이 멋진 조화를 이루는 런던 포그를 아직 맛보지 못했다면 강력하게 추천한다. 이 음료를 한 모금 마신 순간, 틀림없이 같은 이름의 케이크도 맛보고 싶어질 것이다. 촉촉한 초콜릿 케이크에 얼그레이 찻잎이 점점이 박힌 버터크림, 솔티드 캐러멜 소스의 조화가 매력적이다.

클래식 초콜릿 케이크	얼그레이 버터크림	조립 재료
케이크 팬에 바를 버터 또는 오일 스프레이	실온 무염 버터 450g	솔티드 캐러멜 소스 240ml (43쪽 참조)
중력분 315g + 케이크 팬에 뿌릴 여분	얼그레이 찻잎 12g	
무가당 코코아가루 95g	달걀흰자 150 ml	
베이킹파우더 2½ts	그래뉴당 250g	
베이킹소다 3/4ts	바닐라빈 페이스트 1½ts	
소금 1ts		
포도씨유 150ml		
그래뉴당 400g		
달걀 2개		
달걀노른자 1개		
바닐라 익스트랙트 2ts		
아몬드 익스트랙트 1/2ts		
우유 360ml		
뜨거운 커피 240ml(진하게 추출한 것)		

클래식 초콜릿 케이크 만들기

1. 오븐을 175°C로 예열한다. 지름 20cm 케이크 팬 3개에 버터나 기름을 칠하고 밀가루를 살짝 입혀서 한쪽에 둔다.

2. 밀가루, 코코아가루, 베이킹파우더, 베이킹소다, 소금을 한꺼번에 체에 쳐서 한쪽에 둔다.

3. 스탠드 믹서에 반죽용 패들을 끼우고, 포도씨유와 설탕을 중속으로 2분 동안 믹싱한다. 계속 믹싱하면서 달걀, 달걀노른자, 바닐라 익스트랙트, 아몬드 익스트랙트를 추가한다. 믹싱을 멈추고 믹싱볼 주변에 묻은 혼합물을 주걱으로 정리한다.

4. 다시 저속으로 믹싱하면서 2의 체 친 밀가루를 세 번에 나누어 우유와 번갈아 넣는다. 순서는 '밀가루-우유-밀가루-우유-밀가루'로 한다. 믹싱을 멈추고 믹싱볼 가장자리를 주걱으로 긁어 정리한다. 다시 저속으로 믹싱하면서 커피를 천천히 흘려넣는다. 속도를 중저속으로 높여서 완전히 섞일 때까지 30초 더 믹싱한다.

5. 준비된 케이크 팬에 반죽을 똑같이 나누어 붓고 예열한 오븐에 넣는다. 이쑤시개로 케이크 한가운데를 찔렀다 빼도 반죽이 전혀 묻어나지 않을 때까지 23~25분 동안 굽는다. 오븐에서 꺼낸 케이크는 식힘망 위에서 10~15분쯤 식힌 다음 팬에서 빼낸다.

얼그레이 버터크림 만들기

6. 소스팬에 버터 225g과 찻잎을 넣고 중불에 올린다. 버터가 다 녹으면 약불로 줄여서 5분 동안 더 끓인다. 불에서 내린 뒤 차향이 좀 더 우러나도록 5분쯤 그대로 둔다. 촘촘한 거름망에 밭여 녹은 버터만 볼에 담고 다시 말랑하게 굳을 때까지 냉장고에 20~30분 정도 넣어둔다. 찻잎 부스러기가 버터에 조금 남아도 상관없다.

7. 스탠드 믹서에 딸린 믹싱볼에 달걀흰자와 설탕을 넣고 직접 거품기로 휘저어 섞는다. 중간 크기 소스팬에 물을 약간 붓고 중강불에 올린다. 소스팬 위에 믹싱볼을 걸쳐놓고 중탕한다(이때 믹싱볼 바닥이 물에 직접 닿지 않도록 주의한다). 가끔 거품기로 휘저어가며 달걀 혼합물의 온도가 70°C에 다다를 때까지 데운다. 믹싱볼을 들어서 조심스럽게 스탠드 믹서에 올린다.

8. 스탠드 믹서에 거품기를 끼우고 고속으로 8~10분쯤 휘핑한다. 거품기를 들어올렸을 때 머랭의 끝이 적당히 단단하고 뾰족한 모양을 띠면 휘핑을 멈춘다. 이때 믹싱볼의 바깥쪽 온도는 실온 정도로 식어 있어야 하고, 머랭에 더는 열기가 남아 있지 않아야 한다. 스탠드 믹서에서 거품기를 빼고 반죽용 패들로 갈아 끼운다.

9. 저속으로 믹싱하면서 바닐라 익스트랙트를 넣고, 6의 차향이 밴 버터와 남은 버터 225g을 한 번에 2TS씩 추가한다. 모든 재료가 고루 섞이면, 믹서의 속도를 중고속으로 높여 3~5분 동안 믹싱해서 실크처럼 매끈한 버터크림을 완성한다.

케이크 조립하기

10. 케이크가 완전히 식으면 윗면을 평평하게 다듬고 바닥 시트로 쓸 것을 골라 케이크 스탠드나 서빙 접시 위에 올린다. L자 스패튤러로 바닥 시트 윗면에 얼그레이 버터크림 120ml를 펴 바른다. 다음 시트를 올리고 똑같은 과정을 반복한 다음 마지막 시트로 덮는다. 남은 버터크림으로 케이크 전체를 프로스팅하고 냉장고에서 15~20분쯤 굳힌다.

11. 케이크에 솔티드 캐러멜 소스를 부어 가장자리를 타고 자연스럽게 흘러내리도록 연출한다. 먼저 케이크 윗면 한가운데에 캐러멜 소스 120ml를 붓고 L자 스패튤러로 매끈하게 펼친다. 부족할 경우 원하는 모양이 나올 때까지 캐러멜 소스를 조금씩 더 추가한다.

파티시에 노트

런던 포그 케이크는 냉장고에서 최장 4일까지 보관할 수 있으며 냉동 보관도 가능하다(25쪽 참조). 캐러멜 소스는 따로 냉장고에 두면 최장 2주까지 쓸 수 있다.

남은 재료 활용법

남은 솔티드 캐러멜 소스는 아이스크림에 끼얹거나 커피에 섞어 먹어도 좋다.

데커레이션 팁

케이크 윗면에 캐러멜 소스를 붓기 전, 빗살 달린 사각칼로 케이크 둘레에 심플한 가로 줄 무늬를 넣는다(30쪽 참조).

초콜릿 코코넛 케이크

Chocolate Coconut Cake

—

시트 4장으로 구성된 지름 15cm 케이크(10~12인분)

지금까지 소개한 레시피들을 보면 알겠지만, 나는 특별히 식단 조절에 신경 쓰지 않는 편이다. 코셔푸드*를 고집하거나 채식주의를 따르지도 않고, 글루텐, 설탕, 견과류의 사용을 제한하지도 않는다. 하지만 가끔은 고기가 전혀 들어가지 않은 식사를 즐기고, 뜻하지 않게 채식 레시피를 만들어낼 때도 있다. 그러니까 이번 케이크의 시트에 달걀과 유제품을 전혀 사용하지 않은 건 그렇게 만든 것이 더 맛있기 때문이지 다른 특별한 의도가 있는 건 아니다. 프로스팅까지 비건 버터와 비건 크림치즈를 써서 만든다면, 이번 초콜릿 코코넛 케이크는 완전 채식주의자들을 위한 디저트로 손색이 없을 것이다!

달걀 안 들어간 초콜릿 케이크

케이크 팬에 바를 버터나 오일
　스프레이

중력분 280g + 케이크 팬에 뿌릴 여분

그래뉴당 300g

무가당 코코아가루 6TS(35g)

베이킹소다 1½ts

시나몬가루 1/2ts

소금 3/4ts

코코넛오일 120ml(녹인 것)

자연발효 화이트 식초 1½TS

바닐라 익스트랙트 1½ts

뜨거운 커피 360ml(진하게 추출한 것)

코코넛 크림치즈 프로스팅

실온 무염 버터 225g(116쪽 파티시에
　노트 참조)

크림치즈 115g(말랑한 것, 116쪽
　파티시에 노트 참조)

코코넛크림 3~4TS(116쪽 파티시에
　노트 참조)

슈거파우더 440g(체 친 것)

코코넛 캐러멜 글레이즈

그래뉴당 150g

아가베시럽 1TS

코코넛크림 또는 코코넛밀크 120ml

바닐라빈 페이스트 1/2ts

조립 재료

무가당 코코넛 플레이크 170~255g

달걀 안 들어간 초콜릿 케이크 만들기

1. 오븐을 175°C로 예열한다. 지름 15cm 케이크 팬 4개에 버터나 오일을 칠하고 밀가루를 살짝 입혀서 한쪽에 둔다.

2. 밀가루, 설탕, 코코아가루, 베이킹소다, 시나몬가루, 소금을 한꺼번에 체에 쳐서 커다란 볼에 담는다. 한가운데를 움푹하게 파서 공간을 만들고 그 안에 코코넛오일, 식초, 바닐라 익스트랙트를 붓는다. 거품기로 고루 휘저어 섞는다.

3. 계속 휘저으면서 커피를 조심스럽게 흘려넣는다. 볼 바닥에 붙어 있는 가루까지 싹싹 긁어가며 모든 재료가 완전히 섞일 때까지 잘 휘저어 섞는다.

4. 준비된 팬에 반죽을 똑같이 나누어 붓고 예열한 오븐에 넣는다. 이쑤시개로 케이크 한가운데를 찔렀다 빼도 반죽이 전혀 묻어나지 않을 때까지 24~26분 동안 굽는다. 오븐에서 꺼낸 케이크는 식힘망 위에서 10~15분쯤 식힌 다음 팬에서 빼낸다.

코코넛 크림치즈 프로스팅 만들기

5. 스탠드 믹서에 반죽용 패들을 끼우고, 버터와 크림치즈를 중속으로 믹싱해서 매끈한 상태로 만든다. 저속으로 계속 믹싱하면서 코코넛크림, 슈거파우더를 천천히 추가해 고루 섞는다. 속도를 중고속으로 높여 모든 재료가 완전히 섞인 크리미한 상태가 될 때까지 믹싱한다.

코코넛 캐러멜 글레이즈 만들기

6. 소스팬에 설탕, 아가베시럽, 물 2TS를 넣고 고루 휘저은 뒤 센불로 끓인다. 설탕 혼합물이 연갈색을 띠고 온도가 약 152°C에 이르러 부글부글 끓는 속도가 점점 느려지면 불에서 내린다. 여기에 코코넛크림을 조금씩 부으면서 거품기로 살살 휘젓는다. 마지막으로 바닐라빈 페이스트를 추가하고 고루 섞은 뒤 내열 용기에 옮겨 담아서 식힌다.

케이크 조립하기

7. 케이크가 완전히 식으면 윗면을 평평하게 다듬고 바닥 시트로 쓸 것을 골라 케이크 스탠드나 서빙 접시 위에 올린다. L자 스패튤러로 바닥 시트 윗면에 코코넛 크림치즈 프로스팅 80ml를 펴 바른다. 다음 시트를 올리고 똑같이 프로스팅을 바르는 과정을 두 번 반복한 뒤 마지막 네번째 시트로 덮는다. 남은 코코넛 크림치즈로 케이크 전체를 프로스팅한 다음 코코넛 플레이크로 덮는다. 서빙할 때는 조각낸 케이크 옆에 코코넛 캐러멜 글레이즈를 곁들인다.

파티시에 노트

완전 채식주의 케이크를 원한다면, 코코넛 크림치즈 프로스팅을 만들 때 비건 버터와 비건 크림치즈를 사용한다. 어스 밸런스Earth Balance나 데이야Daiya 제품을 추천한다. 코코넛크림을 구하기 힘들 경우, 코코넛밀크 3TS으로 대신할 수 있다. 캔에 든 코코넛밀크가 액체와 고체로 분리된 상태라면 위쪽에 떠 있는 고체(60ml)를 사용한다.

이번 레시피의 코코넛 크림치즈 프로스팅은 약간 묽은 편이라 케이크에 펴 바를 때 좀 더 어려울지도 모른다. 하지만 최선을 다해 프로스팅하고 코코넛 플레이크로 덮으면 안정감 있게 마무리할 수 있다. 필요하다면 중간에 냉장고에 넣어 프로스팅을 굳혀도 좋다. 케이크는 냉장고에서 최장 3일까지 보관이 가능하다(25쪽 참조). 남은 캐러멜 소스는 유리병에 담아 냉장하면 일주일까지 쓸 수 있다.

캐주얼 케이크

———

이번 장에서는 간단한 주말 브런치나 오후의 티타임, 평일의 손님 접대 등 언제든 가볍게 즐길 수 있는 케이크들을 소개한다. 격식에 얽매이지 않으면서도 재료의 조화에 신경 쓴 이 케이크들은 특별한 프로스팅이나 과도한 데커레이션은 없지만 풍부한 맛만으로 충분히 돋보인다. 에스프레소 호두 케이크는 진한 커피와 더할 나위 없이 잘 어울리고, 허니 무화과 케이크는 화창한 휴일의 피크닉을 더욱 즐겁게 해줄 것이다. 쉽고 간단히 만들 수 있는 이 케이크들은 상쾌한 아침, 느긋한 주말, 오붓한 담소 자리에 제격이다.

허니 사과 케이크

Honey Apple Cake

시트 4장으로 구성된 지름 20cm 케이크(10~12인분)

나뭇잎이 다 떨어지고 우울한 우기가 시작되기 전인 초가을에 이르면 어김없이 생각나는 몇 가지 이미지가 있다. 한 입 깨물면 달콤한 즙이 터지는 아삭한 햇사과, 쌀쌀한 아침 공기, 맑고 푸른 하늘, 가볍고 포근한 이불 등이다.

사과 케이크라고 해서 무조건 목이 컥 막힐 정도로 진한 시나몬향과 캐러멜 소스가 들어가는 것은 아니다(이런 느낌의 케이크를 원하는 이들에게 강력 추천하는 레시피도 250쪽에 나온다). 이번 애플 케이크는 가볍고 산뜻한 스타일의 애플 스파이스 케이크다. 감귤류와 꿀, 카다멈의 향이 살짝 감도는 이 케이크는 갓 수확한 사과로도 구울 수 있으며, 새 학기 첫날을 마치고 돌아온 아이들의 간식으로 훌륭하다.

생사과 케이크

케이크 팬에 바를 버터 또는 오일 스프레이

중력분 315g + 케이크 팬에 뿌릴 여분

베이킹파우더 2ts

베이킹소다 1/2ts

소금 1/2ts

시나몬가루 1/2ts

카다멈가루 1/4ts

포도씨유 150ml

그래뉴당 250g

레몬 제스트 2ts(곱게 간 것)

달걀 2개

달걀노른자 1개

버터밀크 120ml

사과 280g(껍질 벗겨 잘게 깍둑 썬 것, 그래니스미스, 허니크리스프, 핑크레이디 종)

허니 사워크림 버터크림

바닐라 스위스 머랭 버터크림 600ml (41쪽 참조)

사워크림 160ml

꿀 2TS

카다멈가루 1/4ts

스킬릿 오트 크럼블

오트밀 85g

호두 40g(다진 것, 선택)

꿀 2TS

무염 버터 1TS

너트메그가루 1/4ts(즉석에서 간 것)

소금 1/8ts

조립 재료

케이크에 끼얹을 꿀 또는 허니 캐러멜(139쪽 참조) 선택

생사과 케이크 만들기

1. 오븐을 175℃로 예열한다. 지름 20cm 케이크 팬 2개에 버터나 기름을 칠하고 밀가루를 살짝 입혀서 한쪽에 둔다.

2. 밀가루, 베이킹파우더, 베이킹소다, 소금, 시나몬가루, 카다멈가루를 한꺼번에 체에 쳐서 한쪽에 둔다.

3. 스탠드 믹서에 반죽용 패들을 끼운다. 믹싱볼에 포도씨유, 설탕, 레몬 제스트를 넣고 중속으로 2분 동안 믹싱한다. 속도를 중저속으로 줄이고 달걀, 달걀노른자를 한 번에 1개씩 추가한다. 믹싱을 멈추고 믹싱볼 가장자리를 주걱으로 긁어 정리한다.

4. 다시 저속으로 믹싱하면서 2의 체 친 밀가루를 세 번에 나누어 버터밀크와 번갈아 넣는다. 순서는 '밀가루-버터밀크-밀가루-버터밀크-밀가루'로 한다. 날가루가 눈에 띄지 않을 정도로 고루 섞이면 속도를 중속으로 높여 30초 더 믹싱한다. 완성된 반죽에 잘게 다진 사과를 폴딩 방식으로 섞는다.

5. 준비된 팬에 반죽을 똑같이 나누어 붓고 예열한 오븐에 넣는다. 이쑤시개로 케이크 한가운데를 찔렀다 빼도 반죽이 전혀 묻어나지 않을 때까지 24~26분 동안 굽는다. 오븐에서 꺼낸 케이크는 식힘망 위에서 10~15분쯤 식힌 다음 팬에서 빼낸다.

허니 사워크림 버터크림 만들기

6. 스탠드 믹서에 반죽용 패들을 끼우고 바닐라 스위스 머랭 버터크림을 실크처럼 매끈하게 믹싱한다. 사워크림, 꿀, 카다멈가루를 추가하고 완전히 섞일 때까지 믹싱한다.

스킬릿 오트 크럼블 만들기

7. 중불에 바닥이 두꺼운 스킬릿*을 올리고 오트밀과 호두를 넣는다. 나무 스푼으로 가끔 저어가며 고소한 냄새가 나고 노릇노릇해질 때까지 5~8분쯤 기름 없이 볶는다. 꿀, 버터, 너트메그가루, 소금을 넣고 오트밀에 양념이 고루 입혀지도록 이리저리 뒤섞으며 3~5분쯤 더 볶는다. 다 볶은 오트밀과 호두를 유산지 위에 쏟아 넓게 펼친 뒤 그대로 식힌다.

케이크 조립하기

8. 케이크가 완전히 식으면 수평으로 2등분해 두께가 똑같은 시트 4장을 만든다. 시트의 윗면을 평평하게 다듬고 바닥 시트로 쓸 것을 골라 케이크 스탠드나 서빙 접시에 올린다. L자 스패튤러로 바닥 시트 윗면에 준비한 버터크림의 1/4을 펴 바른다. 다음 시트를 올리고 똑같이 프로스팅을 바르

는 과정을 두 번 반복한 뒤 마지막 네번째 시트로 덮는다. 남은 버터크림으로 케이크 윗면을 프로스팅하고, 그 위에 스킬릿 오트 크럼블 한 줌을 넉넉히 올린다. 마지막으로 꿀이나 허니 캐러멜을 끼얹어도 좋다.

파티시에 노트

허니 사과 케이크는 냉장고에서 최장 3일까지 보관할 수 있다(25쪽 참조). 이때 스킬릿 오트 크럼블은 따로 두어야 한다.

남은 재료 활용법

스킬릿 오트 크럼블은 요거트에 뿌려 먹어도 맛있다.

시간이 없을 때

스킬릿 오트 크럼블 대신 시판 그라놀라를 사용한다.

내가 대학을 갓 졸업했을 무렵, 오빠는 나를 자기 집 다락방에 들어와 살게 해주었다. 대신 나는 오빠네 반려견을 돌보고 부엌일을 대부분 책임지기로 했다. 그때 베이킹에 대해 아무것도 모르던 내가 처음으로 배워서 구운 빵이 바로 주키니 케이크였다. 카놀라유를 듬뿍 넣은 촉촉한 케이크에 크림치즈 프로스팅을 넉넉히 발라서 완성했다. 스무 살의 나는 그때부터 빵 사랑에 빠졌다. 오빠도 내가 그런 맛있는 빵을 계속 만들어주기만 한다면 자기 집에 오래오래 머물러도 좋다고 했다. 이번에 소개할 주키니 케이크는 아주 건강한 맛은 아니지만, 염소치즈와 레몬을 더해서 좀 더 세련되고 고급스러운 맛이 난다. (적어도 내 입맛에는 그렇다는 뜻이다.) 만일 누군가의 집에 얹혀 살 일이 생긴다면, 나를 믿고 이 케이크를 만들어보시라. 틀림없이 집주인이 바짓가랑이를 붙잡고 늘어질 것이다.

주키니 케이크

케이크 팬에 바를 버터 또는 오일
　스프레이
중력분 315g + 케이크 팬에 뿌릴 여분
베이킹파우더 2ts
베이킹소다 1/2ts
소금 1/2ts
시나몬가루 1/2ts
카다멈가루 1/2ts
너트메그가루 1/4ts(즉석에서 간 것)
포도씨유 150ml
그래뉴당 300g
레몬 제스트 2ts(곱게 간 것)
달걀 3개
주키니 225g(강판에 갈아서 물기를 꼭
　짠 것)
버터밀크 3TS
레몬즙 1ts

염소치즈 프로스팅

실온 염소치즈 115g(말랑한 것)
실온 무염 버터 115g
슈거파우더 375g(체 친 것)
우유 2~3ts
바닐라 익스트랙트 1/2ts

레몬 글레이즈

슈거파우더 125g(체 친 것)
레몬즙 2~3TS
레몬 제스트 2ts(곱게 간 것)

레몬 주키니 케이크

Lemony Zucchini Cake

—

시트 4장으로 구성된 지름 15cm 케이크(10~12인분)

주키니 케이크 만들기

1. 오븐을 175°C로 예열한다. 지름 15cm 케이크 팬 4개에 버터나 기름을 칠하고 밀가루를 살짝 입혀서 한쪽에 둔다.

2. 밀가루, 베이킹파우더, 베이킹소다, 소금, 시나몬가루, 카다멈가루, 너트메그가루를 한꺼번에 체에 쳐서 한쪽에 둔다.

3. 스탠드 믹서에 반죽용 패들을 끼운다. 믹싱볼에 포도씨유, 설탕, 레몬 제스트를 넣고 중속으로 2분 동안 믹싱한다. 속도를 중저속으로 줄이고 달걀을 한 번에 1개씩 추가한다. 믹싱을 멈추고 믹싱볼 가장자리를 주걱으로 긁어 정리한다.

4. 다시 저속으로 믹싱하면서 2의 체 친 밀가루를 두 번에 나누어 넣고 고루 섞는다. 이어서 주키니, 버터밀크, 레몬즙도 추가하고 속도를 중속으로 높여 30초 더 믹싱한다.

5. 준비된 팬에 반죽을 똑같이 나누어 붓고 예열한 오븐에 넣는다. 이쑤시개로 케이크 한가운데를 찔렀다 빼도 반죽이 전혀 묻어나지 않을 때까지 24~26분 동안 굽는다. 오븐에서 꺼낸 케이크는 식힘망 위에서 10~15분쯤 식힌 다음 팬에서 빼낸다.

염소치즈 프로스팅 만들기

6. 스탠드 믹서에 반죽용 패들을 끼우고, 염소치즈와 버터를 뭉친 부분 없이 매끈해질 때까지 믹싱한다. 저속으로 계속 믹싱하면서 슈거파우더, 우유, 바닐라 익스트랙트를 천천히 추가한다. 모든 재료가 고루 섞이면 믹서의 속도를 중고속으로 높여 솜사탕처럼 가벼운 프로스팅이 될 때까지 믹싱한다.

케이크 조립하기

7. 케이크가 완전히 식으면 윗면을 평평하게 다듬고 바닥 시트로 쓸 것을 골라서 케이크 스탠드나 서빙 접시에 올린다. L자 스패튤러로 바닥 시트에 준비된 염소치즈 프로스팅의 1/3을 펴 바른다. 다음 시트를 올리고 똑같이 프로스팅을 바르는 과정을 두 번 반복한 뒤 마지막 네번째 시트로 덮는다.

레몬 글레이즈 만들기

8. 작은 볼에 슈거파우더, 레몬즙 2TS, 레몬 제스트를 넣고 거품기로 잘 휘저어 설탕을 완전히 녹인다. 글레이즈가 걸쭉하면서도 케이크 옆면으로 흘러내릴 정도가 될 때까지 레몬즙을 조금씩 추가하며 농도를 조절한다. 케이크 윗면 한가운데에 레몬 글레이즈를 붓고, L자 스패튤러로 넓게 펼쳐서 가장자리를 타고 흘러내리게 한다.

파티시에 노트

케이크를 미리 만들었을 경우, 식품용 랩에 싸서 냉장 보관한다. 글레이즈는 서빙 직전에 만든다. 남은 케이크는 냉장고에서 최장 3일까지 보관할 수 있다(25쪽 참조).

허니 무화과 케이크
Honey Fig Cake

———

시트 2장으로 구성된 지름 15cm 케이크(6~8인분)

내가 일곱 살 때, 이탈리아에서 온 파블로라는 교환 학생이 우리 집에 몇 주 동안 묵게 되었다. 20년도 더 지난 옛날 일이지만, 그 후로 나는 파블로와 친오누이처럼 지내고 있다. 지금도 그가 우리 엄마에게 가까운 생파스타 가게가 어디냐고 묻던 모습을 생생히 기억한다(당시 우리 집 근처에는 생파스타 전문점이 없었다). 이탈리아로 돌아가기 전 우리 가족을 위해 만들어준 카르보나라의 맛도 잊지 못한다.

　　우리 가족은 파블로와 오랫동안 교류하며 지냈다. 우리가 로마와 밀라노에 갔을 때도 만났고, 파블로도 미국에 올 때마다 우리를 찾았다. 파블로의 어머니는 그 옛날 아들을 따뜻하게 대해준 것에 감사하며 우리에게 손수 준비한 호화로운 전통 이탈리아식 코스 요리를 대접했다. 내가 갓 20대가 되었을 때는 파블로가 밀라노 대성당과 광장이 한눈에 내려다보이는 비밀스러운 루프탑 카페로 나와 내 친구를 데려가 맛있는 술과 안주를 사주었다. 내 결혼식 때도 파블로는 아내와 함께 캘리포니아까지 날아와주었을 뿐 아니라 이탈리아어로 축복 기도문을 낭송해주기까지 했다. 이 케이크는 나의 '이탈리아 오빠'에게 바치는 감사의 선물이다.

허니 요거트	폴렌타 올리브오일 케이크	타임 시럽
플레인 그릭 요거트 1통(907g)	케이크 팬에 바를 버터 또는 오일 스프레이	그래뉴당 65g
꿀 2~3TS	중력분 155g + 케이크 팬에 뿌릴 여분	생타임 5~8줄기
	베이킹파우더 1½ls	
	소금 1/4ts	**조립 재료**
	고운 폴렌타(옥수숫가루) 135g	무화과 6~8개(세로로 8등분한 것)
	실온 무염 버터 55g	
	그래뉴당 100g	
	올리브오일 60ml	
	꿀 60ml	
	달걀 2개	
	달걀노른자 2개	
	우유 75ml	

허니 요거트 만들기

1. 스테인리스 거름망 위에 면포를 두 겹으로 겹쳐서 깐 뒤 볼 위에 걸쳐놓는다. 여기에 요거트 한 통을 모두 쏟아붓는다. 이 상태 그대로 냉장고에 4시간쯤 넣어두고, 중간에 한 번 고루 뒤섞는다. 수분이 거의 빠진 요거트를 면포로 감싼 뒤 힘껏 비틀어 짜서 남은 수분마저 최대한 제거한다. 이때 요거트까지 빠져나가지 않게 주의하고, 요거트에서 짜낸 물은 버린다.

2. 수분을 제거한 요거트에 꿀을 넣고 잘 섞는다.

폴렌타 올리브오일 케이크 만들기

3. 오븐을 175°C로 예열한다. 지름 15cm 케이크 팬 2개에 버터나 기름을 칠하고 밀가루를 살짝 입혀서 한쪽에 둔다.

4. 밀가루, 베이킹파우더, 소금을 한꺼번에 체에 친 뒤 폴렌타와 섞어서 한쪽에 둔다.

5. 스탠드 믹서에 반죽용 패들을 끼우고, 버터를 중속으로 믹싱해 덩어리 없이 매끈한 상태로 만든다. 설탕, 올리브오일, 꿀을 추가하고, 믹서의 속도를 중고속으로 높여 3~5분 동안 더 믹싱한다. 믹싱을 멈추고 믹싱볼 가장자리를 주걱으로 정리한다.

6. 다시 중저속으로 믹싱하면서 달걀과 달걀노른자를 한 번에 1개씩 넣는다. 믹싱을 멈추고 믹싱볼 가장자리를 주걱으로 정리한다.

7. 다시 저속으로 믹싱하면서 4의 체 친 밀가루를 세 번에 나누어 우유와 번갈아 넣는다. 순서는 '밀가루-우유-밀가루-우유-밀가루'로 한다. 날가루가 보이지 않을 정도로 섞이면 속도를 중속으로 높여서 30초 더 믹싱한다.

8. 준비된 팬에 반죽을 똑같이 나누어 붓고 예열한 오븐에 넣는다. 이쑤시개로 케이크 한가운데를 찔렀다 빼도 반죽이 전혀 묻어나지 않을 때까지 23~25분 동안 굽는다. 오븐에서 꺼낸 케이크는 식힘망 위에서 10~15분쯤 식힌 다음 팬에서 빼낸다.

타임 시럽 만들기

9. 소스팬에 물 80ml와 설탕을 넣고 중강불에 올린다. 끓기 시작하면 불을 약하게 줄인 뒤 타임을 넣고 8분쯤 졸인다. 불에서 내려 바로 식힌다. 사용 전에 시럽을 거름망에 밭여 타임은 버린다.

케이크 조립하기

10. 케이크가 완전히 식으면 바닥 시트로 쓸 것을 골라 케이크 스탠드나 서빙 접시에 올린다. 스푼이나 L자 스패튤러로 준비된 허니 요거트의 1/2을 펴 바른다. 그 위에 다음 시트를 올리고 윗면을 남은 요거트로 프로스팅한다. 그 위에 무화과를 올리고 제과용 붓으로 무화과의 잘린 면에 타임 시럽을 듬뿍 바른다. 케이크 위에 시럽을 한 스푼 더 고루 끼얹는다.

파티시에 노트

타임 시럽은 미리 만들어서 유리병에 담아 냉장고에 넣어두면 최장 일주일까지 보관이 가능하다. 조립을 마친 케이크는 곧바로 먹는 것이 좋지만, 이틀까지는 냉장고에 보관할 수 있다. 이 경우 서빙하기 30분 전에 미리 꺼내둔다(25쪽 참조).

남은 재료 활용법

타임 시럽은 아이스티나 레모네이드에 넣어도 되고, 상큼한 칵테일을 만들 때 써도 좋다.

가토 오 프랑부아즈*

Gâteau aux Framboises

———

시트 3장으로 구성된 지름 15cm 케이크(8~10인분)

나의 프랑스 사랑은 첫 방문 이후 10년이 지난 뒤에야 시작되었다. 처음 프랑스를 간 것은 열다섯 살 여름 방학에 가족과 함께 떠난 유럽 여행 때였다. 오빠와 어머니, 아버지, 외할머니, 외할아버지, 그리고 나는 3주 동안 정말 멋진 기차 여행을 했다. 독일 악센트를 흉내내는 데 재미를 붙인 필리핀 출신의 외할아버지와 베네치아 운하에서 곤돌라를 타는 것조차 무서워서 벌벌 떠는 오빠 사이에서 어떻게 모두 무사히 여행을 마쳤는지 지금 생각해도 신기하다.

　　그때 나는 너무 어려서 지금의 내가 그토록 사랑하게 된 프랑스 문화를 제대로 누리지 못했다. 파리의 어느 기차역에 도착해서 알록달록한 프랑스식 마카롱을 처음 보고 그게 무엇인지도 몰랐다. 하물며 훗날 내가 마카롱 장인이 되고 싶어할 거라고는 꿈에도 몰랐을 것이다. 아무튼 그러려면 다시 프랑스에 가야 한다. 프랑스의 예술, 패션, 특히 제과·제빵의 세계는 내 일은 물론 사적인 삶에도 이미 어마어마한 영향을 끼쳤다. 나는 별난 가족들에게 억지로 끌려다니던 10대 소녀가 아닌 전문 파티시에로서 파리라는 도시를 샅샅이 탐색하는 날이 곧 오기를 간절히 바란다. 그때까지는 가토 오 프랑부아즈를 먹으며 파리에 대한 그리움을 채울 것이다. 아몬드, 피스타치오, 생라즈베리 등 클래식한 프랑스식 풍미를 조합한 이 케이크는 파리의 제과점이나 찻집에서 볼 법한 다양한 디저트들을 떠오르게 한다.

아몬드 스펀지 케이크	피스타치오 버터크림	조립 재료
케이크 팬에 바를 버터 또는 오일 스프레이	바닐라 스위스 머랭 버터크림 480ml (41쪽 참조)	생라즈베리 375g
슈거파우더 85g(체 친 것)	피스타치오 페이스트 60ml	장식용 슈거파우더 약간
달걀 4개		
바닐라 익스트랙트 1ts		
아몬드가루 115g		
중력분 65g		
베이킹파우더 1ts		
소금 1/8ts		
레몬 제스트 1ts(곱게 간 것)		
무염 버터 2TS(녹인 것)		
달걀흰자 4개		
그래뉴당 50g		
타르타르크림 3/4ts		

아몬드 스펀지 케이크 만들기

1. 오븐을 190°C로 예열한다. 25×38cm 크기의 사각 케이크 팬(파티시에 노트 참조)에 버터나 기름을 칠하고, 유산지를 팬보다 사방 5cm 이상 더 큰 크기로 잘라서 팬 안쪽에 깔아둔다.

2. 커다란 볼에 슈거파우더, 달걀, 바닐라 익스트랙트를 넣고 거품기로 충분히 휘저어 섞는다. 거품기를 들어올렸을 때 뽀얀 혼합물이 선처럼 길게 이어질 정도가 되면, 체 친 아몬드가루와 밀가루, 베이킹파우더, 소금, 레몬 제스트를 넣고 모든 재료가 완전히 어우러질 때까지 믹싱한다. 마지막으로 버터를 넣고 잘 섞는다.

3. 스탠드 믹서에 거품기를 끼우고, 달걀흰자를 깨끗한 믹싱볼에 붓고 중저속으로 휘핑한다. 하얗고 풍부한 거품이 생기기 시작하면 그래뉴당과 타르타르크림을 추가하고 속도를 고속으로 높인다. 거품기를 들어올렸을 때 머랭의 끝부분이 단단하고 뾰족한 모양을 띠면 다 된 것이다.

4. 아몬드 케이크 반죽에 머랭을 조심스럽게 폴딩해서 섞는다. 준비된 팬에 반죽을 붓고 L자 스패튤러로 고르게 펼친 뒤 예열한 오븐에서 5~10분 동안 굽는다. 케이크 표면을 살짝 눌렀을 때 탄력이 느껴지면 다 구워진 것이다. 오븐에서 꺼낸 케이크는 10~15분쯤 식힘망 위에서 식힌다.

피스타치오 버터크림 만들기

5. 스탠드 믹서에 반죽용 패들을 끼우고, 버터크림을 실크처럼 매끈해질 때까지 믹싱한다. 다른 믹싱볼에 피스타치오 페이스트를 넣고 거품기로 충분히 휘핑한 다음 버터크림에 고루 섞는다.

케이크 조립하기

6. 아몬드 케이크가 완전히 식으면 유산지의 양쪽 끝부분을 쥐고 조심스럽게 팬에서 빼낸다. 큰 도마나 깨끗한 조리대 위에 거꾸로 뒤집어놓고 유산지를 벗겨낸다. 지름 15cm 무스 링을 이용해 동그란 케이크 시트 3장을 찍어낸다.

7. 케이크 받침이나 접시 위에 무스 링을 놓고, 그 안에 바닥 시트를 넣는다. 원형 깍지를 끼운 짤주머니에 피스타치오 버터크림을 채워넣는다. 바닥 시트 위에 버터크림 약 120ml를 파이핑한다. 빈 공간이 생기지 않도록 무스 링의 벽면을 밀어내듯이 짜준다.

8. 버터크림 위에 라즈베리를 촘촘하게 올린 다음, 버터크림 120ml를 다시 파이핑해서 라즈베리 사이사이의 빈 공간을 메운다. 두 번째 시트를 올리고 똑같은 과정을 반복한 뒤 세번째 시트로 덮는다. 식품용 랩을 헐렁하게 씌워서 냉장고에 20~30분쯤 넣어 버터크림을 굳힌다.

9. 버터크림이 굳으면 무스 링을 조심스럽게 빼낸다. 서빙 전에 슈거파우더를 케이크 위에 넉넉하게 뿌린다.

파티시에 노트

케이크와 무스 링 사이로 금속 스패튤러를 조심스럽게 밀어넣고 한 바퀴 빙 두르면 무스 링을 빼내기 쉬워진다.
가로세로 25×38cm 크기의 사각 케이크 팬을 이용하면 지름 15cm 원형 시트 3장을 정확히 얻을 수 있다. 이보다 약간 작은 23×33cm 케이크 팬을 쓸 경우, 지름 15cm 원형 시트 2장과 반원형 시트 2장이 나온다. 반원형 시트는 2장을 붙여서 원형으로 만들고 가운데 시트로 쓴다.
가토 오 프랑부아즈는 냉장고에서 최장 3일까지 보관할 수 있다(25쪽 참조).

스위트 티 케이크

Sweet Tea Cake

시트 3장으로 이루어진 지름 15cm 케이크(10~12인분)

몇 년 전 나는 요리책 출간을 준비하는 친구를 돕기 위해 테네시주 내슈빌에 가게 되었다. 나도 미국 사람이지만 그 지역은 처음이라 음식을 비롯한 남부 특유의 매력을 제대로 느껴보겠다는 기대에 부풀었다. 하지만 안타깝게도 여행은 짧게 끝났고, 일 말고 다른 것에 신경 쓸 틈이 없었다. 그래서 나는 여전히 미국 남부 스타일이 무엇인지 잘 알지 못한다.

확실히 기억나는 건 내가 묵었던 집 안주인이 매우 밝고 명랑한 사람이었다는 것뿐이다. 바로 이 스위트 티 케이크처럼 말이다. 바닐라빈이 콕콕 박힌 프로스팅과 설탕 시럽을 입힌 레몬 슬라이스의 밝고 상큼함에 스위트 티 버터크림 필링에서 느껴지는 약간의 도도함이 조화를 이룬 케이크다. 남부 사람이라고 모두 날마다 발코니에 앉아 달콤한 차를 홀짝거리지는 않을 것이다. 하지만 내가 상상하는 따스한 햇살이 내리쬐는 늦은 오후의 남부 풍경은 바로 이 케이크처럼 낭만적이다.

레몬 설탕 조림

레몬 2개(씨를 빼고 얇게 슬라이스한
　것)
그래뉴당 300g

스위트 티 버터크림

그래뉴당 100g
홍차 티백 5개
바닐라 스위스 머랭 버터크림 1L
　(41쪽 참조)

바닐라빈 버터크림

남은 바닐라 스위스 머랭 버터크림
바닐라빈 페이스트 1/2ts

레몬 버터 케이크

케이크 팬에 바를 버터 또는 오일
　스프레이
박력분 295g + 케이크 팬에 뿌릴 여분
베이킹파우더 2½ts
베이킹소다 1/2ts
소금 1/2ts
그래뉴당 300g
레몬 제스트 2TS(곱게 간 것)
무염 버터 170g
바닐라 익스트랙트 1ts
달걀노른자 4개
버터밀크 240ml

레몬 설탕 조림 만들기

1. 한쪽에 얼음물을 준비해둔다.

2. 넓고 깊지 않은 소스팬에 360ml의 물을 부어 불에 올린다. 물이 팔팔 끓으면 슬라이스한 레몬을 넣고 약 1분 동안 데친 뒤 건져서 얼음물에 담근다.

3. 불을 약하게 줄이고 끓는 물에 설탕을 넣고 잘 휘저어 녹인다. 얼음물에 담가둔 레몬을 다시 설탕물에 넣고 30분쯤 뭉근히 조린다. 설탕에 조린 투명한 레몬을 식힘망 위로 옮겨서 대강 말린다. 이후 유산지 위에 펼쳐놓고 적어도 2~4시간 또는 하룻밤 동안 완전히 말린다.

레몬 버터 케이크 만들기

4. 오븐을 175°C로 예열한다. 지름 15cm 케이크 팬 3개에 버터나 기름을 칠하고 밀가루를 살짝 입혀서 한쪽에 둔다.

5. 밀가루, 베이킹파우더, 베이킹소다, 소금을 한꺼번에 체에 쳐서 한쪽에 둔다.

6. 작은 볼에 설탕과 레몬 제스트를 넣고 손끝으로 조물조물 버무려서 레몬향이 충분히 우러나게 한다.

7. 스탠드 믹서에 반죽용 패들을 끼우고, 버터를 중속으로 매끈해질 때까지 믹싱한다. 여기에 6의 레몬 설탕을 추가하고 속도를 중고속으로 높여 버터가 솜사탕처럼 가벼운 질감이 날 때까지 3~5분 동안 믹싱한다. 믹싱을 멈추고 믹싱볼 가장자리를 주걱으로 정리한다.

8. 다시 중저속으로 믹싱하면서 바닐라 익스트랙트에 이어 달걀노른자를 한 번에 1개씩 넣는다. 믹싱을 멈추고 믹싱볼 가장자리를 주걱으로 정리한다.

9. 다시 저속으로 믹싱하면서 5의 체 친 밀가루를 세 번에 나누어 버터밀크와 번갈아 넣는다. 순서는 '밀가루-버터밀크-밀가루-버터밀크-밀가루'로 한다. 날가루가 보이지 않을 정도로 섞이면 속도를 중속으로 높여서 30초 더 믹싱한다.

10. 준비된 팬에 반죽을 똑같이 나누어 붓고 예열한 오븐에 넣는다. 이쑤시개로 케이크 한가운데를 찔렀다 빼도 반죽이 전혀 묻어나지 않을 때까지 22~24분 동안 굽는다. 오븐에서 꺼낸 케이크는 식힘망 위에서 10~15분쯤 식힌 다음 팬에서 빼낸다.

스위트 티 버터크림 만들기

11. 소스팬에 물 240ml와 설탕을 넣고 중강불에 올린다. 끓기 시작하면 불을 약하게 줄이고 꼬리표를 떼어낸 홍차 티백을 넣고 8분쯤 뭉근하게 끓여서 향을 우려낸다. 티백을 조심스럽게 건진 다음, 남은 홍차 설탕물의 양이 60ml 정도로 줄어들 때까지 20~30분 동안 계속 졸인다. 완성된 시럽을 불에서 내려 식힌다.

12. 스탠드 믹서에 반죽용 패들을 끼우고, 버터크림 360ml를 실크처럼 매끈하게 믹싱한다. 여기에 11의 시럽 3TS을 넣고 완전히 섞이도록 믹싱한 뒤 다른 볼에 옮겨 담는다. 믹싱볼을 깨끗이 닦는다.

바닐라빈 버터크림 만들기

13. 반죽용 패들이 장착된 스탠드 믹서로 남은 버터크림과 바닐라빈 페이스트를 매끈하게 믹싱한다.

케이크 조립하기

14. 케이크가 완전히 식으면 윗면을 평평하게 다듬고 바닥 시트로 쓸 것을 골라 케이크 스탠드나 서빙 접시에 올린다. L자 스패튤러로 시트 위에 준비된 스위트 티 버터크림의 1/2을 펴 바른다. 두번째 시트를 올리고 남은 스위트 티 버터크림을 바른 뒤 세번째 시트로 덮는다. 바닐라빈 버터크림으로 케이크 전체를 프로스팅하고 레몬 설탕 조림으로 장식한다.

파티시에 노트

스위트 티 케이크는 냉장고에서 최장 4일까지 보관할 수 있으며 냉동 보관도 가능하다(25쪽 참조). 레몬 설탕 조림은 따로 보관한다.

데커레이션 팁

케이크의 윗면과 옆면을 바닐라빈 버터크림으로 매끈하게 프로스팅한다. 작은 원형 깍지를 끼운 짤주머니에 남은 버터크림을 채워서 케이크 옆면을 빙 둘러가며 세로 줄무늬를 파이핑한다(36쪽 참조). 파이핑은 케이크의 위쪽에서부터 시작한다. 먼저 윗면 가장자리에 일정한 압력으로 크림을 약간 짠 뒤 위로 살짝 들어올리면서 케이크 옆면을 따라 일직선으로 쭉 내려오며 세로줄을 파이핑한다. 이때 세로줄이 케이크 옆면에 달라붙기 전에 살짝 떠 있는 느낌이어야 한다. 처음부터 표면에 대고 직접 파이핑하지 않는다. 마지막으로 세로줄의 양쪽 끝(케이크 윗면과 바닥)에 도트 무늬를 파이핑한다(37쪽 참조). 같은 방식으로 6~12mm의 간격의 세로줄을 계속 파이핑해서 케이크 옆면을 모두 메운다. 레몬 설탕조림을 케이크 윗면에 올려 장식하거나, 서빙할 때 케이크 한 조각에 1개씩 얹어서 낸다.

나에게 복숭아는 애증의 과일이다. 지금은 이 과일이 모두 똑같을 수 없다는 걸 인정한다. 아마도 내가 사는 지역의 문제겠지만, 이곳의 복숭아는 겉보기는 훌륭해도 맛은 내가 원하는 수준에 미치지 못할 때가 많다. 하지만 어쩌다가 정말 향기롭고 과즙이 풍부한 복숭아를 찾아내면 세상에서 가장 맛있는 음식이란 생각이 들 정도다!

나는 잘 익은 복숭아를 듬뿍 올린 케이크를 만들고 싶었다. 늦여름 농산물 직거래 시장에서 사온 맛있는 복숭아로 만든 케이크 말이다. 이번 레시피에서는 복숭아 본연의 맛을 살리기 위해 복숭아를 오븐에 굽지 않고 그대로 케이크 위에 올렸다. 여기에 복숭아 글레이즈로 각종 향신료가 들어간 케이크의 맛을 극대화했고, 로즈메리향을 입힌 잣으로 오독오독한 식감을 더했다.

스파이스 케이크

케이크 팬에 바를 버터 또는 오일
   스프레이
박력분 360g + 케이크 팬에 뿌릴 여분
무가당 코코아가루 1TS
시나몬가루 1TS
베이킹파우더 2ts
생강가루 1ts
베이킹소다 1ts
소금 1/2ts
너트메그가루 1/2ts(즉석에서 간 것)
정향가루 1/4ts
실온 무염 버터 170g
포도씨유 60ml
그래뉴당 400g
바닐라 익스트랙트 1ts
달걀 4개
버터밀크 300ml

복숭아 글레이즈

복숭아잼 240ml
시나몬가루 1/2ts
생강가루 1/2ts
너트메그가루 1/8ts(즉석에서 간 것)

로즈메리향 잣

잣 65g
꿀 1TS
로즈메리 1ts(말린 것)
소금 1/4ts

캐러멜 크림치즈 프로스팅

크림치즈 115g(말랑한 것)
바닐라 스위스 머랭 버터크림 480ml
   (41쪽 참조)
솔티드 캐러멜 소스 60ml(43쪽 참조)

조립 재료

잘 익은 복숭아 1~2개(슬라이스한 것)

복숭아 스파이스 케이크

Peach Spice Cake

—

시트 2장으로 구성된 지름 20cm 케이크(12~15인분)

스파이스 케이크 만들기

1. 오븐을 175°C로 예열한다. 지름 20cm 분리형 케이크 팬(파티시에 노트 참조) 2개에 버터나 기름을 칠하고 밀가루를 살짝 입혀서 한쪽에 둔다.

2. 밀가루, 코코아가루, 시나몬가루, 베이킹파우더, 생강가루, 베이킹소다, 소금, 너트메그가루, 정향가루를 한꺼번에 체에 쳐서 한쪽에 둔다.

3. 스탠드 믹서에 반죽용 패들을 끼우고, 버터를 중속으로 믹싱해 매끈하게 만든다. 포도씨유와 설탕을 추가한 뒤 속도를 중고속으로 높여 3분 동안 더 믹싱한다. 속도를 중저속으로 낮추고, 바닐라 익스트랙트에 이어 달걀을 한번에 1개씩 넣는다. 믹싱을 멈추고 믹싱볼 가장자리를 주걱으로 긁어 정리한다.

4. 다시 저속으로 믹싱하면서 2의 체 친 밀가루를 세 번에 나누어 버터밀크와 번갈아 넣는다. 순서는 '밀가루-버터밀크-밀가루-버터밀크-밀가루'로 한다. 중저속으로 30초 더 믹싱해서 고루 섞는다.

5. 준비된 팬에 반죽을 똑같이 나누어 붓고 예열한 오븐에 넣는다. 이쑤시개로 케이크 한가운데를 찔렀다 빼도 반죽이 전혀 묻어나지 않을 때까지 25~28분 동안 굽는다.

복숭아 글레이즈 만들기

6. 케이크가 구워지는 동안, 소스팬에 잼, 시나몬가루, 생강가루, 너트메그가루를 넣고 중불에 올려 잼이 녹을 때까지 5~8분쯤 가열한다. 시럽처럼 걸쭉해진 혼합물을 촘촘한 거름망에 걸러서 고형물을 제거한다.

7. 오븐에서 갓 꺼낸 케이크 2개 위에 따뜻한 복숭아 글레이즈를 고르게 끼얹는다. 그대로 식힘망 위에 올려 완전히 식힌 뒤 케이크를 팬에서 분리한다.

로즈메리향 잣 만들기

8. 바닥이 두꺼운 스킬릿®을 중강불로 달군다. 불을 살짝 줄이고 잣을 부어 3~5분쯤 볶는다. 고소한 향이 올라오고 연한 갈색이 돌기 시작하면 꿀, 로즈메리, 소금을 넣고 양념이 잣에 고루 입혀지도록 이리저리 뒤섞으며 3~5분쯤 더 볶는다. 불에서 내려 유산지 위에 잣을 펼쳐놓고 10분쯤 수분을 날리면서 식힌다.

캐러멜 크림치즈 프로스팅 만들기

9. 스탠드 믹서에 반죽용 패들을 끼우고 크림치즈를 중속으로 매끈하게 믹싱한다. 버터크림과 캐러멜 소스를 넣고 완전히 섞일 때까지 계속 믹싱한다.

케이크 조립하기

10. 바닥 시트로 쓸 것을 골라 케이크 스탠드나 서빙 접시에 올린다. L자 스패튤러로 준비된 캐러멜 크림치즈의 1/2을 퍼 바른 뒤 나머지 시트로 덮는다. 케이크 윗면을 남은 크림치즈로 프로스팅한다. 슬라이스한 복숭아를 올리고, 로즈메리향 잣을 한 줌 넉넉히 뿌려 장식한다.

파티시에 노트

이번 레시피에서 분리형 케이크 팬을 쓴 이유는 복숭아 글레이즈를 끼얹은 케이크를 좀 더 쉽게 빼내기 위해서다. 일반 케이크 팬을 사용할 경우엔 반죽을 붓기 전에 안쪽에 유산지를 깔고, 나중에 팬에서 케이크를 분리할 때도 거꾸로 뒤집지 말고 유산지를 살살 들어올려서 뺀다.

복숭아 스파이스 케이크는 냉장고에서 최장 3일까지 보관할 수 있다(25쪽 참조). 복숭아와 로즈메리향 잣은 따로 보관한다.

살구 당근 케이크
Apricot Carrot Cake

———

시트 2장으로 구성된 지름 15cm 케이크(6~8인분)

나는 베이킹에서 반드시 어떻게 해야 한다는 원칙 같은 게 별로 없다. 물론 과학적으로 꼭 지켜야 할 수칙은 있지만, 레시피 개발과 창작에 있어 가능한 한 제한을 두지 않으려고 애쓰는 편이다. 나에게 요리 철학이 있다면 계절에 맞는 제철 재료를 최대한 이용하는 것이다. 재료 맛 자체가 뛰어나면, 그 재료로 만든 최종 결과물의 맛은 훨씬 더 훌륭할 것이다. 이건 아주 당연한 이치다.

　　나는 동네 시장 구경을 좋아하고 신선한 제철 식품에서 많은 영감을 얻는다. 알록달록 예쁜 색색의 당근을 처음 발견했던 날, 나는 운명처럼 그 당근을 무조건 사가야 할 것 같은 느낌이 들었다. 이번 당근 케이크는 바로 그날의 결과물이다. 요거트와 부드러운 스펠트밀로 만든 이 케이크는 말린 살구와 꿀로 단맛을 냈다. 시나몬향이 은은한 마스카르포네 프로스팅은 깜짝 놀랄 만큼 크리미하고, 평범한 일상을 작은 축제로 만들 정도의 힘을 발휘한다.

살구 당근 케이크	시나몬 마스카르포네 프로스팅	허니 캐러멜
케이크 팬에 바를 버터 　또는 오일 스프레이	실온 무염 버터 4TS(55g)	그래뉴당 100g
흰 스펠트밀 또는 중력분 225g 　+ 케이크 팬에 뿌릴 여분	슈거파우더 125g(체 친 것)	꿀 60ml
베이킹파우더 1ts	바닐라빈 페이스트 1ts	헤비크림 120ml
시나몬가루 1ts	시나몬가루 1/4ts	무염 버터 2TS(깍둑 썬 것)
베이킹소다 1/2ts	마스카르포네 치즈 160ml(말랑한 것)	바닐라빈 페이스트 1/2ts
소금 1/2ts		
오트 브랜(귀리 기울) 15g		
플레인 요거트 240ml		
꿀 160ml		
무염 버터 6TS(85g, 녹인 것)		
달걀 1개		
포도씨유 2TS		
바닐라 익스트랙트 　또는 바닐라빈 페이스트 1ts		
당근 165g(잘게 썬 것)		
건살구 45g(잘게 다진 것)		

살구 당근 케이크 만들기

1. 오븐을 175°C로 예열한다. 지름 15cm 케이크 팬 2개에 버터나 기름을 칠하고 밀가루를 살짝 입혀서 한쪽에 둔다.

2. 밀가루, 베이킹파우더, 시나몬가루, 베이킹소다, 소금을 한꺼번에 체에 친다. 오트 브랜과 고루 섞어서 한쪽에 둔다.

3. 큰 볼에 요거트, 꿀, 버터, 달걀, 포도씨유, 바닐라를 넣고 고루 섞는다. 이것을 2의 마른 가루에 두 번에 나누어 섞는다. 이어서 당근과 살구를 넣고 폴딩해 섞는다.

4. 준비된 팬에 반죽을 똑같이 나누어 붓고 예열한 오븐에 넣는다. 이쑤시개로 케이크 한가운데를 찔렀다 빼도 반죽이 전혀 묻어나지 않을 때까지 26~28분 동안 굽는다. 오븐에서 꺼낸 케이크는 식힘망 위에서 10~15분쯤 식힌 다음 팬에서 빼낸다.

시나몬 마스카르포네 프로스팅 만들기

5. 스탠드 믹서에 반죽용 패들을 끼우고 버터를 중속으로 매끈하게 믹싱한다. 속도를 저속으로 줄여 계속 믹싱하면서 슈거파우더, 바닐라빈 페이스트, 시나몬가루를 천천히 추가해 고루 섞이게 한다. 속도를 중고속으로 높여서 솜사탕처럼 가벼운 질감의 프로스팅이 될 때까지 계속 믹싱한다. 믹싱을 멈추고 믹싱볼 가장자리를 주걱으로 긁어 정리한다. 마스카르포네 치즈를 넣고 완전히 섞일 때까지 저속으로 믹싱한다. 지나치게 오래 믹싱하지 않도록 주의한다.

허니 캐러멜 만들기

6. 소스팬에 설탕, 꿀, 물 1TS을 넣고 중불에 올린다. 혼합물의 온도가 152°C에 이르러 황갈색으로 변하면서 부글거리던 거품이 점점 잦아들기 시작하면 불에서 내린 뒤 크림을 조금씩 흘려넣으면서 거품기로 휘저어 고루 섞는다. 버터와 바닐라빈 페이스트를 넣고 잘 저어 녹인다. 내열 그릇에 옮겨 담아 실온에서 식힌다.

케이크 조립하기

7. 케이크가 완전히 식으면, 바닥 시트로 쓸 것을 골라 케이크 스탠드나 서빙 접시에 올린다. L자 스패튤러나 스푼으로 준비된 마스카르포네 프로스팅의 1/2을 시트에 펴 바른다. 나머지 시트로 덮고 남은 프로스팅을 올린다. 허니 캐러멜 60ml를 프로스팅 위에 고루 끼얹는다.

8. 케이크를 한 조각씩 서빙할 때 허니 캐러멜을 더 끼얹어 내도 좋다.

파티시에 노트

살구 당근 케이크는 냉장고에서 최장 3일까지 보관할 수 있다(25쪽 참조).

남은 재료 활용법

허니 캐러멜을 냉장고에 넣어두고 아이스크림에 끼얹거나 커피에 섞어 먹으면 맛있다!

에스프레소 호두 케이크는 최근에 내가 가장 좋아하는 디저트 중 하나가 되었다. 나른한 오후의 커피 한 잔과 무척 잘 어울리는 이 케이크는 흰 설탕과 흰 밀가루의 대체재를 사용해서 죄책감을 조금 덜 느끼며 즐길 수 있다. 지나치게 달지 않으며, 톡 쏘는 사워크림과 달콤쌉싸름한 에스프레소의 서로 상반되는 맛과 향이 완벽한 조화를 이룬다. 시트는 꽉 찬 느낌이면서도 촉촉하고, 고소한 견과의 향이 가득하다.

에스프레소 가나슈

헤비크림 120ml

커피 원두 1½TS(거칠게 빻거나 간 것)

다크초콜릿 170g(굵게 다진 것)

에스프레소 호두 케이크

케이크 팬에 바를 버터 또는 오일 스프레이

통밀 박력분 240g + 케이크 팬에 뿌릴 여분

흰 스펠트밀 또는 중력분 130g

베이킹파우더 2½ts

소금 1/2ts

호둣가루 40g

커피 180ml(진하게 추출한 것)

우유 60ml

실온 무염 버터 225g

갈색설탕 110g

현미 조청 240ml(145쪽 파티시에 노트 참조)

바닐라빈 페이스트 1ts

달걀 2개

달걀노른자 1개

호두 90g(굵게 다진 것)

사워크림 버터크림

바닐라 스위스 머랭 버터크림 1L (41쪽 참조)

사워크림 80ml

카다멈가루 1/4ts

에스프레소 버터크림

남은 바닐라 스위스 머랭 버터크림

에스프레소 2TS(차갑게 식힌 것)

조립 재료

초콜릿으로 코팅한 커피 원두(선택)

에스프레소 호두 케이크

Espresso Walnut Cake

—

시트 3장으로 구성된 지름 20cm 케이크(10~12인분)

에스프레소 가나슈 만들기

1. 헤비크림을 소스팬에 부어 중약불에 올린다. 약하게 끓기 시작하면 거칠게 간 커피 원두를 넣고 불에서 내린 뒤 내열 그릇에 옮겨 담아 곧장 냉장고에서 2~3시간 동안 차갑게 식힌다.

2. 차가운 크림을 거름망에 밭여 다시 소스팬에 옮긴 뒤 중약불로 뭉근히 데운다. 초콜릿을 내열 그릇에 담아 준비한다. 뜨거운 크림을 초콜릿 위에 붓고 30초쯤 그대로 두었다가 거품기로 잘 휘저어 섞는다. 걸쭉해질 때까지 식힌다.

에스프레소 호두 케이크 만들기

3. 오븐을 175℃로 예열한다. 지름 20cm 케이크 팬 3개에 버터나 기름을 칠하고 밀가루를 살짝 입혀서 한쪽에 둔다.

4. 2종류의 밀가루, 베이킹파우더, 소금을 한꺼번에 체에 친 다음 호둣가루와 고루 섞어서 한쪽에 둔다.

5. 커피와 우유를 섞어서 한쪽에 둔다.

6. 스탠드 믹서에 반죽용 패들을 끼우고 버터를 중속으로 매끈하게 믹싱한다. 설탕을 추가하고 2~3분쯤 더 믹싱한다. 현미 조청을 추가하고 고루 섞일 때까지 믹싱한다. 믹싱을 멈추고 믹싱볼 가장자리를 주걱으로 긁어 정리한다.

7. 다시 중저속으로 믹싱하면서 바닐라빈 페이스트에 이어 달걀과 달걀노른자를 한 번에 1개씩 추가한다. 믹싱을 멈추고 믹싱볼 가장자리를 주걱으로 긁어 정리한다.

8. 다시 저속으로 믹싱하면서 4의 체 친 밀가루를 세 번에 나누어 5의 커피 혼합물과 번갈아 넣는다. 순서는 '밀가루-커피-밀가루-커피-밀가루'로 한다. 날가루가 보이지 않을 정도로 섞이면 속도를 중속으로 높여서 30초 더 믹싱한다. 반죽에 다진 호두를 폴딩해서 섞는다.

9. 준비된 팬에 반죽을 똑같이 나누어 붓고 예열한 오븐에 넣는다. 이쑤시개로 케이크 한가운데를 찔렀다 빼도 반죽이 전혀 묻어나지 않을 때까지 24~26분 동안 굽는다. 오븐에서 꺼낸 케이크는 식힘망 위에서 10~15분쯤 식힌 다음 팬에서 빼낸다.

사워크림 버터크림 만들기

10. 스탠드 믹서에 반죽용 패들을 끼우고, 버터크림 300ml를 실크처럼 매끈하게 믹싱한다. 사워크림과 카다멈가루를 넣고 완전히 섞일 때까지 믹싱한 뒤 다른 볼에 옮겨 담는다. 믹싱볼을 깨끗이 닦는다.

에스프레소 버터크림 만들기

11. 반죽용 패들을 끼운 스탠드 믹서로 남은 바닐라 스위스 머랭 버터크림을 실크처럼 매끈하게 믹싱한다. 에스프레소 가나슈 3TS과 차갑게 식힌 에스프레소 2TS을 넣고 고루 섞이도록 믹싱한다.

케이크 조립하기

12. 케이크가 완전히 식으면 윗면을 평평하게 다듬은 뒤 바닥 시트로 쓸 것을 골라 케이크 스탠드나 서빙 접시에 올린다. L자 스패튤러로 시트 위에 남은 에스프레소 가나슈의 1/2을 펴 바르고, 그 위에 준비된 사워크림 버터크림의 1/2을 바른다. 두번째 시트를 올리고 똑같은 과정을 반복한 다음 마지막 시트로 덮는다. 케이크 윗면과 옆면을 에스프레소 버터크림으로 프로스팅하고, 초콜릿으로 코팅한 커피 원두로 장식한다.

데커레이션 팁

작은 L자 스패튤러로 케이크 옆면에 물결무늬를 넣는다. 31쪽의 회오리 피니시 기법을 참조해서 스패튤러를 수평이 되게 쥐고 케이크 옆면에 닿는 끝부분을 물결치듯 위아래로 조금씩 움직이며 프로스팅한다. 케이크 윗면은 매끈하게 프로스팅하거나 회오리 무늬를 넣는다. 장식용 커피 원두를 일정한 간격으로 올리려면 먼저 12시 방향에 첫번째 원두를, 맞은편 6시 방향에 두번째 원두를 올린다. 이어서 3시와 9시 방향에도 원두를 각각 올린다. 4개의 원두 사이에 똑같은 간격을 두고 나머지 원두를 배치한다.

파티시에 노트

현미 조청이 없을 경우, 그래뉴당 150g과 메이플시럽 60ml로 대신할 수 있다.
에스프레소 호두 케이크는 냉장고에서 최장 3일까지 보관할 수 있고, 냉동 보관도 가능하다(25쪽 참조).

블러드오렌지 타임 케이크는 겉과 속 모두 생동감이 넘치는 생생한 느낌의 디저트다. 여름날의 브런치나 친구들과의 가벼운 티타임에 어울리는, 지나치게 달지 않은 케이크를 만들고 싶었고, 이것이 바로 그 결과물이다. 나는 신선한 허브를 넣은 디저트 레시피를 좋아하는데, 이번에는 갈색설탕 버터밀크 케이크와 분홍빛 라즈베리 필링이라는 캔버스 위에 타임과 오렌지로 역동적인 맛과 향을 더했다. 특이하면서도 다소 심플한 외형의 케이크 위에 올린 초록빛 타임이 마치 멋진 왕관을 씌운 것처럼 보이지 않는가?

갈색설탕 버터밀크 케이크

케이크 팬에 바를 버터 또는 오일
    스프레이
박력분 295g + 케이크 팬에 뿌릴 여분
베이킹파우더 1½ts
소금 1/2ts
베이킹소다 1/4ts
실온 무염 버터 170g
갈색설탕 190g
그래뉴당 100g
블러드오렌지 제스트 1½TS(곱게 간
    것, 149쪽 파티시에 노트 참조)
바닐라 익스트랙트 1ts
달걀 3개
달걀노른자 1개
버터밀크 210ml

라즈베리 버터크림

생라즈베리 60g
그래뉴당 2ts
바닐라 스위스 머랭 버터크림 480ml
    (41쪽 참조)

블러드오렌지 타임 시럽

블러드오렌지즙 120ml(오렌지 2~3개
    분량, 갓 짠 것, 149쪽 파티시에
    노트 참조)
그래뉴당 100g
생타임 5~8줄기

블러드오렌지 글레이즈

슈거파우더 155g(체 친 것)
    + 취향에 따른 여분
블러드오렌지즙 2TS + 1ts
    (갓 짠 것, 149쪽 파티시에 노트
    참조)

조립 재료

생타임 몇 줄기(선택)

블러드오렌지 타임 케이크

Blood Orange Thyme Cake

—

시트 3장으로 구성된 지름 15cm 케이크(10~12인분)

남은 재료 활용법
블러드오렌지 타임 시럽은 칵테일이나 아이스
티의 단맛을 낼 때 쓴다.

갈색설탕 버터밀크 케이크 만들기

1. 오븐을 175°C로 예열한다. 지름 15cm 케이크 팬 3개에 버터나 기름을 칠하고 밀가루를 살짝 입혀서 한쪽에 둔다.

2. 밀가루, 베이킹파우더, 소금, 베이킹소다를 한꺼번에 체에 쳐서 한쪽에 둔다.

3. 스탠드 믹서에 반죽용 패들을 끼우고 버터를 중속으로 매끈하게 믹싱한다. 2종류의 설탕과 블러드오렌지 제스트를 추가한 다음 속도를 중고속으로 높여서 버터의 질감이 솜사탕처럼 가벼워질 때까지 3~5분쯤 믹싱한다. 믹싱을 멈추고 믹싱볼 가장자리를 주걱으로 긁어 정리한다.

4. 다시 중저속으로 믹싱하면서 바닐라 익스트랙트에 이어 달걀과 달걀노른자를 한 번에 1개씩 추가한다. 믹싱을 멈추고 믹싱볼 가장자리를 주걱으로 긁어 정리한다.

5. 다시 저속으로 믹싱하면서 2의 체 친 밀가루를 세 번에 나누어 버터밀크와 번갈아 넣는다. 순서는 '밀가루-버터밀크-밀가루-버터밀크-밀가루'로 한다. 날가루가 보이지 않을 정도로 섞이면 속도를 중속으로 높여서 30초 더 믹싱한다.

6. 준비된 팬에 반죽을 똑같이 나누어 붓고 예열한 오븐에 넣는다. 이쑤시개로 케이크 한가운데를 찔렀다 빼도 반죽이 전혀 묻어나지 않을 때까지 23~25분 동안 굽는다. 오븐에서 꺼낸 케이크는 식힘망 위에서 10~15분쯤 식힌 다음 팬에서 빼낸다.

라즈베리 버터크림 만들기

7. 푸드 프로세서로 라즈베리와 설탕을 곱게 갈아 퓌레 상태로 만든다. 씨를 제거하고 싶다면, 볼 위에 스테인리스 거름망을 걸쳐 놓고 퓌레를 붓는다.

8. 스탠드 믹서에 반죽용 패들을 끼우고 버터크림을 실크처럼 매끈하게 믹싱한다. 라즈베리 퓌레 60ml를 추가하고 고루 섞일 때까지 믹싱한다.

블러드오렌지 타임 시럽 만들기

9. 블러드오렌지즙과 설탕을 소스팬에 넣고 중강불에 올린다. 부글부글 끓기 시작하면 불을 줄인 뒤 타임을 넣고 약 8분 동안 계속 뭉근하게 끓인다. 불에서 내려 곧장 차갑게 식힌다. 완성된 시럽은 사용 직전에 거름망에 밭여서 타임을 빼낸다.

케이크 조립하기

10. 케이크가 완전히 식으면 윗면을 평평하게 다듬고 바닥 시트로 쓸 것을 고른다. 제과용 붓으로 모든 시트 위에 블러드오렌지 타임 시럽을 넉넉히 바른다. 바닥 시트를 케이크 시트나 서빙 접시에 올리고, L자 스패튤러로 라즈베리 버터크림 180ml를 펴 바른다. 두 번째 시트를 올리고 똑같은 과정을 반복한 뒤 마지막 시트로 덮는다. 층층이 쌓은 케이크 사이의 빈 공간을 남은 버터크림으로 메우고, 케이크 전체를 거친 느낌으로 얇게 아이싱한다.

블러드오렌지 글레이즈 만들기

11. 작은 볼에 슈거파우더와 블러드오렌지즙을 넣고 거품기로 잘 휘저어 슈거파우더를 완전히 녹인다. 좀 더 걸죽한 글레이즈를 원한다면, 슈거파우더를 한 번에 몇 스푼씩 더 넣고 고루 섞는다. 케이크 윗면 한가운데에 글레이즈를 붓고, L자 스패튤러로 고르게 펼쳐서 가장자리를 타고 흘러내리게 한다. 생타임으로 보기 좋게 장식한다.

파티시에 노트

블러드오렌지가 제철이 아닐 경우, 일반 오렌지나 자몽으로도 대체할 수 있다.
케이크를 미리 만든다면, 식품용 랩으로 싸서 냉장고에 넣어둔다. 글레이즈와 가니시는 서빙 직전에 만든다. 남은 케이크는 냉장고에서 최장 3일까지 보관할 수 있다(25쪽 참조).

미국 남부에서 인기가 높은 허밍버드 케이크는 바나나와 파인애플을 넣어 구운 스파이스 케이크 시트에 가벼운 질감의 크림치즈 프로스팅을 입힌 어마어마하게 맛있는 디저트다. 남쪽 끝 지역에서는 '허밍버드(벌새) 케이크'라는 명칭을 자메이카의 국조에서 따온 것으로 여긴다고 한다. 이름이야 어떻든 이 케이크가 늘 사랑받는 디저트라는 건 틀림없는 사실이다.

허밍버드 케이크는 비교적 짧은 시간에 뚝딱 만들 수 있어서 평범한 오후에 가볍게 즐기기 좋다. 바나나, 파인애플, 포도씨유를 듬뿍 넣어 매우 촉촉하고 풍부한 맛을 낸다. 내 레시피에서는 특별히 다진 피칸을 추가했고, 말린 파인애플 꽃과 메이플시럽에 조린 피칸으로 장식했다.

말린 파인애플 꽃

큰 파인애플 1통

허밍버드 케이크

케이크 팬에 바를 버터 또는 오일
  스프레이
중력분 375g + 케이크 팬에 뿌릴 여분
시나몬가루 2ts
베이킹파우더 2ts
베이킹소다 1ts
소금 1/2ts
포도씨유 180ml
그래뉴당 200g
갈색설탕 165g
바닐라 익스트랙트 2ts
달걀 4개
으깬 바나나 3개
파인애플 통조림 1캔(225g, 국물
  따라내고 잘게 썬 것)
피칸 120g(굵게 다진 것)

크림치즈 프로스팅

크림치즈 340g(말랑한 것)
실온 무염 버터 225g
슈거파우더 565g(체 친 것)
우유 3TS
바닐라빈 페이스트 2ts

메이플시럽에 조린 피칸

무염 버터 1ts
메이플시럽 2½TS
갈색설탕 55g
통피칸 100g
시나몬가루 1/4ts
소금 1/8ts

허밍버드 케이크

Hummingbird Cake

—

시트 2장으로 구성된 지름 20cm 케이크(12~15인분)

말린 파인애플 꽃 만들기

1. 오븐을 110℃로 예열하고, 2개의 베이킹 트레이에 유산지를 깔아둔다.

2. 파인애플의 위아래 부분을 잘라내고, 껍질을 칼로 잘라 제거한다. 과도나 멜론볼러*를 이용해 파인애플 겉에 점점이 박힌 갈색 '눈'을 빼낸다. 파인애플을 가로로 눕혀 두께 약 6mm 이하로 얇게 슬라이스한다.

3. 베이킹 트레이에 슬라이스한 파인애플을 펼쳐놓고, 오븐에서 2시간쯤 구워 수분을 말린다(중간에 한 번 뒤집는다). 오븐에서 꺼낸 따뜻한 파인애플을 머핀틀 안에 1장씩 넣고 지그시 눌러서 오목하게 형태를 잡는다. 그 상태 그대로 2시간에서 하룻밤 동안 완전히 말리면 예쁜 꽃 모양이 된다.

허밍버드 케이크

4. 오븐을 175℃로 예열한다. 지름 20cm 케이크 팬 2개에 버터나 기름을 칠하고 밀가루를 살짝 입혀서 한쪽에 둔다.

5. 밀가루, 시나몬가루, 베이킹파우더, 베이킹소다, 소금을 한꺼번에 체에 쳐서 한쪽에 둔다.

6. 스탠드 믹서에 반죽용 패들을 끼운다. 믹싱볼에 포도씨유와 2종류의 설탕을 넣고 중속으로 2분 동안 믹싱한다. 속도를 중저속으로 낮추고 바닐라 익스트랙트에 이어 달걀을 한 번에 1개씩 추가해 완전히 섞일 때까지 믹싱한다. 믹싱을 멈추고 믹싱볼 가장자리를 주걱으로 정리한다.

7. 다시 저속으로 믹싱하면서 **5**의 체 친 가루를 두 번에 나누어 넣는다. 이어서 으깬 바나나와 잘게

썬 파인애플을 추가하고 고루 믹싱한다. 마지막으로 피칸을 폴딩해서 섞는다.

8. 준비된 팬에 반죽을 똑같이 나누어 붓고 예열한 오븐에 넣는다. 이쑤시개로 케이크 한가운데를 찔렀다 빼도 반죽이 전혀 묻어나지 않을 때까지 24~26분 동안 굽는다. 오븐에서 꺼낸 케이크는 식힘망 위에서 10~15분쯤 식힌 다음 팬에서 빼낸다.

크림치즈 프로스팅 만들기

9. 스탠드 믹서에 반죽용 패들을 끼우고, 크림치즈와 버터를 함께 매끈하게 믹싱한다. 저속으로 계속 믹싱하면서 슈거파우더, 우유, 바닐라빈 페이스트를 천천히 추가해 고루 섞이게 한다. 속도를 중고속으로 높여서 솜사탕처럼 가벼운 질감의 프로스팅을 완성한다.

메이플시럽에 조린 피칸 만들기

10. 베이킹 트레이에 유산지를 깔아둔다.

11. 소스팬에 버터를 넣고 중불에서 녹인다. 여기에 메이플시럽과 흑설탕을 넣고 잘 저어서 설탕을 완전히 녹인다. 피칸, 시나몬가루, 소금을 추가하고, 나무 스푼으로 이리저리 뒤섞어서 피칸에 설탕옷을 고루 입힌다. 불을 약간 줄이고 5분쯤 그대로 둔다. 불에서 내린 피칸을 베이킹 트레이에 넓게 펼쳐놓고 10분쯤 식혀서 설탕을 굳힌다.

케이크 조립하기

12. 케이크가 완전히 식으면 윗면을 평평하게 다듬은 뒤 바닥 시트로 쓸 것을 골라 케이크 스탠드나 서빙 접시에 올린다. L자 스패튤러로 크림치즈 프로스팅 180~240ml를 바닥 시트에 펴 바른 뒤 두번째 시트로 덮는다. 케이크의 윗면과 옆면에 남은 프로스팅을 바르고, 메이플시럽에 조린 피칸과 파인애플 꽃으로 장식한다.

데커레이션 팁

케이크의 윗면과 아래쪽 가장자리에 각각 피칸과 파인애플 꽃을 빙 둘러가며 배열한다. 케이크 옆면 또는 윗면에 피칸으로 원하는 모양을 표현하거나, 서빙할 때 조각 케이크 위에 파인애플 꽃을 하나씩 얹어서 내도 좋다.

파티시에 노트

허밍버드 케이크는 냉장고에서 최장 3일까지 보관할 수 있다(25쪽 참조). 파인애플 꽃은 따로 보관한다.

남은 재료 활용법

메이플시럽에 조린 피칸은 밀폐용기에 넣어두고 간식으로 먹어도 좋고, 굵게 다져서 샐러드나 요거트에 뿌려도 좋다. 다른 견과류, 말린 과일과 함께 에너지바로 만들 수도 있다.

기발한 케이크

───

이번 장의 케이크들은 다른 클래식한 디저트를 레이어 케이크의 형태로 극대화한 것이다. 이 같은 콘셉트의 케이크에 영감을 준 디저트는 시나몬 롤, 바나나 스플릿 등 모두 재미있고 즐거운 옛 추억을 떠올리게 하는 것들이다. 기본적으로는 어린이들의 취향에 맞겠지만, 나이와 상관없이 모든 세대에서 즐길 수 있다. 쿠키 도우를 비롯한 온갖 특이한 재료를 동원해 산뜻하고 통통 튀는 맛을 냈다. 각자 좋아하는 스프링클과 토치를 준비해서 화려한 파티 같은 케이크를 만들어보자!

레이어 케이크를 논할 때 결코 빠지지 않는 것이 바로 레인보 케이크다. 상상을 뛰어넘는 맛의 조합 같은 것을 찾아볼 순 없지만, 이 케이크는 그 자체로 충분히 재미있다. 알록달록한 스프링클로 뒤덮인 케이크를 잘랐을 때 비로소 드러 나는 아름다운 무지갯빛 시트는 틀림없이 모두를 미소 짓게 할 것이다.

레인보 버터 케이크

케이크 팬에 바를 버터 또는 오일 스프레이
박력분 585g + 케이크 팬에 뿌릴 여분
베이킹파우더 1½TS
소금 1ts
실온 무염 버터 340g
그래뉴당 600g
바닐라 익스트랙트 1TS
달걀노른자 9개
우유 540ml
젤 타입 식용색소(6색 사용)

조립 재료

바닐라 스위스 머랭 버터크림 1L
(41쪽 참조)
스프링클 180~270g

레인보 버터 케이크 만들기

1. 오븐을 175˚C로 예열한다. 지름 15cm 케이크 팬 6개에 버터나 기름을 칠하고 밀가루를 살짝 입혀서 한쪽에 둔다(파티시에 노트 참조).

2. 밀가루, 베이킹파우더, 소금을 한꺼번에 체에 쳐서 한쪽에 둔다.

3. 스탠드 믹서에 반죽용 패들을 끼우고, 버터를 중속으로 매끈하게 믹싱한다. 설탕을 추가하고 속도를 중고속으로 높여 버터가 솜사탕처럼 가벼운 질감이 날 때까지 3~5분쯤 믹싱한다. 믹싱을 멈추고 믹싱볼 가장자리를 주걱으로 정리한다.

4. 다시 중저속으로 믹싱하면서 바닐라 익스트랙트에 이어 달걀노른자를 한 번에 1개씩 넣는다. 믹싱을 멈추고 믹싱볼 가장자리를 싹싹 긁어 정리한다.

5. 다시 저속으로 믹싱하면서 **2**의 체 친 밀가루를 세 번에 나누어 우유와 번갈아 넣는다. 순서는 '밀가루-우유-밀가루-우유-밀가루'로 한다. 날가루가 보이지 않을 정도로 섞이면 속도를 중속으로 높여서 더 믹싱한다.

6. 반죽을 작은 볼 6개에 똑같이 나누어 담고, 각 반죽을 서로 다른 색깔로 물들인다. 젤 타입 식용색소를 먼저 두 방울만 넣고 고루 섞어본 다음, 한 번에 두 방울씩 더 추가하면서 원하는 색깔을 낸다.

7. 준비된 6개의 팬에 반죽을 각각 붓고, 오븐에 넣는다. 이쑤시개로 케이크 한가운데를 찔렀다 빼도 반죽이 전혀 묻어나지 않을 때까지 20~24분 동안 굽는다. 오븐에서 꺼낸 케이크는 식힘망 위에서 10~15분쯤 식힌 다음 팬에서 빼낸다.

케이크 조립하기

8. 케이크과 완전히 식으면 윗면을 평평하게 다듬은 뒤 바닥 시트로 쓸 것을 골라 케이크 스탠드나 서빙 접시에 올린다. L자 스패튤러로 버터크림 120ml를 시트 위에 펴 바른다. 다음 시트를 올리고 똑같이 버터크림을 바른 뒤 다시 시트를 올리는 과정을 계속 반복한다. 마지막 시트를 덮고 나면 남은 버터크림으로 케이크의 윗면과 옆면을 매끈하게 프로스팅한다.

9. 케이크 접시를 베이킹 트레이 또는 넓은 유산지 위에 놓고 케이크 옆면에 스프링클을 한 줌씩 붙인다. 떨어진 스프링클도 다시 모아서 케이크 옆면이 완전히 메워지도록 꼼꼼히 작업한다.

데커레이션 팁

오픈별* 깍지를 끼운 짤주머니에 남은 버터크림을 채워서 케이크 위쪽 가장자리를 빙 둘러가며 회오리 무늬(37쪽 참조)를 파이핑한 다음, 그 위에 스프링클을 살짝 뿌린다. 케이크 옆면과 똑같이 윗면까지 스프링클로 가득 메우는 방법도 있다. 스프링클 장식에 관한 자세한 사항은 39쪽의 '먹을 수 있는 가니시'를 참고하자. 시판 스프링클 대신 직접 만든 홈메이드 스프링클(188쪽)을 사용해도 좋다.

파티시에 노트

일반 가정에서 지름 15cm 케이크 팬을 6개씩이나 구비하고 있을 가능성은 많지 않다. 이 경우, 한 번에 2~3가지 색깔의 반죽을 먼저 굽는다. 그다음 팬을 씻어서 나머지 반죽들을 또 구우면 된다.
레인보 케이크는 냉장고에서 최장 4일까지 보관할 수 있으며 냉동 보관도 가능하다(25쪽 참조).

레인보 스프링클 케이크

Rainbow Sprinkle Cake

시트 6장으로 구성된 지름 15cm 케이크(12~15인분)

내 남편 브렛과 그의 형제들은 어릴 때 시나몬 롤을 주말 별미로 자주 먹었다고 한다. 남편은 형제들과 터울이 큰 막내라서 늘 가장 먼저 시나몬 롤을 고를 수 있는 특권이 있었다. 어릴 때부터 단 음식을 좋아했던 남편은 언제나 케이크 팬 한가운데 있는, 프로스팅이 가장 많이 발린 것을 골랐다. 어리지만 정말 똑똑하지 않은가? 남편과 함께 개발한 이번 레시피는 시나몬 롤에서 영감을 얻었다. 엄청 진하고 부드러운 크림치즈 프로스팅과 향긋한 시나몬향 시럽이 완벽한 조화를 이루는 이 케이크는 특별한 주말 아침 메뉴 또는 시나몬 롤 마니아를 위한 생일 케이크로 잘 어울린다.

시나몬 스월 케이크

케이크 팬에 바를 버터 또는 오일
    스프레이
박력분 295g + 케이크 팬에 뿌릴 여분
베이킹파우더 2ts
소금 1/2ts
사워크림 60ml
우유 120ml
실온 무염 버터 225g
크림치즈 115g(말랑한 것)
그래뉴당 300g
바닐라빈 페이스트 2ts
달걀 3개
달걀노른자 1개
버터 4TS(55g, 녹인 것)
갈색설탕 55g
시나몬가루 2ts

시나몬 크럼블

중력분 65g
갈색설탕 75g
실온 무염 버터 4TS(55g)
꿀 1TS
시나몬가루 2ts

크림치즈 프로스팅

크림치즈 225g(말랑한 것)
실온 무염 버터 170g
슈거파우더 375g(체 친 것)
우유 2TS
바닐라빈 페이스트 1½ts

시나몬 시럽

그래뉴당 100g
시나몬가루 1/2ts
소금 1/8ts
무염 버터 1TS
중력분 1TS

시나몬 롤 케이크

Cinnamon Roll Cake

—

시트 2장으로 구성된 지름 20cm 케이크(10~12인분)

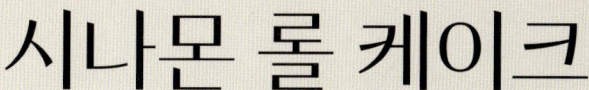

시나몬 스월 케이크 만들기

1. 오븐을 175°C로 예열한다. 지름 20cm 케이크 팬 2개에 버터나 기름을 칠하고 밀가루를 살짝 입혀서 한쪽에 둔다.

2. 밀가루, 베이킹파우더, 소금을 한꺼번에 체에 쳐서 한쪽에 둔다.

3. 사워크림과 우유를 고루 섞어서 한쪽에 둔다.

4. 스탠드 믹서에 반죽용 패들을 끼우고, 버터와 크림치즈를 중속으로 매끈하게 믹싱한다. 그래뉴당을 추가하고 속도를 중고속으로 높여 솜사탕처럼 가벼운 질감이 날 때까지 3~5분쯤 믹싱한다. 믹싱을 멈추고 믹싱볼 가장자리를 주걱으로 정리한다.

5. 다시 중저속으로 믹싱하면서 바닐라빈 페이스트에 이어 달걀과 달걀노른자를 한 번에 1개씩 넣는다. 믹싱을 멈추고 믹싱볼 가장자리를 긁어 정리한다.

6. 다시 저속으로 믹싱하면서 **2**의 체 친 밀가루를 세 번에 나누어 **3**의 우유 혼합물과 번갈아 넣는다. 순서는 '밀가루-우유 혼합물-밀가루-우유 혼합물-밀가루'로 한다. 날가루가 보이지 않을 정도로 섞이면 속도를 중속으로 높여서 더 믹싱한다.

7. 작은 볼에 녹인 버터, 갈색설탕, 시나몬가루를 넣고 잘 섞는다.

8. 준비된 2개의 팬에 각각 반죽의 1/4을 붓는다. 스푼으로 각 반죽 위에 **7**의 시나몬 혼합물을 1/4씩 퍼서 올린 다음, 나무 꼬챙이나 칼끝으로 살살 휘저어 회오리 무늬를 만든다. 남은 반죽과 시나몬 혼합물을 두 팬에 똑같이 나누어 담고, 앞서와 같은 방식으로 회오리 무늬를 만든다. 이제 오븐에 넣어 24~26분 동안 굽는다. 이쑤시개로 케이크 한가운데를 찔렀다 빼도 반죽이 전혀 묻어나지 않으면 다 구워진 것이다. 오븐에서 꺼낸 케이크는 식힘망 위에서 10~15분쯤 식힌 다음 팬에서 빼낸다.

시나몬 크럼블 만들기

9. 오븐을 175°C로 예열하고, 베이킹 트레이에 유산지를 깔아둔다.

10. 중간 크기 볼에 밀가루, 갈색설탕, 버터, 꿀, 시나몬가루를 넣고 나무 스푼으로 잘 섞는다. 마치 군데군데 뭉친 모래처럼 보이는 이 혼합물을 베이킹 트레이에 흩뿌리듯 올려 오븐에서 약 8~10분 동안 노릇하게 굽는다. 굽는 중간에 한 번 뒤집어준다. 완성된 크럼블은 반드시 식혀서 사용한다.

크림치즈 프로스팅 만들기

11. 스탠드 믹서에 반죽용 패들을 끼우고, 크림치즈와 버터를 중속으로 매끈하게 믹싱한다. 저속으로 계속 믹싱하면서 슈거파우더, 우유, 바닐라빈 페이스트를 천천히 추가해 고루 섞이게 한다. 속도를 중고속으로 높여서 솜사탕처럼 가벼운 질감의 프로스팅을 완성한다.

시나몬 시럽 만들기

12. 케이크를 조립하기 직전, 소스팬에 물 2TS, 설탕, 시나몬가루, 소금을 넣고 중강불에 올린다. 설탕이 다 녹아서 약하게 끓기 시작하면 소스팬을 불에서 내린다. 버터를 넣고 잘 저어 녹인 다음 밀가루를 넣고 고루 섞는다.

13. 완성된 시럽은 조금만 식혀서 굳기 전에 곧장 사용한다.

케이크 조립하기

14. 케이크가 완전히 식으면 윗면을 평평하게 다듬은 뒤 바닥 시트로 쓸 것을 골라 케이크 스탠드나 서빙 접시에 올린다. L자 스패튤러로 시트 위에 준비된 크림치즈 프로스팅의 1/2을 펴 바른다. 시나몬 크럼블을 고루 뿌리고 시나몬 시럽의 1/2을 끼얹는다. 두번째 시트를 올리고 남은 프로스팅을 펴 바른다. 스푼으로 남은 시나몬 시럽을 떠서 프로스팅 위에 지그재그를 그리며 끼얹어 자연스럽게 흘러내리게 한다. 남은 시럽은 쓰지 않는다.

파티시에 노트

시나몬 크럼블은 미리 만들어서 밀폐용기에 넣어두면 일주일까지 보관 가능하다. 시나몬 롤 케이크는 냉장고에서 최장 3일까지 보관할 수 있다(25쪽 참조).

남은 재료 활용법

시나몬 크럼블을 아이스크림에 듬뿍 뿌려 먹어보자!

오트밀 쿠키 케이크

Oatmeal Cookie Cake

—

시트 2장으로 구성된 지름 20cm 케이크(12~15인분)

나의 길티 플레저* 중 하나는 달달한 글레이즈를 입힌 얇은 시판 오트밀 쿠키를 한 움큼씩 먹는 것이다. 특유의 바삭거리는 느낌을 가장 좋아하긴 하지만, 가끔은 우유에 살짝 담가서 바삭하면서도 촉촉한 신기한 맛을 느끼고 싶기도 하다. 나는 지금까지 시판 오트밀 쿠키의 레시피를 한 번도 따라해보지 못했다. 만드는 도중에 쿠키 도우를 그냥 먹어버리기 일쑤였기 때문이다. 이런 아이 같은 행동과 세련된 무스코바도 케이크를 조합해서 만들어낸 이번 오트밀 쿠키 케이크는 모든 세대가 좋아할 만한 놀라운 디저트다.

케이크 시트에 사용된 무스코바도 설탕은 당밀의 진하고 묵직한 맛으로 가볍고 통통 튀는 느낌의 쿠키 도우 필링과 완벽한 맛의 균형을 이룬다. 크림치즈 글레이즈와 함께 차가운 흰 우유 한 잔을 곁들여 내보자.

무스코바도 케이크

케이크 팬에 바를 버터 또는 오일 스프레이
박력분 425g + 케이크 팬에 뿌릴 여분
베이킹파우더 2ts
베이킹소다 1ts
소금 1/2ts
실온 무염 버터 225g
무스코바도 설탕 185g
그래뉴당 100g
꿀 2TS
당밀 1TS
바닐라 익스트랙트 2ts
달걀 3개
달걀노른자 2개
버터밀크 270ml

오트밀 쿠키 도우 프로스팅

실온 무염 버터 115g
갈색설탕 75g
오트밀 30g(살짝 구운 것)
중력분 30g
미니 초콜릿칩 45g
우유 1ts + 2TS
바닐라 익스트랙트 1/2ts
시나몬가루 1/2ts
소금 1/4ts
아몬드 익스트랙트 1/4ts
슈거파우더 125g(체 친 것)

크림치즈 글레이즈

크림치즈 115g(말랑한 것)
슈거파우더 65g(체 친 것)
바닐라빈 페이스트 1ts
우유 1½ts + 취향에 따른 여분

무스코바도 케이크 만들기

1. 오븐을 175°C로 예열한다. 지름 20cm 케이크 팬 2개에 버터나 기름을 칠하고 밀가루를 살짝 입혀서 한쪽에 둔다.

2. 밀가루, 베이킹파우더, 베이킹소다, 소금을 한꺼번에 체에 쳐서 한쪽에 둔다.

3. 스탠드 믹서에 반죽용 패들을 끼우고, 버터를 중속으로 매끈하게 믹싱한다. 2종류의 설탕을 추가하고 속도를 중고속으로 높여 솜사탕처럼 가벼운 질감이 날 때까지 3~5분쯤 믹싱한다. 믹싱을 멈추고 믹싱볼 가장자리를 주걱으로 정리한다.

4. 다시 중저속으로 믹싱하면서 꿀, 당밀, 바닐라 익스트랙트에 이어 달걀과 달걀노른자를 한 번에 1개씩 추가한다. 믹싱을 멈추고 믹싱볼 가장자리를 주걱으로 긁어 정리한다.

5. 다시 저속으로 믹싱하면서 2의 체 친 밀가루를 세 번에 나누어 버터밀크와 번갈아 넣는다. 순서는 '밀가루-버터밀크-밀가루-버터밀크-밀가루'로 한다. 날가루가 보이지 않을 정도로 섞이면 속도를 중속으로 높여서 30초 더 믹싱한다.

6. 준비된 팬에 반죽을 똑같이 나누어 붓고 예열한 오븐에 넣는다. 이쑤시개로 케이크 한가운데를 찔렀다 빼도 반죽이 전혀 묻어나지 않을 때까지 25~28분 동안 굽는다. 오븐에서 꺼낸 케이크는 식힘망 위에서 10~15분쯤 식힌 다음 팬에서 빼낸다.

오트밀 쿠키 도우 프로스팅 만들기

7. 볼에 버터 55g, 설탕, 오트밀, 밀가루, 초콜릿칩, 우유 1ts, 바닐라 익스트랙트, 시나몬가루, 소금, 아몬드 익스트랙트를 모두 넣고 나무 스푼으로 고루 섞는다.

8. 스탠드 믹서에 반죽용 패들을 끼우고 남은 버터를 중속으로 매끈하게 믹싱한다. 저속으로 계속 믹싱하면서 슈거파우더와 남은 우유 2TS을 천천히 추가한다. 모든 재료가 완전히 섞이면 믹서의 속도를 중고속으로 높여 솜사탕처럼 가벼운 질감이 날 때까지 믹싱한다. 믹싱을 멈추고 믹싱볼 가장자리를 주걱으로 정리한다. 7의 오트밀 쿠키 도우 혼합물을 넣고 다시 믹싱해서 고루 섞이게 한다.

조립하기

9. 케이크가 완전히 식으면 바닥 시트로 쓸 것을 골라 케이크 스탠드나 서빙 접시에 올린다. L자 스패튤러로 준비된 쿠키 도우 프로스팅을 시트 위에 모두 퍼 바른다. 그 위에 두번째 시트를 뒤집어서 올린다.

크림치즈 글레이즈 만들기

10. 나무 스푼으로 크림치즈를 잘 휘저어 뭉친 부분 없이 매끈하게 만든다. 여기에 슈거파우더, 바닐라빈 페이스트, 우유를 넣고 거품기로 고루 휘저어 걸쭉한 글레이즈를 만든다. 너무 뻑뻑해서 케이크 위에 펴 바르기 힘들 정도라면 우유를 약간 더 추가해 농도를 조절한다.

11. 글레이즈를 케이크 위에 넓게 펴 발라 자연스럽게 흘러내리도록 한다.

파티시에 노트

케이크를 미리 만들었을 경우, 식품용 랩으로 싸서 냉장 보관한다. 글레이즈는 서빙 직전에 만든다. 남은 케이크는 냉장고에서 최장 3일까지 보관할 수 있다(25쪽 참조).

외가 친척들이 있는 하와이에 대한 내 기억은 대부분 먹거리와 관련되어 있다. 어릴 때는 하와이식 양념 바비큐 치킨인 홀리홀리 치킨을 먹고, 레너즈 베이커리의 설탕 범벅 도넛인 말라사다를 찾아다니곤 했다. 또 끈적한 빙수를 가득 얹은 콘을 핥아 먹고, 지금은 유명해진 푸드 트럭의 새우 요리로 점심을 해결했다. 이모들과 함께 필리핀식 튀김 만두인 룸피아를 만들고, 버터 쿠키를 한 다스씩 굽던 기억도 있다. 즐거운 분위기에서 웃고 떠들면서 저마다 자신의 레시피를 공개하기도 했다. 그 가운데 가장 맛있는 밀라 이모의 망고 파이 레시피는 극비 사항이라 여기서 밝힐 수는 없다. 하지만 그 사촌쯤 되는 것이 바로 이번 망고 코코넛 크림 케이크다. 가벼운 코코넛 이불 아래 숨겨진 바닐라 코코넛 케이크 시트는 부드럽고 향긋하며, 화이트초콜릿 망고 가나슈는 은은하면서도 매혹적이다.

바닐라 코코넛 케이크

케이크 팬에 바를 버터 또는 오일
　스프레이
박력분 425g + 케이크 팬에 뿌릴 여분
베이킹파우더 1TS
소금 1/2ts
코코넛밀크 240ml
우유 80ml
실온 무염 버터 115g
코코넛오일 120ml(녹인 것)
그래뉴당 400g
바닐라빈 1개(씨앗만 준비, 169쪽
　파티시에 노트 참조)
코코넛 익스트랙트 2ts
달걀노른자 6개

망고 가나슈

화이트초콜릿 340g(굵게 다진 것)
망고 퓌레 120ml(169쪽 파티시에
　노트 참조)
무염 버터 1TS(깍둑 썬 것)

코코넛 크림치즈 프로스팅

크림치즈 170g(말랑한 것)
실온 무염 버터 170g
슈거파우더 500g(체 친 것)
코코넛크림 3TS(169쪽 파티시에 노트
　참조)
코코넛 익스트랙트 1/2ts
코코넛밀크 또는 우유 약간(필요에
　따라)

조립 재료

가당 코코넛 슬라이스 170~215g

망고 코코넛 크림 케이크

Mango Coconut Cream Cake

시트 3장으로 구성된 지름 20cm 케이크(12~15인분)

바닐라 코코넛 케이크 만들기

1. 오븐을 175°C로 예열한다. 지름 20cm 케이크 팬 3개에 버터나 기름을 칠하고 밀가루를 살짝 입혀서 한쪽에 둔다.

2. 밀가루, 베이킹파우더, 소금을 한꺼번에 체에 쳐서 한쪽에 둔다.

3. 코코넛밀크와 우유를 섞어서 한쪽에 둔다.

4. 스탠드 믹서에 반죽용 패들을 끼운다. 믹싱볼에 버터, 코코넛오일, 설탕을 넣고 중고속으로 솜사탕처럼 가벼운 질감이 날 때까지 3~5분쯤 믹싱한다. 바닐라빈에서 발라낸 씨앗을 추가하고 1분쯤 더 믹싱한 다음, 믹싱볼 가장자리를 주걱으로 정리한다.

5. 다시 중저속으로 믹싱하면서 코코넛 익스트랙트에 이어 달걀노른자를 한 번에 1개씩 넣는다. 믹싱을 멈추고 믹싱볼 가장자리를 주걱으로 정리한다.

6. 다시 저속으로 믹싱하면서 **2**의 체 친 밀기루를 세 번에 나누어 **3**의 우유와 번갈아 넣는다. 순서는 '밀가루-우유-밀가루-우유-밀가루'로 한다. 날가루가 보이지 않을 정도로 섞이면 속도를 중속으로 높여서 30초 더 믹싱한다.

7. 준비된 팬에 반죽을 똑같이 나누어 붓고 예열한 오븐에 넣는다. 이쑤시개로 케이크 한가운데를 찔렀다 빼도 반죽이 전혀 묻어나지 않을 때까지 23~25분 동안 굽는다. 오븐에서 꺼낸 케이크는 식힘망 위에서 10~15분쯤 식힌 다음 팬에서 빼낸다.

망고 가나슈 만들기

8. 내열 그릇에 화이트초콜릿을 담아 한쪽에 둔다. 중간 크기 소스팬에 망고 퓌레를 넣고 중약불로 천천히 가열한다. 약하게 끓기 시작하면 불에서 내려 화이트초콜릿 위에 붓고 30초쯤 그대로 두었다가 거품기로 고루 휘저어 섞는다. 초콜릿이 완전히 녹으면 버터를 추가해 잘 휘저어서 녹인다 (파티시에 노트 참조).

코코넛 크림치즈 프로스팅 만들기

9. 스탠드 믹서에 반죽용 패들을 끼우고, 크림치즈와 버터를 중저속으로 2분 동안 믹싱한다. 저속으로 계속 믹싱하면서 슈거파우더, 코코넛크림, 코코넛 익스트랙트를 추가한다. 모든 재료가 고루 섞이기 시작하면 속도를 중고속으로 높여서 솜사탕처럼 가벼운 질감의 프로스팅을 완성한다. 케이크에 펴 바르기 힘들 만큼 뻑뻑하게 느껴지면, 우유를 약간 더 넣어 농도를 조절한다.

케이크 조립하기

10. 케이크가 완전히 식으면 윗면을 평평하게 다듬은 뒤 바닥 시트로 쓸 것을 골라서 서빙 접시 위에 올린다. L자 스패튤러로 준비된 망고 가나슈의 1/2을 펴 바른다. 두번째 시트를 올리고 다시 가나슈를 바른 뒤 세번째 시트로 덮는다. 케이크의 윗면과 옆면에 코코넛 크림치즈 프로스팅을 바르고, 코코넛 슬라이스로 케이크 전체를 꼼꼼하게 덮는다 (39쪽 참조).

파티시에 노트

화이트초콜릿과 버터가 잘 녹지 않으면, 약하게 끓는 물이 담긴 소스팬 위에 볼을 걸쳐 놓고 나무 스푼으로 저어가며 완전히 녹인다. 필요하다면 핸드 믹서를 사용해도 좋다. 망고 퓌레를 직접 만들고 싶다면, 멕시코산 아타울포Ataulfo 망고를 추천한다. 껍질이 얇고 씨가 작은 데다 다른 망고보다 훨씬 달고 진한 맛이 난다.

코코넛크림을 구하기 힘들 경우, 코코넛밀크로 대체할 수 있다. 캔에 든 코코넛밀크가 액체와 고체로 분리된 상태라면, 위쪽에 떠 있는 고체만 사용한다.

바닐라빈 씨앗은 바닐라빈 페이스트 2ts으로 대체할 수 있다.

망고 코코넛 크림 케이크는 냉장고에서 최장 3일까지 보관할 수 있다(25쪽 참조).

바나나 크림 케이크

Banana Cream Cake

———

시트 2장으로 구성된 지름 20cm 케이크(12~15인분)

대학교 때 나는 매년 봄 엄마를 모시고 뉴욕에 갔다. 브로드웨이에서 공연도 보고, 최대한 많은 빵집을 돌아다니며 새로운 빵과자를 맛보았다. 그 무렵 익히 소문으로 들었던 것이 바로 블리커 스트리트에 있는 조그만 모퉁이 빵집의 컵케이크였다. 컵케이크라면 아주 어릴 때 말고는 입에 댄 적이 없었지만, 엄마와 나는 일단 먹어보기로 했다. 그 시절은 컵케이크가 유행하기 전이고, 어디든 목적지 앞까지 쉽게 데려다주는 아이폰 맵도 없었다. 지금도 지하철을 타고 웨스트 빌리지에서 내린 뒤 그 일대를 엄청 헤매고 다녔던 그날의 기억이 생생하다. 거의 포기해야겠다는 생각이 들 즈음, 나는 길바닥에 떨어진 컵케이크 포장지를 발견했다. 조금 떨어진 곳에는 가엾은 누군가가 거의 한입도 제대로 먹지 못하고 떨어뜨린 컵케이크가 있었다. 거기서 모퉁이를 돌자 마침내 매그놀리아 베이커리 앞에 길게 늘어선 줄이 보였다. 그때까지 나는 이 빵집이 바나나 푸딩으로도 유명하다는 것을 미처 알지 못했다. 바나나와 잘게 부순 쿠키, 꾸덕한 바닐라 커스터드가 층층이 쌓여 있는 진하고 크리미한 이 푸딩은 말 그대로 천상의 맛이었다. 이번 레시피는 (오래전 내가 즐겨 먹던 컵케이크와 매우 비슷한) 진한 바닐라 버터케이크에 내 나름대로 재해석한 매그놀리아 베이커리의 바나나 푸딩을 결합한 것이다.

바나나 커스터드	바닐라빈 버터 케이크	조립 재료
우유 480ml + 취향에 따른 여분	케이크 팬에 바를 버터 또는 오일 스프레이	바닐라 스위스 머랭 버터크림 1L (41쪽 참조)
바닐라빈 1개(길게 자른 것)	박력분 425g + 케이크 팬에 뿌릴 여분	젤 타입 식용색소(선택)
잘 익은 바나나 2개	베이킹파우더 1TS + 1/2ts	바닐라맛 웨이퍼 10~15개
그래뉴당 135g	소금 3/4ts	
달걀노른자 5개	실온 무염 버터 225g	
옥수수 전분 6TS(45g)	그래뉴당 400g	
무염 버터 2TS	바닐라빈 1개(씨앗만 준비)	
	바닐라 익스트랙트 1/2ts	
	달걀노른자 6개	
	우유 360ml	

바나나 커스터드 만들기

1. 중간 크기 소스팬에 우유, 바닐라빈에서 긁어낸 씨앗과 빈 깍지, 둥글게 슬라이스한 바나나를 담아 약한 불에 올린다. 약하게 끓기 시작하면 그때부터 3~5분 동안 뭉근히 끓인 뒤 불에서 내려 내열 용기에 붓는다. 곧장 12~24시간 동안 냉장한다.

2. 1의 바나나밀크를 스테인리스 거름망에 밭여 계량컵에 옮기고, 거름망에 남은 고형물은 버린다. 계량컵 속 바나나밀크에 우유를 더해 전체 양을 480ml로 정확히 맞춘 다음 소스팬에 옮겨서 중약불로 천천히 끓인다. 우유를 태우지 않도록 주의한다.

3. 그동안 믹싱볼에 설탕, 달걀노른자, 옥수수 전분을 넣고 거품기로 휘저어 고루 섞는다.

4. 2의 뜨거운 우유를 3의 달걀 혼합물에 조금씩 부으며 계속 휘젓는다. 달걀의 온도가 급격히 올라가면 익을 수 있으므로 반드시 소량씩 섞어야 한다. 다 섞고 나면 전체를 다시 소스팬에 옮긴다.

5. 소스팬을 약불에 올려 커스터드를 만든다. 거품기로 계속 휘젓다가 농도가 걸쭉해지면서 부글부글 끓기 시작하면 불에서 내린 뒤 버터를 넣고 고루 저어 녹인다.

6. 완성된 커스터드를 볼에 옮겨 담고, 표면이 말라붙지 않도록 식품용 랩을 커스터드 표면에 직접 닿게 덮은 뒤 냉장고에서 하룻밤 동안 차갑게 식힌다.

바닐라빈 버터 케이크 만들기

7. 오븐을 175°C로 예열한다. 지름 20cm 케이크 팬 2개에 버터나 기름을 칠하고 밀가루를 살짝 입혀서 한쪽에 둔다.

8. 밀가루, 베이킹파우더, 소금을 한꺼번에 체에 쳐서 한쪽에 둔다.

9. 스탠드 믹서에 반죽용 패들을 끼우고 버터를 중속으로 매끈하게 믹싱한다. 설탕을 추가하고 속도를 중고속으로 높여 솜사탕처럼 가벼운 질감이 날 때까지 3~5분쯤 믹싱한다. 믹싱을 멈추고 믹싱볼 가장자리를 주걱으로 정리한다.

10. 다시 중저속으로 믹싱하면서 바닐라빈 씨앗, 바닐라 익스트랙트에 이어 달걀노른자를 한 번에 1개씩 넣는다. 믹싱을 멈추고 믹싱볼 가장자리를 주걱으로 정리한다.

11. 다시 저속으로 믹싱하면서 8의 체 친 밀가루를 세 번에 나누어 우유와 번갈아 넣는다. 순서는 '밀가루-우유-밀가루-우유-밀가루'로 한다. 날가루가 보이지 않을 정도로 섞이면 속도를 중속으로 높여서 30초 더 믹싱한다.

12. 준비된 팬에 반죽을 똑같이 나누어 붓고 예열한 오븐에 넣는다. 이쑤시개로 케이크 한가운데를 찔렀다 빼도 반죽이 전혀 묻어나지 않을 때까지 25~28분 동안 굽는다. 오븐에서 꺼낸 케이크는 식힘망 위에서 10~15분쯤 식힌 다음 팬에서 빼낸다.

케이크 조립하기

13. 버터크림을 원하는 색깔의 식용 색소로 물들인다. 짤주머니에 중간 크기 원형 깍지를 끼우고 버터크림을 채워넣는다.

14. 케이크가 완전히 식으면 윗면을 평평하게 다듬은 뒤 바닥 시트로 쓸 것을 골라 케이크 스탠드나 서빙 접시에 올린다. 케이크 위쪽 가장자리를 빙 둘러가며 4cm 높이로 파이핑해서 댐을 쌓는다(27쪽 참조). 커스터드를 휘저어 매끈하게 풀어준 다음, 중간 크기 원형 깍지를 끼운 짤주머니에 채워넣는다. 준비된 커스터드 양의 절반을 버터크림 댐 안쪽에 파이핑한다. 그 위에 큼직하게 자른 웨이퍼를 올리고 두번째 시트로 덮는다.

15. 커스터드가 흐르는 것을 막기 위해 케이크의 옆면을 버터크림으로 크림 코트한다. 이어서 남은 버터크림으로 케이크 전체를 프로스팅한다.

데커레이션 팁

원하는 색깔 조합을 정해서 케이크를 워터컬러 옴브레 피니시 기법으로 프로스팅한다(34쪽 참조). 그밖에 다양한 버터크림 피니시 기법(30~35쪽 참조) 중 한 가지를 택해서 프로스팅해도 좋다.

파티시에 노트

바나나 커스터드는 미리 만들어 밀폐용기에 담아 냉장 보관하면 최장 3일까지 사용할 수 있다. 조립까지 마친 케이크는 곧장 먹는 것이 가장 좋지만, 냉장고에서 2일까지는 보관이 가능하다. 이 경우 서빙 30분 전에 미리 냉장고에서 꺼내둔다(25쪽 참조).

블루베리 팬케이크 케이크

Blueberry Pancake Cake

———

시트 3장으로 구성된 지름 20cm 케이크(12~15인분)

우리 엄마가 가장 좋아하는 외식 메뉴는 아침식사다. 내가 어릴 때, 엄마는 우리 집 주방장으로서 아침식사 때마다 식구들이 각각 원하는 메뉴를 동시에 차려내기가 얼마나 힘든지 토로하곤 했다. 달걀 요리든 팬케이크든 와플이든 엄마는 늘 다른 가족들의 아침식사를 모두 만든 뒤에야 비로소 자신의 몫을 챙길 수 있었다. 보통 아침식사로 팬케이크를 준비하면서 가장 못생기게 구워진 것을 가스불 앞에 선 채 뜯어먹곤 하는 나로서는 엄마의 마음을 온전히 이해한다. 이번 블루베리 팬케이크 케이크는 각 가정의 즉석 요리 전문가인 주부들을 위한 것이다. 다음 브런치나 특별한 아침식사 때는 이 케이크를 만들어서 다른 사람들과 함께 둘러앉아 즐거운 시간을 보내기를.

블루베리 버터밀크 케이크

케이크 팬에 바를 버터 또는 오일
　스프레이
박력분 405g + 케이크 팬에 뿌릴 여분
베이킹파우더 2ts
시나몬가루 1ts
베이킹소다 1/2ts
소금 1/2ts
실온 무염 비디 225g
그래뉴당 400g
레몬 제스트 2ts(곱게 간 것)
바닐라 익스트랙트 1ts
달걀 3개
달걀노른자 2개
버터밀크 300ml
생블루베리 220g(175쪽 파티시에
　노트 참조)

메이플 갈색설탕 버터크림

달걀흰자 150ml
갈색설탕 220g
바닐라 익스트랙트 1ts
실온 무염 버터 225g(깍둑 썬 것)
메이플시럽 3~4TS(45~60ml)

시나몬 휩트크림*

차가운 헤비크림 480ml
그래뉴당 3TS
바닐라 익스트랙트 1ts
시나몬가루 3/4ts

블루베리 버터밀크 케이크 만들기

1. 오븐을 175°C로 예열한다. 지름 20cm 케이크 팬 3개에 버터나 기름을 칠하고 밀가루를 살짝 입혀서 한쪽에 둔다.

2. 밀가루 390g, 베이킹파우더, 시나몬가루, 베이킹소다, 소금을 한꺼번에 체에 쳐서 한쪽에 둔다.

3. 스탠드 믹서에 반죽용 패들을 끼우고, 버터를 중속으로 매끈하게 믹싱한다. 설탕과 레몬 제스트를 추가하고 속도를 중고속으로 높여 솜사탕처럼 가벼운 질감이 날 때까지 3~5분 동안 믹싱한다. 믹싱을 멈추고 믹싱볼 가장자리를 주걱으로 긁어 정리한다.

4. 다시 중저속으로 믹싱하면서 바닐라에 이어 달걀과 달걀노른자를 한 번에 1개씩 넣는다. 믹싱을 멈추고 믹싱볼 가장자리를 주걱으로 긁어 정리한다.

5. 다시 저속으로 믹싱하면서 2의 체 친 밀가루를 세 번에 나누어 버터밀크와 번갈아 넣는다. 순서는 '밀가루-버터밀크-밀가루-버터밀크-밀가루'로 한다. 날가루가 보이지 않을 정도로 섞이면 속도를 중속으로 높여서 30초 더 믹싱한다.

6. 준비된 블루베리를 남은 밀가루 2TS에 굴려 얇게 옷을 입힌다. 그중 145g을 5의 반죽에 가볍게 폴딩해서 섞는다.

7. 준비된 3개의 팬에 반죽을 똑같이 나누어 붓고, 남은 블루베리를 반죽 위에 고르게 흩뿌린다. 이쑤시개로 케이크 한가운데를 찔렀다 빼도 반죽이 전혀 묻어나지 않을 때까지 23~25분 동안 굽는다. 오븐에서 꺼낸 케이크는 식힘망 위에서 10~15분쯤 식힌 다음 팬에서 빼낸다.

메이플 갈색설탕 버터크림 만들기

8. 스탠드 믹서에 딸린 믹싱볼에 달걀흰자와 설탕을 넣고 직접 거품기로 휘저어 섞는다. 중간 크기 소스팬에 물을 약간 붓고 중강불에 올린다. 소스팬 위에 믹싱볼을 걸쳐놓고 중탕한다(믹싱볼 바닥이 물에 직접 닿지 않도록 주의한다). 가끔 거품기로 휘저어 가며 달걀 혼합물의 온도가 70°C에 다다를 때까지 데운다. 뜨거운 믹싱볼을 조심스럽게 들어서 스탠드 믹서에 올린다.

9. 스탠드 믹서에 거품기를 끼우고 고속으로 8~10분쯤 휘핑한다. 거품기를 들어올렸을 때 머랭의 끝이 적당히 단단하고 뾰족한 모양을 띠면 휘핑을 멈춘다. 이때 믹싱볼의 바깥쪽 온도는 실온 정도로 식어 있어야 하고, 머랭에 더는 열기가 남아 있지 않아야 한다. 스탠드 믹서에서 거품기를 빼고 반죽용 패들로 갈아 끼운다.

10. 저속으로 믹싱하면서 바닐라 익스트랙트에 이어 버터를 한 번에 2조각씩 넣는다(파티시에 노트 참조). 메이플시럽을 추가한 뒤 믹서의 속도를 중고속으로 높여 3~5분쯤 더 믹싱해서 실크처럼 매끈한 버터크림을 완성한다.

시나몬 휩트크림 만들기

11. 스탠드 믹서에 거품기를 끼우고 헤비크림을 중속으로 휘핑해서 걸쭉하게 만든다. 설탕, 바닐라 익스트랙트, 시나몬가루를 추가한 뒤 고속으로 더 휘핑한다. 거품기를 들어올렸을 때 크림의 끝부분이 단단하고 뾰족하게 서면 휘핑을 멈춘다. 크림 휘핑 작업은 케이크를 조립하기 직전에 하는 것이 가장 좋지만, 미리 해서 따

로 냉장 보관해도 괜찮다(파티시에 노트 참조).

케이크 조립하기

12. 케이크가 완전히 식으면 윗면을 평평하게 다듬은 뒤 바닥 시트로 쓸 것을 골라 케이크 스탠드나 서빙 접시에 올린다. L자 스패튤러로 시트 위에 메이플 갈색설탕 버터크림의 1/2을 펴 바른다. 다음 시트를 올리고 똑같은 작업을 반복한 뒤 마지막 시트로 덮는다. L자 스패튤러로 케이크의 윗면과 옆면에 시나몬 휩트크림을 매끈하게 펴 바른 다음, 러스틱 피니시(31쪽 참조)로 마무리한다.

파티시에 노트

10에서 버터를 넣은 뒤 혼합물이 분리될 것처럼 보이더라도 신경 쓰지 말고 계속 믹싱한다. 버터가 너무 차가워서 융합되는 데 시간이 좀 더 필요할 뿐이다(42쪽 팁과 문제해결법 참조).

신선한 블루베리를 구하기 힘들 경우, 냉동 제품으로 대체할 수 있다. 냉동 블루베리는 흐르는 물에 재빨리 헹군 뒤 물기를 제거해서 쓴다(해동된 상태로 쓰면 안 된다).

휩트크림은 미리 만들어 밀폐용기에 따로 담아 냉장할 수 있다. 그러나 만든 지 8시간 안에 반드시 사용해야 한다.

조립한 케이크는 곧바로 먹는 것이 가장 좋지만, 냉장고에서 최장 2일 동안 보관할 수 있다. 이 경우 서빙 30분 전에 미리 냉장고에서 꺼내둔다(25쪽 참조).

우리 가족에게는 외가가 있는 하와이에 갈 때마다 가장 먼저 하는 일종의 의식이 있다. 먼저 동네 식당에 들러 점심을 먹고, 각자 좋아하는 간식을 잔뜩 사는 것이다. 바다가 보이는 발코니에서 아침을 먹거나 해변에 가져갈 점심 도시락을 준비할 때도 우리는 각자 그 간식을 챙긴다. 물론 그 간식은 대부분 하와이에서만 맛볼 수 있는 것들이다. 내 선택은 늘 하와이언 소다 크래커와 오렌지 패션프루트 주스, 구아바잼, 신선한 코코넛, 리힝무이 파우더를 뿌린 망고 피클, 카후쿠 농장에서 파는 파파야 등이다. 당연한 말이지만 나는 열대지방의 이국적인 음식들, 특히 이번 케이크 레시피에 들어간 패션프루트 필링 같은 것을 무척 좋아한다. 시큼하고 톡 쏘는 맛이 포피시드와 향긋한 오렌지 제스트가 콕콕 박힌 버터케이크의 부드러운 맛을 멋지게 보강한다. 케이크 전체를 프로스팅한 바닐라 버터크림의 고운 빛깔은 내가 그동안 하와이에서 보았던 환상적인 일몰을 닮았다.

오렌지 포피시드 케이크

케이크 팬에 바를 버터 또는 오일
  스프레이

박력분 295g + 케이크 팬에 뿌릴 여분

베이킹파우더 1ts

베이킹소다 1/2ts

소금 1/4ts

실온 무염 버터 170g

그래뉴당 300g

오렌지 제스트 2TS(곱게 간 것)

달걀흰자 4개

오렌지즙 60ml(오렌지 1~2개 분량,
  갓 짠 것)

버터밀크 180ml

포피시드(양귀비 씨) 2ts

패션프루트 버터크림

바닐라 스위스 머랭 버터크림 1L
  (41쪽 참조)

패션프루트 농축액 2~3TS(179쪽
  파티시에 노트 참조)

조립 재료

남은 바닐라 스위스 머랭 버터크림

젤 타입 식용색소(선택)

각종 스프링클(선택)

오렌지 패션프루트 케이크

Orange Passion Fruit Cake

—

시트 3장으로 구성된 지름 15cm 케이크(8~10인분)

오렌지 포피시드 케이크 만들기

1. 오븐을 175°C로 예열한다. 지름 15cm 케이크 팬 3개에 버터나 기름을 칠하고 밀가루를 살짝 입혀서 한쪽에 둔다.

2. 밀가루, 베이킹파우더, 베이킹소다, 소금을 한꺼번에 체에 쳐서 한쪽에 둔다.

3. 스탠드 믹서에 반죽용 패들을 끼우고, 버터를 중속으로 매끈하게 믹싱한다. 설탕과 오렌지 제스트를 추가하고 속도를 중고속으로 높여 솜사탕처럼 가벼운 질감이 날 때까지 3~5분 동안 믹싱한다. 믹싱을 멈추고 믹싱볼 가장자리를 주걱으로 긁어 정리한다.

4. 다시 중저속으로 믹싱하면서 달걀흰자를 천천히 넣어 고루 섞이게 한다. 오렌지즙을 추가하고 완전히 섞이면 믹싱을 멈추고 믹싱볼 가장자리를 주걱으로 긁어 정리한다.

5. 다시 저속으로 믹싱하면서 **2**의 체 친 밀가루를 세 번에 나누어 버터밀크와 번갈아 넣는다. 순서는 '밀가루-버터밀크-밀가루-버터밀크-밀가루'로 한다. 포피시드를 추가하고 날가루가 보이지 않을 정도로 섞이면 속도를 중속으로 높여서 30초 더 믹싱한다.

6. 준비된 팬에 반죽을 똑같이 나누어 붓고 오븐에 넣는다. 이쑤시개로 케이크 한가운데를 찔렀다 **빼도** 반죽이 전혀 묻어나지 않을 때까지 22~25분 동안 굽는다. 오븐에서 꺼낸 케이크는 식힘망 위에서 10~15분쯤 식힌 다음 팬에서 **빼낸다.**

패션프루트 버터크림 만들기

7. 스탠드 믹서에 반죽용 패들을 끼우고, 바닐라 버터크림 360ml를 실크처럼 매끈하게 믹싱한다. 패션프루트 농축액을 넣고 고루 섞일 때까지 믹싱한다.

케이크 조립하기

8. 남은 바닐라 버터크림을 원하는 색깔의 식용색소로 물들인다.

9. 케이크가 완전히 식으면 윗면을 평평하게 다듬은 뒤 바닥 시트로 쓸 것을 골라 케이크 스탠드나 서빙 접시에 올린다. L자 스패튤러로 준비된 패션프루트 버터크림의 1/2을 시트에 펴 바른다. 다음 시트를 올리고 똑같은 과정을 반복한 뒤 마지막 시트로 덮는다. 케이크의 윗면과 옆면을 물들인 버터크림으로 프로스팅하고, 준비한 각종 스프링클로 장식한다.

데커레이션 팁

원하는 색깔 조합을 정해서 케이크를 매끈한 옴브레 피니시로 프로스팅한다(34쪽 참조). 이어서 케이크 위에 구슬 스프링클을 올리거나 레인보 스프링클을 흩뿌려서 자연스럽게 옆으로 흘러내리게 연출한다. 그밖에 다양한 버터크림 피니시 기법(30~35쪽 참조) 중 한 가지를 택해서 프로스팅해도 좋다.

파티시에 노트

패션프루트 농축액은 온라인으로 구매하거나 주변 슈퍼마켓에서 살 수 있다. 만일 구하기 힘들다면, 패션프루트 주스 240ml를 약불에서 약 60ml로 줄어들 때까지 졸여서 사용한다.

오렌지 패션프루트 케이크는 냉장고에서 최장 4일까지 보관할 수 있고, 냉동 보관도 가능하다(25쪽 참조).

스모어 케이크

S'mores Cake

———

시트 3장으로 구성된 지름 20cm 케이크(12~15인분)

내가 어릴 때 살던 곳은 도시와 시골 느낌이 한데 섞여 있었다. 목장과 이어진 우리 집 마당은 여름에 텐트를 치고 캠핑을 할 만큼 넓었다. 지금도 동네 아이들과 함께 별빛 아래서 모닥불에 마시멜로를 구워 홈메이드 스모어를 만들어 먹던 기억이 생생하다. 하지만 어른이 된 후 나는 남편과 상의 끝에 넓은 뒷마당이 딸린 큰 집을 포기하고 도시의 세련되고 모던한 아파트에 살고 있다. 우리 아이들이 진짜 모닥불이 아닌 가스 벽난로에서 구운 마시멜로를 맛볼 수밖에 없을 거라고 생각하면 조금 서글프다. 나와 비슷한 생각을 갖고 있는 분들을 위해 주방용 토치를 소개한다. 이 도구는 빵과자를 만들 때 여러모로 쓰일 뿐 아니라 마시멜로 머랭을 구울 때 정말 유용하다. 시나몬 버터밀크 케이크와 크리미한 초콜릿 필링을 층층이 쌓은 이 디저트는 솜사탕처럼 가벼운 머랭으로 프로스팅한 뒤 토치로 머랭의 겉면을 살짝 그을려서 도시 사람들이 실내에서 즐길 수 있는 스모어의 맛을 구현했다.

시나몬 버터밀크 케이크

케이크 팬에 바를 버터 또는 오일
　스프레이
박력분 390g + 케이크 팬에 뿌릴 여분
베이킹파우더 2ts
시나몬가루 2ts
너트메그가루 1/2ts(즉석에서 간 것)
베이킹소다 1/2ts
소금 1/2ts
실온 무염 버터 225g
그래뉴당 250g
갈색설탕 110g
바닐라 익스트랙트 2ts
달걀 3개
달걀노른자 2개
버터밀크 300ml

밀크초콜릿 퍼지 프로스팅

실온 무염 버터 115g
슈거파우더 250g(체 친 것)
무가당 코코아가루 3TS
소금 1/8ts
바닐라 익스트랙트 1/2ts
헤비크림 또는 우유 2TS
밀크초콜릿 170g(녹여서 식힌 것)

머랭 프로스팅

달걀흰자 180ml
그래뉴당 300g
바닐라 익스트랙트 2ts

로 정리한다. 녹여서 식힌 초콜릿을 추가하고 다시 뭉친 부분 없이 매끈하게 믹싱한다.

케이크 조립하기

8. 케이크가 완전히 식으면 윗면을 평평하게 다듬고 바닥 시트로 쓸 것을 골라 서빙 접시에 올린다. L자 스패튤러로 준비된 밀크초콜릿 퍼지 프로스팅의 1/2을 시트에 펴 바른다. 두번째 시트를 올리고 똑같은 작업을 반복한 다음 마지막 시트로 덮는다.

머랭 프로스팅 만들기

9. 스탠드 믹서에 딸린 믹싱볼에 달걀흰자와 설탕을 넣고 직접 거품기로 섞는다. 중간 크기 소스팬에 물을 약간 붓고 중강불에 올린다. 소스팬 위에 믹싱볼을 걸쳐 놓고 중탕한다(믹싱볼 바닥이 물에 직접 닿지 않도록 주의한다). 거품기로 휘저으면서 달걀 혼합물의 온도가 70°C가 될 때까지 데운다. 믹싱볼을 들어서 조심스럽게 스탠드 믹서에 올린다.

10. 스탠드 믹서에 거품기를 끼우고 9의 달걀 혼합물을 고속으로 휘핑한다. 거품기를 들어올렸을 때 머랭의 끝이 단단하고 뾰족한 모양을 띠면 휘핑을 멈추고 바닐라 익스트랙트를 넣고 고루 섞는다. 휘핑을 마쳤을 때 믹싱볼의 바깥쪽 온도는 실온 정도이고, 머랭에 남은 열기가 없어야 한다.

11. 큰 L자 스패튤러로 케이크 윗면과 옆면에 머랭 프로스팅을 바른다. 러스틱 피니시(31쪽 참조) 방식이 토치로 그을려서 표면의 질감을 표현하는 데 가장 적합하다. 주방용 토치로 프로스팅한 케이크 표면을 가볍게 그을린다(파티시에 노트 참조).

시나몬 버터밀크 케이크 만들기

1. 오븐을 175°C로 예열한다. 지름 20cm 케이크 팬 3개에 버터나 기름을 칠하고 밀가루를 살짝 입혀서 한쪽에 둔다.

2. 밀가루, 베이킹파우더, 시나몬가루, 너트메그가루, 베이킹소다, 소금을 한꺼번에 체에 쳐서 둔다.

3. 스탠드 믹서에 반죽용 패들을 끼우고, 버터를 중속으로 매끈하게 믹싱한다. 설탕을 넣고 중고속으로 높여 솜사탕처럼 가벼운 질감이 날 때까지 3~5분 동안 믹싱한다. 믹싱을 멈추고 믹싱볼 가장자리를 주걱으로 긁어 정리한다.

4. 다시 중저속으로 믹싱하면서 바닐라 익스트랙트에 이어 달걀과 달걀노른자를 한 번에 1개씩 넣는다. 믹싱을 멈추고 믹싱볼 가장자리를 주걱으로 긁어 정리한다.

5. 다시 저속으로 믹싱하면서 2의 밀가루를 세 번에 나누어 버터밀크와 번갈아 넣는다. 순서는 '밀가루-버터밀크-밀가루-버터밀크-밀가루'로 한다. 날가루가 보이지 않을 정도로 섞이면 중속으로 높여서 30초 더 믹싱한다.

6. 준비된 팬에 반죽을 똑같이 나누어 붓고 오븐에 넣는다. 이쑤시개로 케이크 한가운데를 찔렀다 빼도 반죽이 전혀 묻어나지 않을 때까지 23~25분 동안 굽는다. 오븐에서 꺼낸 케이크는 식힘망 위에서 10~15분쯤 식힌 다음 팬에서 빼낸다.

밀크초콜릿 퍼지 프로스팅 만들기

7. 스탠드 믹서에 반죽용 패들을 끼우고, 버터를 중속으로 매끈하게 믹싱한다. 속도를 저속으로 줄이고 슈거파우더, 코코아가루, 소금, 바닐라 익스트랙트를 천천히 추가한다. 헤비크림을 붓고 모든 재료가 고루 섞일 때까지 믹싱한다. 중속으로 높여 솜사탕처럼 가벼운 질감이 날 때까지 믹싱한 다음, 믹싱볼 가장자리를 주걱으

파티시에 노트

토치 작업을 할 때는 불꽃이 나오는 화구와 머
랭 사이의 거리를 10~15cm 정도로 유지해
야 한다. 토치를 계속 움직이면서 불꽃이 한
곳에 너무 오래 닿지 않게 한다. 원하는 모양
이 나올 때까지 시간과 거리를 계속 조절하
며 맞춰나간다.

조립을 마친 케이크는 90분 안에 먹는 것이 가
장 좋고, 냉장고에서 최장 2일까지는 보관할 수
있다. 이 경우 서빙하기 30분 전에 미리 케이크
를 냉장고에서 꺼내둔다(25쪽 참조).

바나나 스플릿
아이스크림 케이크

Banana Split Ice Cream Cake

시트 3장으로 이루어진 지름 15cm 케이크(10~12인분)

나의 열번째 생일날, 부모님은 나와 친구들을 워터파크에 데려갔다. 생일이 6월인 내가 늘 야외에서 축하 파티를 열어주기를 바랐기 때문이다. 왜인지는 몰라도 그해 생일에 나는 아이스크림 케이크를 해달라고 졸랐다. 엄마는 늘 그렇듯 내 요구를 들어주기 위해 커다란 아이스크림 케이크를 워터파크까지 준비해왔고, 그렇게 그해 생일은 내 뜻대로 기분 좋게 흘러갔다. 촛불을 끄고 케이크를 자르기 전에는 말이다. 캘리포니아의 뜨거운 6월 햇살 아래, 그것도 워터파크에서 아이스크림 케이크를 먹겠다고 애쓰던 꼬마들이 어떻게 됐을지는 상상에 맡긴다.

　　여름날의 아이스크림 케이크라고 해서 모두 아이스크림 수프가 되는 건 아니다. 사실 아이스크림 케이크는 여러분이 상상하는 것만큼 만들기가 복잡하지 않다. 물론 수영장 파티에는 추천하지 않지만, 아이스크림과 케이크를 동시에 먹을 수 있다는 건 거부하기 힘든 엄청난 매력이므로 이번 레시피는 기꺼이 시도할 가치가 충분하다. 구운 바나나칩 케이크는 그 자체로도 맛있지만, 특히 초콜릿 몰트 필링과의 조화가 끝내준다. 아이스크림은 별로 안 좋아한다고? 딸기크림(188쪽) 필링으로 대신해보자.

구운 바나나칩 케이크

잘 익은 바나나 3개(세로로 길게 반을 가른 것)

갈색설탕 220g

포도씨유 1TS

소금 1/4ts

케이크 팬에 바를 버터 또는 오일 스프레이

중력분 205g + 케이크 팬에 뿌릴 여분

베이킹파우더 3/4ts

베이킹소다 1/2ts

소금 1/4ts

사워크림 120ml

우유 60ml

실온 무염 버터 115g

그래뉴당 100g

바닐라빈 페이스트 2ts

달걀 2개

미니 초콜릿칩 90g

초콜릿 몰트 파우더

분유 5TS + 1ts(35g)

몰트 파우더 1ts

무가당 코코아가루 1ts

초콜릿 몰트 필링

실온 무염 버터 10TS(140g)

초콜릿 몰트 파우더 6TS(40g)

슈거파우더 190g(체 친 것)

바닐라 익스트랙트 1/2ts

우유 1~2TS

꿀 땅콩 토핑

땅콩 75g(무염, 볶아서 굵게 다진 것)

꿀 1ts

그래뉴당 1TS

소금 1/8ts

조립 재료

딸기 아이스크림 1.4L

휩트크림® 프로스팅

차가운 헤비크림 480ml

그래뉴당 3TS

바닐라 익스트랙트 1ts

젤 타입 식용색소(선택)

장식용 스프링클(선택)

구운 바나나칩 케이크 만들기

1. 오븐을 205°C로 예열한다. 베이킹 트레이에 바나나를 자른 단면이 위로 향하게 놓고 갈색설탕 55g, 포도씨유, 소금을 뿌려 오븐에 넣는다. 중간에 한 번 뒤집고 설탕이 캐러멜라이징될 때까지 10~15분 동안 구운 뒤 오븐에서 꺼내 식힌다. 완전히 식은 바나나를 볼에 옮긴 뒤 감자 매셔나 큰 포크로 잘 으깨서 한쪽에 둔다.

2. 오븐 온도를 175°C로 낮춘다. 25×38cm 크기의 사각 케이크 팬 안쪽에 버터나 기름을 칠하고 밀가루를 살짝 입혀서 한쪽에 둔다 (파티시에 노트 참조).

3. 밀가루, 베이킹파우더, 베이킹소다, 소금을 한꺼번에 체에 쳐서 한쪽에 둔다.

4. 사워크림과 우유를 잘 섞어서 한쪽에 둔다.

5. 스탠드 믹서에 반죽용 패들을 끼우고, 버터를 중속으로 매끈하게 믹싱한다. 남은 갈색설탕 165g과 그래뉴당을 추가한 뒤 속도를 중고속으로 높여서 솜사탕처럼 가벼운 질감이 날 때까지 3~5분 동안 믹싱한다. 믹싱을 멈추고 믹싱볼 가장자리를 주걱으로 정리한다.

6. 다시 중저속으로 믹싱하면서 바닐라빈 페이스트에 이어 달걀을 한 번에 1개씩 넣고 완전히 섞이도록 믹싱한다.

7. 믹서를 저속으로 줄이고 3의 체 친 밀가루를 세 번에 나누어 4의 우유 혼합물과 번갈아 넣는다. 순서는 '밀가루-우유-밀가루-우유-밀가루'로 한다. 구워서 으깬 바나나를 추가하고 속도를 중속으로 높여 30초 더 믹싱한다. 초콜릿칩을 폴딩해서 섞는다.

8. 준비한 팬에 반죽을 붓고 고르게 펼친 뒤 오븐에 넣는다. 이쑤시개로 케이크 한가운데를 찔렀다 빼도 반죽이 전혀 묻어나지 않을 때까지 22~24분 동안 구운 다음 식힘망 위에서 식힌다.

초콜릿 몰트 파우더 만들기

9. 분유, 몰트 파우더, 코코아가루를 한꺼번에 체에 쳐서 한쪽에 둔다.

초콜릿 몰트 필링 만들기

10. 스탠드 믹서에 반죽용 패들을 끼우고 버터를 중속으로 매끈하게 믹싱한다. 속도를 저속으로 줄이고 초콜릿 몰트 파우더, 슈거파우더, 바닐라 익스트랙트, 우유 1TS을 천천히 추가한다. 모든 재료가 한데 섞이기 시작하면, 속도를 중고속으로 높여서 솜사탕처럼 가벼운 질감의 필링을 완성한다. 필링이 너무 뻑뻑해 보이면, 남은 우유 1TS을 추가해서 쉽게 펴 바를 수 있을 정도의 농도가 되도록 조절한다.

꿀 땅콩 토핑 만들기

11. 작은 일회용 비닐 지퍼백에 다진 땅콩과 꿀을 넣고 지퍼백을 충분히 흔들어서 꿀이 땅콩 표면에 고루 묻게 한다. 설탕과 소금을 추가한 뒤 다시 흔들어 양념이 고루 배게 한다. 유산지 위에 땅콩을 넓게 펼쳐놓고 10~15분 동안 가볍게 말려서 끈적임을 없앤다.

케이크 조립하기

12. 유산지를 15×48cm 크기로 잘라서 준비한다.

13. 냉동실에서 아이스크림을 꺼내 통에서 쉽게 빼낼 수 있을 만큼만 살짝 녹인다. 지름 15cm 케이크 팬 2개의 안쪽에 넉넉한 크기로 자른 식품용 랩을 각각 깐다. 통에서 빼낸 아이스크림을 4cm 두께로 슬라이스해서 준비된 팬 안에 빈틈없이 채워 담는다. 랩을 아이스크림 위로 접은 뒤 손끝으로 꼭꼭 눌러서 아이스크림이 평평한 원반 모양을 띠게 만든다. 다시 냉동실에 넣어 얼린다.

14. 케이크가 완전히 식으면 무스 링을 이용해 지름 15cm 원형 시트 3장을 찍어낸다.

15. 케이크 받침 위에 지름 15cm 무스 링을 올려놓고, 그 안에 바닥 시트를 놓는다. (같은 크기의 분리형 케이크 팬을 이용해도 좋다.) 이때 케이크와 팬 사이에 유산지를 끼워넣어서 벽면을 넓히면 조립하기가 더 편하다. 필요할 경우 테이프로 유산지를 고정시킨다.

16. L자 스패출러나 큰 스푼의 뒷면으로 초콜릿 몰트 필링 180ml를 바닥 시트에 펴 바른다.

17. 얼린 아이스크림 원반 하나를 케이크 팬에서 빼내 16의 필링 위에 쌓는다. 두번째 시트를 올리고 똑같은 과정을 반복한 다음 마지막 시트로 덮는다.

18. 식품용 랩으로 케이크를 잘 감싼 뒤 냉동고에서 20~30분쯤 굳힌다.

휩트크림 프로스팅 만들기

19. 그동안 스탠드 믹서에 거품기를 끼우고, 헤비크림을 중속으로 휘핑해 되직하게 만든다. 설탕과 바닐라 익스트랙트를 추가한 뒤 고속으로 휘핑한다. 거품기를 들어 올렸을 때 크림의 끝이 적당히 단단하고 뾰족하게 서면 휘핑을 멈춘다. 젤 타입 식용색소를 넣고 다시 휘핑해서 끝부분이 뾰족하게 서는 단단한 휩트크림을 만든다.

20. 서빙 직전, 휩트크림으로 케이크의 윗면과 옆면을 프로스팅한다. 케이크 옆면에 땅콩 토핑을 살짝 누르듯이 붙이고, 윗면에 스프링클을 뿌려 장식한다.

파티시에 노트

가로 세로 25×38cm 크기의 사각 시트 팬을 이용하면 지름 15cm 원형 시트 3장을 정확히 얻을 수 있다. 이보다 약간 작은 23×33cm 시트팬을 쓸 경우, 지름 15cm 원형 시트 2장과 반원형 시트 2장이 나온다. 반원형 시트는 2장을 붙여서 가운데 시트로 쓴다.

휩트크림으로 프로스팅할 때 시간을 너무 끌면 형태가 무너질 수 있으므로 주의한다. 조립 마지막 단계에서 케이크를 지나치게 얼리면 자를 때 힘들다. 하지만 좀 더 단단한 케이크와 아이스크림의 조합을 원한다면, 꽝꽝 얼려도 좋다. 케이크를 자르기가 힘들 경우, 칼을 뜨거운 물에 담갔다가 물기를 닦아서 사용한다. 경험상 네모난 상자에 든 벽돌형 아이스크림이 자르기가 더 쉽지만, 어떤 아이스크림이든 각자 원하는 것을 사용해도 좋다. 조립을 마친 케이크는 20분 안에 먹는 것이 가장 좋지만, 냉동실에서 최장 2일까지는 보관이 가능하다(25쪽 참조).

시간이 없을 때

마트에서 판매하는 초콜릿 몰트 파우더, 꿀 땅콩을 사용한다.

데커레이션 팁

휩트크림 프로스팅을 다양한 색깔로 물들이려면 크림의 끝이 약간 뾰족해지려고 할 때 믹싱을 멈추고, 소량(180~240ml)의 크림을 덜어서 다른 볼에 담는다. 여기에 젤 타입 식용색소를 넣고 거품기로 단단하게 휘핑한 다음, 오픈별* 깍지를 끼운 짤주머니에 채워 넣는다. 믹싱볼에 남은 휩트크림은 앞서와 다른 색깔로 물들인 뒤 단단하게 휘핑해서 케이크를 프로스팅할 때 쓴다. 짤주머니에 든 휩트크림으로 케이크 윗면과 아래쪽 가장자리를 빙 둘러가며 셸 보더(37쪽 참조)를 파이핑하고, 그 위에 스프링클을 뿌려 장식한다.

근거 있는 사실일지 아니면 그저 내 추정일지는 모르지만, 가장 인기 많은 시판 케이크 믹스는 아마 스프링클이 들어 있는 제품일 것이다. 적어도 열두 살 때 내 취향은 그랬다. 특히 알록달록한 스프링클이 점점 뿌려진 새하얀 프로스팅의 컵케이크를 나는 제일 좋아했다. 그렇다. 나는 시판 케이크 믹스를 정말 좋아했다. 미리 정확히 배합된 재료의 편리함, 세 살 아이도 따라할 수 있는 쉬운 설명서, 한입 먹을 때마다 씹히는 달달한 컨페티* 등 싫어할 이유가 없지 않은가? 하지만 지금은 1996년이 아니다. 우리는 이미 그런 제품을 사용할 단계는 지났다. 요즘은 홈베이킹이나 DIY에 관심 있는 사람들이 점점 늘어나서 잘 몰라도 처음부터 직접 디저트를 만들어보려는 이들이 많다(신난다!). 이 책을 읽고 있는 여러분이라면 아마 다들 동의할 것이다. 이번 레시피는 시판 케이크 믹스로 만든 것보다 훨씬 더 맛있는 컨페티 케이크다. (게다가 이 레시피에는 딸기도 들어간다. 마트에서 파는 제품에서는 이런 신선함을 결코 느낄 수 없다.) 자, 지금부터 각자 가장 좋아했던 1990년대 노래를 틀어놓고 시작해보자!

홈메이드 스프링클

달걀흰자 2개(90ml)

슈거파우더 500g(체 친 것)

바닐라 익스트랙트 1/2ts
(191쪽 파티시에 노트 참조)

젤 타입 식용색소(취향껏)

딸기 퓌레

큼지막한 딸기 12~15알(꼭지
제거하고 4등분한 것)

그래뉴당 1TS

소금 1/4ts

딸기 컨페티 케이크

케이크 팬에 바를 버터 또는 오일
스프레이

박력분 215g + 케이크 팬에 뿌릴 여분

베이킹파우더 1½ts

실온 무염 버터 115g

그래뉴당 200g

바닐라 익스트랙트 2ts
(191쪽 파티시에 노트 참조)

딸기 퓌레 180ml

달걀노른자 3개

우유 2TS

바닐라 컨페티 케이크

케이크 팬에 바를 버터 또는 오일
스프레이

박력분 215g + 케이크 팬에 뿌릴 여분

베이킹파우더 1½ts

실온 무염 버터 115g

그래뉴당 200g

바닐라 익스트랙트 1½ts
(191쪽 파티시에 노트 참조)

아몬드 익스트랙트 1/2ts

달걀노른자 3개

우유 180ml

딸기크림

크림치즈 115g(말랑한 것)

실온 무염 버터 115g

슈거파우더 375g(체 친 것)

딸기 퓌레 3~4TS

컨페티 버터크림

크림치즈 115g(말랑한 것)

바닐라 스위스 머랭 버터크림 600ml
(41쪽 참조)

아몬드 익스트랙트 1/2ts

조립 재료

남은 홈메이드 스프링클

딸기 컨페티 케이크

Strawberry Confetti Cake

시트 4장으로 구성된 지름 15cm 케이크(10~12인분)

딸기 컨페티 케이크 만들기

4. 오븐을 175℃로 예열한다. 지름 15cm 케이크 팬 2개에 버터나 기름을 칠하고 밀가루를 살짝 입혀서 한쪽에 둔다.

5. 밀가루와 베이킹파우더를 함께 체에 쳐서 한쪽에 둔다.

6. 스탠드 믹서에 반죽용 패들을 끼우고 버터를 중속으로 2분 동안 믹싱한다. 설탕을 추가한 뒤 속도를 중고속으로 높여 솜사탕처럼 가벼운 질감이 날 때까지 3~5분 동안 믹싱한다. 믹싱을 멈추고 믹싱볼 가장자리를 주걱으로 긁어 정리한다.

7. 다시 중저속으로 믹싱하면서 달걀노른자를 한 번에 1개씩 넣는다. 이어 바닐라 익스트랙트와 딸기 퓌레를 180ml만 넣는다(나머지는 딸기크림에 쓴다). 모든 재료가 고루 섞이면 믹싱을 멈추고 믹싱볼 가장자리를 주걱으로 정리한다.

8. 다시 저속으로 믹싱하면서 5의 체 친 밀가루를 두 번에 나누어 넣는다. 이어서 우유도 넣는다. 날가루가 보이지 않을 정도로 섞이면 속도를 중속으로 높여 30초 더 믹싱한다. 홈메이드 스프링클 70g을 폴딩해서 섞는다.

9. 준비된 팬에 반죽을 똑같이 나누어 붓고 오븐에 넣는다. 이쑤시개로 케이크 한가운데를 찔렀다 빼도 반죽이 전혀 묻어나지 않을 때까지 23~25분 동안 굽는다. 오븐에서 꺼낸 케이크는 식힘망 위에서 10~15분쯤 식힌 다음 팬에서 빼낸다.

홈메이드 스프링클 만들기

1. 스탠드 믹서에 거품기를 끼우고 달걀흰자를 중저속으로 휘핑해 거품을 낸다. 슈거파우더를 조금씩 추가한 뒤 속도를 중고속으로 높여 계속 휘핑한다. 혼합물에 윤기가 흐르고 거품기를 들어올렸을 때 혼합물의 끝부분이 뾰족하게 서면 다 된 것이다. 바닐라 익스트랙트를 추가해서 고루 섞는다.

2. 혼합물을 작은 볼 여러 개에 나누어 담고, 준비한 식용색소로 각각 물들인다. 짤주머니에 작은 원형 깍지를 끼우고 한 가지 색 아이싱을 채워넣는다. 유산지 위에 작은 도트 모양을 파이핑한다(37쪽 참조). 끝이 뾰족하게 올라온 것은 물에 적신 깨끗한 붓이나 손끝으로 살짝 눌러 다듬는다. 나머지 색깔의 아이싱도 똑같이 작업한다. 완성된 스프링클은 적어도 2시간 이상 말린 뒤에 사용한다.

딸기 퓌레 만들기

3. 푸드 프로세서로 딸기, 설탕, 소금을 함께 곱게 갈아서 한쪽에 둔다.

바닐라 컨페티 케이크 만들기

10. 딸기 케이크를 굽는 동안, 지름 15cm 케이크 팬 2개에 버터나 기름을 칠하고 밀가루를 살짝 입혀서 한쪽에 둔다.

11. 밀가루와 베이킹파우더를 함께 체에 쳐서 한쪽에 둔다.

12. 스탠드 믹서에 반죽용 패들을 끼우고 버터를 중속으로 2분 동안 믹싱한다. 설탕을 추가한 뒤 속도를 중고속으로 높여 솜사탕처럼 가벼운 질감이 날 때까지 3~5분 동안 믹싱한다. 믹싱을 멈추고 믹싱볼 가장자리를 주걱으로 긁어 정리한다.

13. 다시 중저속으로 믹싱하면서 바닐라 익스트랙트, 아몬드 익스트랙트에 이어 달걀노른자를 한 번에 1개씩 넣는다. 모든 재료가 고루 섞이면 믹싱을 멈추고 믹싱볼 가장자리를 정리한다.

14. 다시 저속으로 믹싱하면서 11의 체 친 밀가루를 세 번에 나누어 우유와 번갈아 넣는다. 순서는 '밀가루-우유-밀가루-우유-밀가루'로 한다. 날가루가 보이지 않을 정도로 섞이면 속도를 중속으로 높여서 30초 더 믹싱한다. 홈메이드 스프링클 70g을 폴딩해서 섞는다.

15. 준비된 팬에 반죽을 똑같이 나누어 붓고 오븐에 넣는다. 이쑤시개로 케이크 한가운데를 찔렀다 빼도 반죽이 전혀 묻어나지 않을 때까지 23~25분 동안 굽는다. 오븐에서 꺼낸 케이크는 식힘망 위에서 10~15분쯤 식힌 다음 팬에서 빼낸다.

딸기크림 만들기

16. 스탠드 믹서에 반죽용 패들을 끼우고, 크림치즈와 버터를 중속으로 매끈하게 믹싱한다. 속도를 저속으로 줄이고 슈거파우더와 남은 딸기 퓌레 3~4TS을 넣는다. 모든 재료가 고루 섞이기 시작하면 속도를 중고속으로 높여 매끈하고 크리미해질 때까지 믹싱한다. 완성된 크림을 다른 볼에 옮겨 한쪽에 두고, 믹싱볼을 깨끗이 닦는다.

컨페티 버터크림 만들기

17. 깨끗이 닦은 믹싱볼에 크림치즈를 넣고 중저속으로 2분 동안 믹싱한다. 버터크림과 아몬드 익스트랙트를 추가한 뒤 속도를 중속으로 높여 매끈하게 믹싱한다. 홈메이드 스프링클 105~140g을 폴딩해서 섞는다.

케이크 조립하기

18. 케이크가 완전히 식으면 윗면을 평평하게 다듬고 바닥 시트로 쓸 것을 골라 케이크 스탠드나 서빙 접시에 올린다. L자 스패튤러로 딸기크림 120ml를 시트에 펴 바른다. 다음 시트(바닐라와 딸기 케이크를 번갈아 올려야 한다는 것을 잊지 말자!)를 올리고 딸기크림을 똑같이 펴 바르는 과정을 두 번 반복한 뒤 마지막 네번째 시트로 덮는다. 컨페티 버터크림으로 케이크의 옆면과 윗면을 프로스팅하고, 남은 홈메이드 스프링클로 장식한다.

데커레이션 팁

오픈별* 깍지를 끼운 짤주머니에 남은 버터크림을 채워서 케이크 윗면과 아래쪽 가장자리를 빙 둘러가며 셀 보더와 스파이럴 보더를 각각 파이핑한다(37쪽 참조).

파티시에 노트

어릴 때 좋아하던 시판 케이크 믹스 제품과 좀 더 비슷한 추억의 맛을 내려면 퓨어 바닐라 익스트랙트 대신 합성 바닐라향을 사용한다. 가장 흔한 막대형 스프링클을 만들려면, 아이싱을 도트가 아닌 얇은 선의 형태로 파이핑해서 완전히 말린 뒤 잘게 자른다.

딸기 컨페티 케이크는 냉장고에서 최장 4일까지 보관할 수 있으며 냉동 보관도 가능하다(25쪽 참조).

시간이 없을 때

스프링클을 직접 만들지 말고 모두 구입해서 쓴다. 원하는 모양과 색깔을 자유롭게 섞어서 사용해도 좋은데, 막대형과 납작한 단추형의 조합이 가장 예쁘다.

색다른 케이크

이번 장에서는 예측을 뛰어넘는 케이크들을 소개한다. 위스키부터 진한 향신료에 이르는 뻔하지 않은 재료를 사용해 가장 세련되고 예민한 미식가의 입맛까지 만족시키리라 확신한다. 유자, 핑크페퍼콘, 차이 같은 이국적인 맛을 과감하게 시도해보자. 레드와인 블랙베리 케이크, 라벤더 올리브오일 케이크 등 감탄이 절로 나오는 이번 장의 디저트들은 파티 손님들은 물론, 운 좋게 한입 맛볼 기회를 얻은 누구라도 흥분하게 만들 것이다.

라즈베리 스타우트 케이크

Raspberry Stout Cake

—

시트 6장으로 구성된 지름 15cm 케이크(10~12인분)

어느 여름날, 나는 견과류가 듬뿍 들어간 초콜릿 스타우트 케이크 시트에 어울릴 만한, 너무 달지 않은 가벼운 필링을 고민하다가 라즈베리를 떠올렸다. 진하고 묵직한 스타우트 맥주는 결코 '상쾌한 여름 음료'는 아니다. 하지만 달콤한 라즈베리 소스와 톡 쏘는 라즈베리 치즈케이크 프로스팅을 듬뿍 발라 촉촉함이 남다른 케이크에 스타우트 맥주를 넣으면 분명히 괜찮을 거라는 확신이 들었다.

기왕 흑맥주와 신선한 라즈베리라는 기가 막힌 조합을 시도하기로 한 이상, 라즈베리와 프레첼이 콕콕 박힌 두툼한 바크 초콜릿* 장식까지 더해 또 다른 차원으로 올려 보내는 건 어떨까? 동결 건조된 라즈베리의 톡 쏘는 신맛은 다크초콜릿의 달콤쌉싸름한 맛에 균형감을 부여하고, 프레첼의 짭짤함과 오독오독한 식감은 확실한 맛의 포인트가 된다. 게다가 프레첼과 맥주의 환상적인 궁합은 여기서도 여전히 빛난다.

초콜릿 스타우트 케이크

케이크 팬에 바를 버터 또는 오일 스프레이

중력분 250g + 케이크 팬에 뿌릴 여분

베이킹소다 1¼ts

베이킹파우더 1ts

소금 1/2ts

스타우트 맥주 240ml(예: 기네스)

무염 버터 170g

사워크림 160ml

달걀 2개

바닐라 익스트랙트 2ts

갈색설탕 220g

그래뉴당 150g

무가당 코코아가루 70g

인스턴트 에스프레소 파우더 1TS

라즈베리 쿨리*

생라즈베리 또는 냉동 라즈베리 310g

그래뉴당 2~4TS

레몬즙 1ts

라즈베리 치즈케이크 필링

크림치즈 115g(말랑한 것)

바닐라 스위스 머랭 버터크림 780ml (41쪽 참조)

라즈베리 쿨리 60ml 또는 취향껏

라즈베리 바크 초콜릿

다크초콜릿 225g

화이트초콜릿 85g

동결 건조 라즈베리 20g(잘게 썬 것)

미니 프레첼 25g(잘게 부순 것)

조립 재료

다크초콜릿 가나슈 45쪽 레시피 분량의 1/2

생라즈베리 60g(선택)

라즈베리 쿨리 1컵

초콜릿 스타우트 케이크 만들기

1. 오븐을 175°C로 예열한다. 지름 15cm 케이크 팬 3개에 버터나 기름을 칠하고 밀가루를 살짝 입혀서 한쪽에 둔다.

2. 밀가루, 베이킹소다, 베이킹파우더, 소금을 함께 체에 쳐서 한쪽에 둔다.

3. 중간 크기 소스팬에 스타우트 맥주와 버터를 넣고, 버터가 다 녹을 때까지 중불로 데운다.

4. 그동안 볼에 사워크림, 달걀, 바닐라 익스트랙트를 고루 섞어서 한쪽에 둔다.

5. 3의 맥주 혼합물에 2종류의 설탕, 코코아가루, 에스프레소 파우더를 넣고 거품기로 휘저어 섞는다. 불에서 내려 4의 크림 혼합물과 섞는다. 2의 체 친 밀가루를 넣고 거품기로 충분히 휘저어 뭉친 부분 없이 매끈한 반죽을 만든다.

6. 준비된 팬에 반죽을 똑같이 나누어 붓고 오븐에 넣는다. 이쑤시개로 케이크 한가운데를 찔렀다 빼도 반죽이 전혀 묻어나지 않을 때까지 22~24분 동안 굽는다. 오븐에서 꺼낸 케이크는 식힘망 위에서 10~15분쯤 식힌 다음 팬에서 빼낸다.

라즈베리 쿨리 만들기

7. 소스팬에 라즈베리, 설탕 2TS, 레몬즙을 넣고 중강불에 올린다. 부글부글 거품이 일기 시작하면 불을 약하게 줄이고 라즈베리가 저절로 뭉크러질 때까지 10분쯤 뭉근하게 끓인다. 맛을 봐서 필요하면 설탕을 더 넣는다. 촘촘한 거름망에 밭쳐서 씨와 고형물을 걸러내고, 완성된 쿨리는 그대로 식힌다.

라즈베리 치즈케이크 필링 만들기

8. 스탠드 믹서에 반죽용 패들을 끼우고, 크림치즈를 중속으로 부드럽고 크리미하게 믹싱한다. 여기에 버터크림과 식힌 라즈베리 쿨리 60ml를 추가해 매끈하게 믹싱한다(쿨리의 양은 취향에 따라 조절한다).

라즈베리 바크 초콜릿 만들기

9. 베이킹 트레이에 유산지나 실리콘 매트를 깐다.

10. 중탕 냄비에 다크초콜릿을 녹인다. 그동안 내열 그릇에 화이트초콜릿을 담아 전자레인지로 완전히 녹인다. 중간중간 상태를 확인하며 한 번에 20~30초씩 돌린다.

11. 녹인 다크초콜릿을 9의 베이킹 트레이에 붓고 L자 스패튤러로 6mm 두께가 되도록 평평하게 펼친다. 스푼으로 녹인 화이트초콜릿을 떠서 다크초콜릿 위에 끼얹은 뒤 나무 꼬챙이로 휘저어 회오리 무늬를 만든다. 라즈베리와 프레첼을 고루 흩뿌린다. 완성된 바크 초콜릿을 완전히 굳힌 뒤 적당한 크기로 조각낸다.

케이크 조립하기

12. 케이크가 완전히 식으면 조심스럽게 수평으로 2등분해서 똑같은 두께의 시트 6장을 만든다. 시트의 윗면을 평평하게 다듬고, 바닥 시트로 쓸 것을 골라 케이크 스탠드나 서빙 접시에 올린다. 제과용 붓으로 라즈베리 쿨리를 바른 다음, L자 스패튤러로 라즈베리 치즈케이크 필링 120ml를 펴 바른다. 다음 시트를 올리고 쿨리와 필링을 바르는 작업을 똑같이 반복한 뒤 마지막 시트로 덮는다.

13. 다크초콜릿 가나슈를 케이크 윗면에 듬뿍 퍼서 올린 뒤 L자 스패튤러로 고루 펼쳐서 가장자리까지 매끈하게 프로스팅한다. 가나슈가 굳기 전에 바크 초콜릿을 곳곳에 가볍게 찔러넣는다. 신선한 라즈베리를 올려서 모양을 내지 않고 자연스럽게 연출한다.

파티시에 노트

바크 초콜릿은 케이크를 서빙하는 당일에 만들어서 사용 직전까지 서늘하고 건조한 곳에 따로 보관한다.
라즈베리 스타우트 케이크는 바크 초콜릿 장식 없이 냉장고에서 최장 3일까지 보관할 수 있다(25쪽 참조).

시간이 없을 때

라즈베리 쿨리 대신 라즈베리잼을 따뜻하게 데운 뒤 체에 걸러 사용한다.

라벤더 올리브오일 케이크

Lavender Olive Oil Cake

—

시트 2장으로 구성된 지름 20cm 케이크(10~12인분)

어린 시절 나의 가장 친한 친구는 운 좋게도 바로 우리 집에서 두 집 건너에 사는 아이였다. 덕분에 나는 친구 집에 자전거를 타고 가서 말 그대로 온종일 같이 놀 수 있었고, 친구 부모님을 거의 친부모님처럼 따랐다. 우리가 서로의 집에서 잠을 잔 건 일일이 손에 꼽기 힘들 정도였고, 서로의 '두번째 엄마'가 해준 음식도 무척 많이 먹었다.

　친구의 엄마는 요즘 흔히 말하는 '식도락가'였다. 또 그 시절에도 가족을 위해 가장 신선하고 질 좋은 재료만을 엄선해서 요리하는 훌륭한 셰프로서 흠잡을 데 없는 안목으로 누구도 흉내 내기 힘든 완벽한 저녁상을 차려냈다. 그분은 주방에서 늘 신선한 라벤더와 시트러스 향이 섞인 최고급 올리브오일을 사용했다. 이 라벤더 올리브오일 케이크의 잊을 수 없는 우아한 향을 맡을 때마다 나는 그때 그 친구의 엄마가 생각난다.

시트러스 올리브오일 케이크

케이크 팬에 바를 버터 또는 오일 스프레이

중력분 280g + 케이크 팬에 뿌릴 여분

베이킹파우더 1¼ts

베이킹소다 1ts

소금 1/2ts

카다멈가루 1/2ts

양질의 올리브오일 180ml

그래뉴당 300g

레몬 제스트 1TS(곱게 간 것)

달걀 3개

버터밀크 180ml

라벤더 시럽

그래뉴당 100g

요리용 라벤더 1½ts(말린 것)

라벤더크림

차가운 헤비크림 480ml

요리용 라벤더 2ts(말린 것)

그래뉴당 2TS

바닐라 익스트랙트 1ts

시트러스 올리브오일 케이크 만들기

1. 오븐을 175°C로 예열한다. 지름 20cm 케이크 팬 2개에 버터나 기름을 칠하고 밀가루를 살짝 입혀서 한쪽에 둔다.

2. 밀가루, 베이킹소다, 베이킹파우더, 소금, 카다멈가루를 한꺼번에 체에 쳐서 한쪽에 둔다.

3. 스탠드 믹서에 반죽용 패들을 끼우고, 올리브오일, 설탕, 레몬 제스트를 중속으로 고루 섞이도록 믹싱한다. 속도를 중저속으로 낮추고 달걀을 한 번에 1개씩 추가해 믹싱한다. 믹싱을 멈추고 믹싱볼 가장자리를 주걱으로 긁어 정리한다.

4. 다시 저속으로 믹싱하면서 2의 체 친 밀가루를 세 번에 나누어 버터밀크와 번갈아 넣는다. 순서는 '밀가루-버터밀크-밀가루-버터밀크-밀가루'로 한다. 날가루가 보이지 않을 정도로 섞이면 속도를 중속으로 높여서 30초 더 믹싱한다.

5. 준비된 팬에 반죽을 똑같이 나누어 붓고 오븐에 넣는다. 이쑤시개로 케이크 한가운데를 찔렀다 빼도 반죽이 전혀 묻어나지 않을 때까지 24~26분 동안 굽는다. 오븐에서 꺼낸 케이크는 식힘망 위에서 10~15분쯤 식힌 다음 팬에서 빼낸다.

라벤더 시럽 만들기

6. 소스팬에 설탕과 물 120ml를 붓고 중강불에서 끓인다. 부글부글 끓기 시작하면 불을 약하게 줄이고 라벤더를 넣고 8~10분 동안 뭉근하게 졸여 시럽을 만든다. 불에서 내려 식을 때까지 라벤더 향을 우려낸다. 촘촘한 거름망에 밭여 라벤더를 걸러낸다.

라벤더크림 만들기

7. 소스팬에 헤비크림과 라벤더를 넣고 중약불로 가열한다. 약하게 끓기 시작하면 5분 동안 그대로 두었다가 불에서 내린 뒤 라벤더 향이 우러나도록 20분쯤 그대로 둔다. 촘촘한 거름망에 밭여 라벤더를 걸러내고, 크림은 덮개를 씌워 냉장고에서 차갑게 식힌다.

8. 스탠드 믹서에 거품기를 끼우고, 차갑게 식힌 크림을 중속으로 휘핑한다. 크림이 되직해지기 시작하면 설탕과 바닐라 익스트랙트를 추가한 뒤 속도를 고속으로 높여 끝부분이 적당히 단단하고 뾰족하게 설 때까지 휘핑한다. 완성된 휘프크림*은 계속 냉장 보관했다가 케이크를 조립할 때 꺼내고, 조립한 케이크는 곧장 서빙해야 크림이 무너지지 않는다.

케이크 조립하기

9. 케이크가 완전히 식으면 제과용 붓으로 시트 위에 라벤더 시럽을 넉넉히 바른다. 바닥 시트로 쓸 것을 골라 케이크 스탠드나 서빙 접시에 올리고, 준비된 라벤더크림의 1/2을 펴 바른 뒤 나머지 시트로 덮는다. L자 스패튤러로 남은 라벤더크림을 케이크 윗면에 러스틱 피니시(31쪽 참조)로 바른다.

파티시에 노트

라벤더 시럽은 미리 만들어서 유리병에 담아 냉장고에 두면 일주일까지 쓸 수 있다. 휩트크림도 미리 만들어 밀폐용기에 따로 담아 냉장할 수 있지만, 만든 지 8시간 안에는 사용해야 한다. 조립을 마친 케이크는 바로 먹는 것이 가장 좋고, 냉장고에 최장 2일까지 보관할 수도 있다. 이 경우 서빙 30분 전에 미리 냉장고에서 꺼내둔다(25쪽 참조).

남은 재료 활용법

라벤더 시럽은 아이스티의 단맛을 낼 때 쓸 수 있다.

겨울 스포츠와 진한 호박색 위스키는 추운 날씨와 떼려야 뗄 수 없는 관계다. 그래서일까, 이곳 캐나다에 찬바람이 불기 시작하면 벽난로 앞에서 아이스하키 중계를 시청하며 먹는 이 버터스카치 버번 케이크 한 조각이 어김없이 생각난다. 사실 버번 위스키는 내 취향에 딱 맞는 술은 아니다. 하지만 케이크에 넣으면 이야기가 완전히 달라진다. 이 적당히 달달한 캐러멜향 위스키를 멋진 디저트로 변신시키는 일등공신은 바로 버터와 설탕이다. 버번 버터스카치 토핑이 마치 황금 물처럼 버터크림의 퀄리티를 최고급으로 높여준다.

버번 케이크

케이크 팬에 바를 버터 또는 오일
　　스프레이
박력분 295g + 케이크 팬에 뿌릴 여분
베이킹파우더 1½ts
베이킹소다 3/4ts
소금 1/2ts
너트메그가루 1/2ts(즉석에서 간 것)
실온 무염 버터 170g
그래뉴당 150g
갈색설탕 140g
바닐라 익스트랙트 1ts
달걀 2개
달걀노른자 2개
버터밀크 240ml
버번 위스키 60ml

버번 버터스카치

무염 버터 6TS(80g)
갈색설탕 165g
콘시럽 1ts
소금 1/2ts
헤비크림 60ml
바닐라 익스트랙트 1/2ts
버번 위스키 3TS

버번 버터스카치 버터크림

스위스 바닐라 머랭 버터크림 1L
　　(41쪽 참조)
버번 버터스카치 120ml(식은 것)
　　또는 취향껏

버터스카치 버번 케이크

Butterscotch Bourbon Cake

—

시트 3장으로 구성된 지름 15cm 케이크(10~12인분)

버번 케이크 만들기

1. 오븐을 175°C로 예열한다. 지름 15cm 케이크 팬 3개에 버터나 기름을 칠하고 밀가루를 살짝 입혀서 한쪽에 둔다.

2. 밀가루, 베이킹파우더, 베이킹소다, 소금, 너트메그가루를 한꺼번에 체에 쳐서 한쪽에 둔다.

3. 스탠드 믹서에 반죽용 패들을 끼우고, 버터를 중속으로 매끈하게 믹싱한다. 2종류의 설탕을 추가하고 속도를 중고속으로 높여 버터의 질감이 솜사탕처럼 가벼워질 때까지 3~5분 동안 믹싱한다. 믹싱을 멈추고 믹싱볼 가장자리를 주걱으로 긁어 정리한다.

4. 다시 중저속으로 믹싱하면서 바닐라 익스트랙트에 이어 달걀과 달걀노른자를 한 번에 1개씩 추가한다. 모든 재료가 고루 섞이면 믹싱을 멈추고 믹싱볼 가장자리를 정리한다.

5. 다시 저속으로 믹싱하면서 **2**의 체 친 밀가루를 세 번에 나누어 버터밀크와 번갈아 넣는다. 순서는 '밀가루-버터밀크-밀가루-버터밀크-밀가루'로 한다. 속도를 중속으로 높이고 버번 위스키를 천천히 흘려넣는다. 30초 더 믹싱한다.

6. 준비된 팬에 반죽을 똑같이 나누어 붓고 오븐에 넣는다. 이쑤시개로 케이크 한가운데를 찔렀다 빼도 반죽이 전혀 묻어나지 않을 때까지 22~25분 동안 굽는다. 오븐에서 꺼낸 케이크는 식힘망 위에서 10~15분쯤 식힌 다음 팬에서 빼낸다.

버번 버터스카치 만들기

7. 바닥이 두꺼운 소스팬에 버터를 넣고 중불에 올린다. 버터가 다 녹으면 설탕, 콘시럽, 소금을 넣고 잘 섞는다. 불을 중강불로 키우고 설탕이 다 녹아서 알갱이가 전혀 보이지 않을 때까지 나무스푼으로 약 5분 동안 계속 저어준다.

8. 소스팬을 불에서 내린 다음, 거품기로 계속 휘저으면서 헤비크림을 조심스럽게 섞는다(파티시에 노트 참조). 다시 팬을 약불에 올리고 거품기로 계속 휘저으며 8분 동안 뭉근하게 끓인 뒤 내열용기에 옮겨 담는다. 바닐라 익스트랙트와 버번 위스키를 섞은 다음 그대로 실온 정도까지 식힌다. 식은 뒤에는 농도가 약간 걸쭉해진다.

버번 버터스카치 버터크림 만들기

9. 스탠드 믹서에 반죽용 패들을 끼우고 버터를 실크처럼 매끈하게 믹싱한다. 여기에 식은 버번 버터스카치를 120ml 또는 원하는 만큼 넣고 완전히 섞이도록 믹싱한다.

케이크 조립하기

10. 케이크가 완전히 식으면 윗면을 평평하게 다듬고 바닥 시트로 쓸 것을 골라 케이크 스탠드나 서빙 접시에 올린다. L자 스패튤러로 버번 버터크림 180ml를 시트에 펴 바른다. 다음 시트를 올리고 버터크림을 똑같이 펴 바른 뒤 마지막 시트로 덮는다. 남은 버터크림으로 케이크의 윗면과 옆면을 프로스팅하고, 냉장고에 넣어 15~20분 동안 굳힌다. 남은 버터스카치를 다시 데워서 걸쭉한 시럽 상태로 만든 다음, 케이크 윗면 한가운데에 조심스럽게 붓는다. L자 스패튤러나 스푼으로 넓게 펼쳐서 가장자리를 타고 자연스럽게 흘러내리게 한다.

데커레이션 팁

아이싱 스무더를 이용해 줄무늬 피니시(30쪽 참조)로 버터스카치 프로스팅에 무늬를 넣는다. 마지막으로 케이크 아래쪽을 빙 둘러가며 펄 보더나 브레이디드 보더(37쪽 참조)를 파이핑한다.

파티시에 노트

뜨거운 버터스카치에 크림을 추가할 때는 순식간에 내용물이 부글거리며 넘칠 수 있으므로 특히 조심해야 한다. 거품기로 내용물을 계속 휘저으며 크림을 천천히 붓는다.
버터스카치를 케이크 위에 끼얹을 때 온도가 적당한지 의심스럽다면, 케이크 옆면에 소량을 떨어뜨려 테스트해본다. 이 부분은 나중에 뒤로 돌려놓는다.
버터스카치 버번 케이크는 냉장고에서 최장 4일까지 보관할 수 있으며 냉동 보관도 가능하다(25쪽 참조). 버터스카치는 따로 보관한다.

남은 재료 활용법

남은 버번 버터스카치를 다시 데워서 홈메이드 아이스크림선디*에 뿌려 먹는다.

가족과 친구들을 위한 케이크를 만들 때는 매번 새로운 맛과 레시피를 시도해볼 수 있다는 것이 장점이다. 그런 실험작의 하나인 핑크페퍼콘 체리 케이크는 급하게 계획한 데다 만드는 과정에서도 우여곡절이 많았지만 그래서인지 더 애정이 간다.

사실 이 레시피는 원래 피스타치오 케이크를 만들기 위한 것이었다. 생일을 맞은 친구를 위해 친구가 가장 좋아하는 피스타치오와 파삭한 머랭을 조합한 케이크를 만들 생각이었다. 그러나 막상 생일 주간이 되었을 때, 피스타치오 페이스트를 구할 수가 없었다. 미처 생각해 둔 대안이 없었던 나는 급히 밴쿠버의 구어메 웨어하우스로 달려갔다. 각종 향신료, 오일, 차, 스프링클 등 수백만 가지 식재료로 가득한 이곳은 셰프들에게는 꿈의 공간이다. 넘쳐나는 정보와 촉박한 시간에 쫓겨, 나의 베이킹 버킷리스트와 그동안 시도해보고 싶었던 참신한 맛의 디저트 목록을 급하게 머릿속에 떠올려보았다. 바로 그때 눈에 들어온 것이 빛깔도 선명한 핑크페퍼콘*이다.

핑크페퍼콘! 그랬다. 나는 예전부터 핑크페퍼콘을 디저트에 활용해보고 싶었고, 잘하면 아주 독특한 케이크가 나올 거라고 생각했다! 그럼 핑크페퍼콘과 잘 어울리는 건 뭘까? 머릿속에 퍼뜩 떠오른 건 내가 좋아하는 딸기 흑후추 잼이지만, 붉은색 과일이라면 무엇이든 핑크페퍼콘의 단맛과 훌륭하게 어우러질 거라고 확신했고, 곧장 타트체리 절임 한 병을 구입해 집으로 돌아왔다. 그날의 결과물이 바로 이 아름다운 케이크다.

아몬드 버터 케이크

케이크 팬에 바를 버터 또는 오일
  스프레이
박력분 260g
중력분 125g
베이킹파우더 1TS
소금 3/4ts
아몬드밀* 80g
실온 무염 버터 285g
그래뉴당 400g
아몬드 익스트랙트 2½ts
바닐라 익스트랙트 1ts
달걀 4개
우유 315ml

핑크페퍼콘 버터크림

바닐라 스위스 머랭 버터크림 1L
  (41쪽 참조)
핑크페퍼콘 2~3ts(곱게 으깬 것)
소금 1/8ts
핑크색 젤 타입 식용색소
  2~3방울(선택)

체리잼

생체리 680g(씨 빼고 2등분한 것)
레몬즙 3TS
그래뉴당 200g
발사믹 식초 1~2ts(선택)

크리스피 머랭 키세스

달걀흰자 60ml
그래뉴당 100g
소금 약간
타르타르크림 1/8ts
바닐라 익스트랙트 1/4ts

핑크페퍼콘 체리 케이크

Pink Peppercorn Cherry Cake

시트 3장으로 구성된 지름 20cm 케이크(12~15인분)

아몬드 버터 케이크 만들기

1. 오븐을 175°C로 예열한다. 지름 20cm 케이크 팬 3개에 버터나 기름을 칠하고 유산지를 깔아 한쪽에 둔다.

2. 2종류의 밀가루, 베이킹파우더, 소금을 한꺼번에 체에 친 다음 아몬드밀을 넣고 고루 휘저어 한쪽에 둔다.

3. 스탠드 믹서에 반죽용 패들을 끼우고, 버터를 중속으로 매끈하게 믹싱한다. 설탕을 추가하고 속도를 중고속으로 높여 버터의 질감이 솜사탕처럼 가벼워질 때까지 3~5분 동안 믹싱한다. 믹싱을 멈추고 믹싱볼 가장자리를 주걱으로 긁어 정리한다.

4. 다시 중저속으로 믹싱하면서 아몬드 익스트랙트, 바닐라 익스트랙트에 이어 달걀을 한 번에 1개씩 추가한다. 모든 재료가 고루 섞이면 믹싱을 멈추고 믹싱볼 가장자리를 정리한다.

5. 다시 저속으로 믹싱하면서 2의 체 친 밀가루를 세 번에 나누어 우유와 번갈아 넣는다. 순서는 '밀가루-우유-밀가루-우유-밀가루'로 한다. 날가루가 보이지 않을 때까지 섞이면 속도를 중속으로 높여 30초 더 믹싱한다.

6. 준비된 팬에 반죽을 똑같이 나누어 붓고 오븐에 넣는다. 이쑤시개로 케이크 한가운데를 찔렀다 빼도 반죽이 전혀 묻어나지 않을 때까지 25~28분 동안 굽는다. 오븐에서 꺼낸 케이크는 식힘망 위에서 10~15분쯤 식힌 다음 팬에서 **빼낸다**.

핑크페퍼콘 버터크림 만들기

7. 스탠드 믹서에 반죽용 패들을 끼우고 버터크림을 실크처럼 매끈하게 믹싱한다. 여기에 핑크페퍼콘, 소금, 식용색소를 추가하고 중고속으로 믹싱해 고루 섞는다.

체리잼 만들기

8. 변색되지 않는 큰 냄비나 소스팬에 체리와 레몬즙을 넣고 중강불에서 체리가 뭉크러질 때까지 10분쯤 끓인다. 설탕을 넣고 잘 섞은 뒤 중불로 줄여서 계속 뭉근하게 끓인다. 부글대던 거품이 잦아들고 잼의 농도가 걸쭉해지면 불에서 내려 발사믹 식초를 넣고 섞는다. 식초를 넣으면 달콤하면서도 톡 쏘는 맛이 강해진다. 완성된 잼은 내열 용기에 담아 식힌다.

크리스피 머랭 키세스 만들기

9. 오븐을 100°C로 예열한다. 베이킹 트레이에 유산지를 깔아둔다.

10. 스탠드 믹서에 딸린 믹싱볼에 달걀흰자와 설탕, 소금을 넣고 직접 거품기로 휘저어 섞는다. 중간 크기 소스팬에 물을 약간 붓고 중강불에 올린다. 소스팬 위에 믹싱볼을 걸쳐놓고 중탕한다(믹싱볼 바닥이 물에 직접 닿지 않도록 주의한다). 거품기로 가끔 휘저으며 설탕이 다 녹을 때까지 2~3분쯤 데운다. 이때쯤 믹싱볼 바깥쪽을 만져보면 따끈할 것이다.

11. 따끈한 믹싱볼을 거품기를 끼운 스탠드 믹서로 조심스럽게 옮긴다. 믹싱볼 바깥쪽이 미지근해질 때까지 달걀흰자 혼합물을 고속으로 휘핑한다. 타르타르크림과 바닐라 익스트랙트를 추가하고 계속 휘핑해서 윤기가 흐르고 끝부분이 단단하고 뾰족하게 서는 머랭을 완성한다.

12. 큰 원형 깍지를 끼운 짤주머니에 머랭을 채워넣는다. 유산지를 깐 베이킹 팬 위에 조그만 키세스 모양을 파이핑한다(105쪽 참조).

13. 머랭을 크기에 따라 30~60분 동안 오븐에 굽는다. 만졌을 때 바싹 말라 있고, 유산지에서 쉽게 떨어지면서도 안쪽은 살짝 쫀득한 상태가 되면 다 구워진 것이다. 아래쪽 폭이 5cm인 머랭 키세스의 경우 굽는 시간이 45~60분쯤 소요된다.

케이크 조립하기

14. 케이크가 완전히 식으면 윗면을 평평하게 다듬은 뒤 바닥 시트로 쓸 것을 골라 케이크 스탠드나 서빙 접시에 올린다. 원형 깍지를 끼운 짤주머니에 버터크림을 채워서 케이크 윗면 가장자리를 빙 둘러가며 댐을 쌓듯 파이핑한다(27쪽 참조). 이어서 댐 안쪽에 체리잼 80~120ml를 펴 바른다. 다음 시트를 올린 다음 똑같이 버터크림 댐을 쌓고 잼을 바른 뒤 마지막 시트로 덮는다. 남은 버터크림으로 케이크의 윗면과 옆면을 프로스팅한다. 서빙하기 전, 머랭 키세스를 케이크 윗면 가장자리부터 빙 돌려가며 올려서 중심부까지 가득 메운다.

파티시에 노트

체리잼을 만들 때 설탕이 캐러멜화되면 반죽 전체를 망칠 수 있다. 따라서 그보다는 살짝 덜 졸여진 잼이 낫다. 어차피 잼은 식으면 농도가 더 걸쭉해진다.

체리잼은 미리 만들어서 유리병에 담아 냉장고에 넣어두면 2~4주까지 쓸 수 있다. 크리스피 머랭 키세스도 미리 만들어 밀폐용기에 담아 서늘하고 건조한 곳에 두면 일주일은 괜찮다. 핑크페퍼콘 체리 케이크는 냉장고에서 최장 4일까지 보관할 수 있으며 냉동 보관도 가능하다(25쪽 참조). 이때 머랭은 따로 보관한다.

시간이 없을 때

자신이 가장 좋아하는 시판 체리잼을 사용한다.

남은 재료 활용법

녹인 초콜릿에 크리스피 머랭 키세스를 아래쪽만 살짝 담갔다가 굳혀서 먹어보시길!

데커레이션 팁

매끈한 피니시(28쪽), 줄무늬 피니시(30쪽), 회오리 피니시(31쪽) 기법으로 케이크를 프로스팅한다. (사진의 케이크는 회오리 피니시 기법을 썼다.)

반짝이는 꼬마전구로 줄줄이 장식한, 가까운 지인들과의 야외 디너파티에서 이 바나나 에스프레소 케이크를 들고 당당히 걸어가는 내 모습을 상상해본다. 정교하게 파이핑한 마스카르포네 버터크림, 부드럽고 끈적한 캐러멜 소스, 초콜릿 컬이 층층이 쌓인 이 아름다운 레이어 케이크를 본 순간, 사람들은 자기도 모르게 감탄 어린 찬사를 내뱉을 것이다. 본격적인 식사가 시작된 뒤에도 이 멋진 작품에 대한 그들의 호기심은 사라지지 않는다. 바닐라 시폰 케이크는 가볍고 부드러운 데다 럼 에스프레소 시럽을 듬뿍 발라 놀랄 만큼 촉촉하다. 크리미한 마스카르포네 필링, 신선한 바나나, 중독적인 솔티드 캐러멜 소스가 한데 어우러진 이 케이크를 거부할 수 있는 사람은 많지 않을 것이다. 푸짐한 음식과 와인으로 이미 충분히 배가 부른 상황이라도 말이다. 이처럼 주목받는 디저트를 준비해온 나는 그날의 슈퍼히어로가 될 것이 분명하다. 적어도 나는 그럴 거라고 믿는다.

클래식한 영국의 바노피 파이*와 이탈리아의 티라미수(티라미수는 이탈리아어로 '내 기운을 북돋아주세요'라는 뜻이라고 한다)를 조합한 이 케이크는 저녁식사 후에 먹는 디저트로 완벽하다. 식후 소화제로 바나나가 들어간 케이크를 먹는다고 생각하면 좋지 아니한가!

바닐라 에스프레소 시폰 케이크

케이크 팬에 바를 버터 또는 오일
 스프레이
박력분 260g
인스턴트 에스프레소 파우더 1TS
베이킹파우더 2ts
소금 1/2ts
포도씨유 120ml
그래뉴당 275g
바닐라빈 1개(씨앗만 준비)
달걀노른자 6개
우유 120ml
달걀흰자 8개
타르타르크림 3/4ts

럼 에스프레소 시럽

그래뉴당 100g
인스턴트 에스프레소 파우더 2ts
다크 럼 60ml

마스카르포네 버터크림

달걀흰자 150ml
그래뉴당 250g
실온 무염 버터 340g(깍둑 썬 것)
마스카르포네 치즈 180ml(말랑한 것)
다크 럼 1TS
바닐라 익스트랙트 1ts

조립 재료

잘 익은 바나나 2~3개(12mm 두께로
 어슷하게 슬라이스한 것)
솔티드 캐러멜 소스 240ml
 (43쪽 참조)
장식용 초콜릿 컬(72쪽 참조, 선택)

바노피 티라미수 케이크

Banoffee Tiramisu Cake

시트 3장으로 구성된 지름 20cm 케이크(12~15인분)

바닐라 에스프레소 시폰 케이크 만들기

1. 오븐을 175°C로 예열한다. 지름 20cm 케이크 팬 3개의 바닥에 유산지를 깔아서 한쪽에 둔다.

2. 밀가루, 에스프레소 파우더, 베이킹파우더, 소금을 한꺼번에 체에 쳐서 한쪽에 둔다.

3. 스탠드 믹서에 반죽용 패들을 끼운다. 믹싱볼에 포도씨유, 설탕 250g, 바닐라빈 씨앗을 넣고 중속으로 1분 동안 믹싱한다. 달걀노른자를 한 번에 1개씩 넣고 3분쯤 더 믹싱한다. 혼합물의 부피가 점점 커지고 뽀얀 빛이 돌기 시작하면 믹싱을 멈추고 믹싱볼 가장자리를 주걱으로 정리한다.

4. 다시 저속으로 믹싱하면서 2의 체 친 밀가루를 세 번에 나누어 우유와 번갈아 넣는다. 순서는 '밀가루-우유-밀가루-우유-밀가루'로 한다. 날가루가 보이지 않을 정도로 고루 섞이면 속도를 중속으로 높여 30초 더 믹싱한다. 반죽을 큰 볼에 옮겨서 한쪽에 둔다.

5. 4의 믹싱볼을 물로 깨끗이 씻어서 잘 말린다. 스탠드 믹서에 거품기를 끼우고, 달걀흰자를 중저속으로 휘핑해 거품을 낸다. 남은 설탕 2TS과 타르타르크림을 추가하고 고속으로 계속 휘핑해 단단하고 끝이 뾰족하게 서는 머랭을 완성한다.

6. 머랭을 4의 반죽에 조심스럽고 빠르게 폴딩해서 섞는다. 준비된 팬에 반죽을 똑같이 나누어 붓고 오븐에 넣는다. 이쑤시개로 케이크 한가운데를 찔렀다 빼도 반죽이 전혀 묻어나지 않을 때까지 23~25분 동안 굽는다. 오븐에서 꺼낸 케이크를 식힘망 위에서 10~15분쯤 식힌 다음, 과도나 금속 스패튤러로 케이크 가장자리를 한번 쓱 훑은 뒤 팬에서 빼낸다.

럼 에스프레소 시럽 만들기

7. 소스팬에 설탕, 에스프레소 파우더, 물 60ml를 넣고 불에 올린다. 부글부글 끓기 시작하면 불을 약하게 줄이고 5분쯤 뭉근히 끓인다. 시럽을 불에서 내려 럼을 섞은 뒤 5분쯤 식혀서 사용한다.

마스카르포네 버터크림 만들기

8. 스탠드 믹서에 딸린 믹싱볼에 달걀흰자와 설탕을 넣고 직접 거품기로 휘저어 섞는다. 중간 크기 소스팬에 물을 약간 붓고 중강불에 올린다. 소스팬 위에 믹싱볼을 걸쳐놓고 중탕한다(이때 믹싱볼 바닥이 물에 직접 닿아서는 안 된다).

9. 가끔 거품기로 휘저어가며 달걀 혼합물의 온도가 70°C에 다다르거나, 믹싱볼 바깥쪽이 뜨겁게 느껴질 때까지 데운다. 믹싱볼을 조심스럽게 스탠드 믹서로 옮긴다.

10. 스탠드 믹서에 거품기를 끼우고 고속으로 8~10분쯤 휘핑한다. 거품기를 들어올렸을 때 머랭의 끝이 적당히 단단하고 뾰족한 모양을 띠면 휘핑을 멈춘다. 이때 믹싱볼의 바깥쪽 온도는 실온 정도여야 하고, 머랭에 남은 열기가 없어야 한다. 믹서에서 거품기를 빼고 반죽용 패들로 갈아 끼운 뒤, 저속으로 믹싱하면서 버터를 한 번에 몇 조각씩 넣는다(파티시에 노트 참조). 버터가 고루 섞이면, 속도를 중고속으로 높이고 3~5분 동안 믹싱해서 실크처럼 매끈하게 만든다. 이어 속도를 중저속으로 낮추고 마스카르포네 치즈, 럼, 바닐라 익스트랙트를 추가해 고루 믹싱한다.

케이크 조립하기

11. 원형 깍지를 끼운 짤주머니에 버터크림을 채워서 한쪽에 둔다.

12. 케이크가 완전히 식으면 윗면을 평평하게 다듬은 뒤 제과용 붓으로 럼 에스프레소 시럽을 모든 시트에 넉넉히 바른다. 바닥 시트로 쓸 것을 골라 서빙 접시에 올린다. L자 스패튤러로 버터크림 120ml를 펴 바른 다음, 버터크림을 채운 짤주머니로 시트 윗면 가장자리를 빙 둘러가며 키세스 모양을 파이핑한다(105쪽 참조). 키세스 원 안쪽을 준비된 바나나의 절반과 솔티드 캐러멜 소스 60ml로 채운다. 다음 시트를 올리고 똑같은 과정을 반복한 뒤 마지막 시트로 덮는다. 케이크 윗면에 남은 버터크림을 파이핑하고, 초콜릿 컬로 덮어준다. 서빙할 때는 솔티드 캐러멜 소스를 추가로 더 뿌린다.

파티시에 노트

10에서 버터를 넣은 뒤 혼합물이 분리될 것처럼 보이더라도 신경 쓰지 말고 계속 믹싱한다. 버터가 너무 차가워서 융합되는 데 시간이 좀 더 필요할 뿐이다(42쪽 팁과 문제 해결법 참조).

바노피 티라미수 케이크는 냉장고에서 최장 3일까지 보관할 수 있다(25쪽 참조).

국제적인 도시에서 산다는 건 그만큼 많은 기회가 열려 있다는 뜻이다. 특히 요리에 관한 한 더 그렇다. 우리 집에서 걸어갈 수 있는 거리 안쪽만 살펴봐도 일식 레스토랑, 한국식 바비큐 식당, 우크라이나 스타일 카페, 아프리카 식품점, 라멘집 등을 곳곳에서 찾아볼 수 있다. 거리에는 싱싱한 지역 농산물 판매점 외에도 향신료 전문 가게와 아시아 식품점들도 많이 있다. 이 모든 훌륭한 재료들을 활용하면 수없이 다양한 요리를 만들 수 있을 것이다.

내가 최근 들어 활용하기 시작한 과일 중 하나는 유자다. 진한 향이 특징인 이 감귤류의 원산지는 동아시아 지역이지만, 지난 10여 년 동안 전 세계에 널리 알려졌다. 귤과 레몬의 교배종으로 새콤하고 쌉쌀한 맛은 자몽과 비슷하다. 유자즙과 유자 제스트는 다른 감귤류보다 풍미가 강해서 특이하고 이국적인 빵과자를 만들 때 유용하게 쓸 수 있다.

유자 커드

- 실온 무염 버터 7TS(100g, 깍둑 썬 것)
- 그래뉴당 200g
- 유자즙 60ml(갓 짠 것, 215쪽 파티시에 노트 참조)
- 레몬즙 3TS
- 달걀 1개
- 달걀노른자 3개

유자 케이크

- 케이크 팬에 바를 버터 또는 오일 스프레이
- 박력분 425g + 팬에 뿌릴 여분
- 베이킹파우더 2ts
- 베이킹소다 3/4ts
- 소금 1/4ts
- 실온 무염 버터 225g
- 그래뉴당 400g
- 유자(곱게 간 것) 또는 자몽 제스트 2TS
- 달걀흰자 6개
- 유자즙 3TS(갓 짠 것, 215쪽 파티시에 노트 참조)
- 자몽즙 60ml(자몽 1개 분량, 갓 짠 것)
- 우유 240ml

조립 재료

- 바닐라 스위스 머랭 버터크림 1.5L (41쪽 참조)
- 젤 타입 식용색소(선택)

유자 시트러스 케이크

Yuzu Citrus Cake

—

시트 3장으로 구성된 지름 20cm 케이크(12~15인분)

유자 커드 만들기

1. 내열 그릇에 버터를 담아 한쪽에 둔다.

2. 중간 크기 소스팬에 설탕, 유자즙, 레몬즙, 달걀, 달걀노른자를 넣고 거품기로 휘저어 고루 섞은 뒤 중불에 올린다. 달걀이 뭉치지 않도록 계속 저어가며 6~8분 동안 끓인다. 혼합물이 스푼 뒤쪽에 코팅될 만큼 걸쭉해지거나 온도가 70℃에 다다르면 불에서 내린다.

3. 2의 뜨거운 커드를 촘촘한 거름망에 밭여 1의 버터 위에 부은 뒤 충분히 저어서 고루 섞는다. 커드의 표면이 굳지 않도록 식품용 랩을 직접 닿게 덮어서 냉장고에 넣고 4시간에서 하룻밤 동안 둔다.

유자 케이크 만들기

4. 오븐을 175℃로 예열한다. 지름 20cm 케이크 팬 3개에 버터나 기름을 칠하고 밀가루를 살짝 입혀서 한쪽에 둔다.

5. 밀가루, 베이킹파우더, 베이킹소다, 소금을 한꺼번에 체에 쳐서 한쪽에 둔다.

6. 작은 볼에 설탕과 유자 제스트를 담아 향이 충분히 배어나도록 손끝으로 조물조물 버무린다.

7. 스탠드 믹서에 반죽용 패들을 끼우고 버터를 중속으로 매끈하게 믹싱한다. 6의 설탕 혼합물을 추가한 뒤 중고속으로 3~5분 동안 더 믹싱한다. 버터의 질감이 솜사탕처럼 가벼워지면 믹싱을 멈추고 믹싱볼 가장자리를 주걱으로 정리한다.

8. 다시 중저속으로 믹싱하면서 달걀흰자를 천천히 추가해 고루 섞는다. 이어 유자즙과 자몽즙을 넣고 완전히 섞이면 믹싱을 멈추고 믹싱볼 가장자리를 주걱으로 정리한다.

9. 다시 저속으로 믹싱하면서 5의 체 친 밀가루를 세 번에 나누어 우유와 번갈아 넣는다. 순서는 '밀가루-우유-밀가루-우유-밀가루'로 한다. 날가루가 보이지 않을 정도로 고루 섞이면 속도를 중속으로 높여 30초 더 믹싱한다.

10. 준비된 팬에 반죽을 똑같이 나누어 붓고 오븐에 넣는다. 이쑤시개로 케이크 한가운데를 찔렀다 빼도 반죽이 전혀 묻어나지 않을 때까지 23~25분 동안 굽는다. 오븐에서 꺼낸 케이크는 식힘망 위에서 10~15분쯤 식힌 다음 팬에서 빼낸다.

케이크 조립하기

11. 버터크림을 원하는 색깔의 식용 색소로 물들인다.

12. 케이크가 완전히 식으면 윗면을 평평하게 다듬은 뒤 바닥 시트로 쓸 것을 골라 케이크 스탠드나 서빙 접시에 올린다. 중간 크기의 원형 깍지를 끼운 짤주머니에 버터크림을 채워넣는다. 바닥 시트 위 가장자리를 빙 둘러가며 댐을 쌓듯 버터크림을 파이핑한 다음, 댐 안쪽에 준비된 커드의 1/2을 펴 바른다. 다음 시트를 올리고 똑같은 작업을 반복한 뒤 마지막 시트도 덮는다. 케이크의 윗면과 옆면을 남은 버터크림으로 프로스팅한다.

데커레이션 팁

사진 속 케이크와 비슷하게 페탈 피니시(33쪽 참조)로 프로스팅하려면, 바닐라 스위스 머랭 버터크림 1.5L가 필요하다. 버터크림의 색깔별로 짤주머니도 3개 있어야 한다. 먼저 케이크에 크럼 코트 작업을 한다. 남은 버터크림을 작은 믹싱볼 3개에 나누어 담아 각각 다른 색깔로 물들인 다음, 3개의 짤주머니에 각각 채워넣는다. 케이크 옆면을 빙 둘러가며 구근이나 키세스 모양으로 파이핑하되(33쪽 참조), 버터크림의 색깔을 번갈아 사용한다. 색깔 조합의 패턴은 전체적으로 동일해야 한다. 좀 더 심플하게 마무리할 계획이라면, 버터크림 1L만 준비해도 된다.

파티시에 노트

신선한 유자를 구하기 힘들거나 제철이 아닐 경우, 시판 유자즙을 사용한다. 제품에 따라 약간 짠맛이 나는 유자즙도 있으므로, 미리 맛을 보거나 조심해서 사용해야 한다. 유자즙의 양을 줄이기로 했다면, 대신 자몽즙을 더 넣는다.

유자 커드는 미리 만들어서 밀폐용기에 담아 냉장하면 1개월까지 사용할 수 있다. 유자 시트러스 케이크는 냉장고에서 최장 3일까지 보관할 수 있다(25쪽 참조).

우리 부부의 결혼식 피로연은 새크라멘토 도서관 5층의 세련된 아트리움에서 열렸다. 사방이 통창이라 마치 탁 트인 야외에 있는 듯한 느낌을 주면서도 뜨거운 여름 햇볕은 막을 수 있는 곳이었다. 우리는 그 우아한 공간을 화려한 열대지방 꽃과 내가 물려받은 하와이 문화와 관련된 장식물들로 꾸몄다. 이런 분위기에 맞춰 음료는 열대지방의 느낌이 물씬 풍기는 산뜻한 칵테일로 정했다. 내가 선택한 코코넛 모히토와 남편이 고른 마이타이가 바로 그것이다. 그래서인지 이번 케이크는 개인적으로 우리 결혼식 날을 생각나게 한다. 특유의 신선한 열대지방의 맛이 모두에게 바닷바람과 새하얀 모래밭을 떠올리게 할 거라고 확신한다. 라임과 민트의 시원하고 자극적인 풍미는 크리미한 코코넛 럼 버터크림과 완벽한 조화를 이룬다. 라임 민트 설탕은 칵테일 잔 가장자리에 묻힌 소금이나 설탕처럼 장난스러우면서도 기분 좋은 맛의 포인트 역할을 한다. 이 케이크가 결혼식을 비롯한 축하 자리에 잘 어울리는 이유다.

라임 민트 설탕

그래뉴당 100g
민트 1TS(잘게 다진 것)
라임 제스트 1ts(곱게 간 것)

민트 럼 시럽

그래뉴당 100g
화이트 럼 60ml
생민트 30g

코코넛 럼 버터크림

코코넛크림 60ml(219쪽 파티시에
  노트 참조)
화이트 럼 1½TS

라임 케이크

케이크 팬에 바를 버터 또는 오일
  스프레이
달걀흰자 5개
바닐라 익스트랙트 1ts
우유 180ml
박력분 325g + 팬에 뿌릴 여분
그래뉴당 300g
베이킹파우더 1TS
소금 3/4ts
라임 제스트 1½TS(곱게 간 것)
실온 무염 버터 170g(깍둑 썬 것)

라임 필링

크림치즈 55g(말랑한 것)
바닐라 스위스 머랭 버터크림 1L
  (41쪽 참조)
라임즙 2ts
라임 제스트 1ts(곱게 간 것)
녹색 젤 타입 식용색소(선택)

코코넛 모히토 케이크

Coconut Mojito Cake

—

시트 3장으로 구성된 지름 15cm 케이크(8~10인분)

라임 민트 설탕 만들기

1. 설탕, 민트, 라임 제스트를 푸드 프로세서에 넣고 스푼으로 대강 섞은 뒤 순간 작동 기능으로 민트만 다진다. 유산지 위에 혼합물을 쏟아 넓게 펼쳐서 하룻밤 동안 말린다.

라임 케이크 만들기

2. 오븐을 175°C로 예열한다. 지름 15cm 케이크 팬 3개에 버터나 기름을 칠하고 밀가루를 살짝 입혀 한쪽에 둔다.

3. 작은 볼에 달걀흰자, 바닐라, 우유 60ml를 넣고 고루 섞어서 한쪽에 둔다.

4. 스탠드 믹서에 반죽용 패들을 끼운다. 밀가루, 설탕, 베이킹파우더, 소금을 한꺼번에 체에 쳐서 믹싱볼에 담고 라임 제스트를 넣는다. 저속으로 믹싱해 고루 섞은 뒤 버터와 남은 우유 120ml를 넣고 날가루가 촉촉해질 정도까지만 믹싱한다. 중고속으로 1분쯤 더 믹싱해 모든 재료가 완전히 섞이게 한다. 믹싱을 멈추고 믹싱볼 가장자리를 주걱으로 정리한다.

5. 다시 중속으로 믹싱하면서 3의 달걀흰자 혼합물을 세 번에 나누어 넣는다. 한 번 넣을 때마다 20초쯤 믹싱한 뒤 멈추고 믹싱볼 가장자리를 주걱으로 정리한다.

6. 준비된 팬에 반죽을 똑같이 나누어 붓고 오븐에 넣는다. 이쑤시개로 케이크 한가운데를 찔렀다 빼도 반죽이 전혀 묻어나지 않을 때까지 23~25분 동안 굽는다. 오븐에서 꺼낸 케이크는 식힘망 위에서 10~15분쯤 식힌 다음 팬에서 빼낸다.

민트 럼 시럽 만들기

7. 소스팬에 설탕, 럼, 물 60ml를 붓고 스푼으로 고루 섞은 뒤 중강불에 올린다. 설탕물이 끓을 동안 민트 잎을 볼에 넣고 짓이긴다.

8. 끓기 시작하면 불을 약하게 줄인 뒤 짓이긴 민트 잎을 넣고 뭉근히 졸여 시럽을 만든다. 팬을 불에서 내린 다음 시럽이 식을 때까지 민트향을 계속 우린다. 볼 위에 촘촘한 거름망을 걸쳐놓고 시럽을 받아 민트 잎을 걸러낸다.

라임 필링 만들기

9. 스탠드 믹서에 반죽용 패들을 장착하고, 크림치즈를 중속으로 매끈하게 믹싱한다. 바닐라 스위스 머랭 버터크림 300ml와 라임즙, 라임 제스트, 식용색소를 추가하고 고루 섞이도록 믹싱한다. 완성된 라임 필링을 다른 볼에 옮겨 담고, 믹싱볼을 깨끗이 씻는다.

코코넛 럼 버터크림 만들기

10. 스탠드 믹서에 반죽용 패들을 끼우고, 바닐라 스위스 머랭 버터크림 600ml를 실크처럼 매끈하게 믹싱한다. 코코넛크림과 럼을 추가하고 고루 섞이도록 믹싱한다.

케이크 조립하기

11. 케이크가 완전히 식으면 윗면을 평평하게 다듬은 뒤 바닥 시트로 쓸 것을 고른다. 제과용 붓으로 모든 시트에 민트 럼 시럽을 넉넉히 바른다. 바닥 시트를 케이크 스탠드나 서빙 접시에 놓고, L자 스패튤러로 준비된 라임 필링의 1/2을 펴 바른다. 두번째 시트를 올리고 똑같이 필링을 펴 바른 뒤 마지막 시트로 덮는다. 케이크의 옆면과 윗면을 코코넛 럼 버터크림으로 프로스팅하고, 라임 민트 설탕으로 장식한다.

데커레이션 팁

L자 스패튤러를 사용해 회오리 피니시(31쪽 참조)로 프로스팅하고, 케이크 위쪽 가장자리를 빙 둘러 라임 민트 설탕을 뿌린다.

파티시에 노트

코코넛크림을 구하기 힘들 경우, 코코넛밀크 3TS로 대체할 수 있다. 캔에 든 코코넛밀크가 고체와 액체로 분리된 상태라면, 위쪽에 떠 있는 고체 60ml를 사용한다.
코코넛 모히토 케이크는 냉장고에서 최장 3일까지 보관할 수 있으며, 냉동 보관도 가능하다(25쪽 참조).

남은 재료 활용법

라임 민트 설탕은 밀폐용기에 보관한다. 신선한 과일 칵테일에 들어가는 민트 럼 시럽의 단맛을 추가할 때 쓰거나, 칵테일 잔 테두리에 장식한다.

나는 주말에 농산물 직거래장을 구경하는 걸 좋아한다. 특히 색색의 여름 채소와 과일, 그중에서도 생생한 붉은빛의 루바브와 즙이 가득한 베리류는 언제나 내 눈길을 사로잡는다. 루바브의 톡 쏘는 맛은 잘 익은 노지 딸기의 달콤한 맛과 잘 어울려서 특히 잼이나 파이로 만들면 좋다.

이번 케이크는 루바브와 딸기의 조화로운 맛에 달콤한 리슬링 와인의 산뜻함을 더해 만든, 내 스타일의 샴페인 딸기 케이크다. 오트 크럼블은 구운 과일칩과 비슷한 식감을 낸다. 더운 여름날, 과일 콩포트*나 차가운 리슬링 와인과 함께 즐겨보시길.

리슬링 케이크

케이크 팬에 바를 버터 또는 오일
  스프레이
박력분 425g + 팬에 뿌릴 여분
베이킹파우더 1TS + 1ts
소금 3/4ts
실온 무염 버터 225g
그래뉴당 400g
바닐라 익스트랙트 2ts
달걀흰자 6개
스위트 리슬링 와인 360ml

루바브 딸기 콩포트

딸기 225g(꼭지 제거해서 4등분한 것)
루바브 115g(6mm 두께로 썬 것)
그래뉴당 50g
레몬즙 2TS

루바브 버터크림

바닐라 스위스 머랭 버터크림 2L
  (41쪽 참조)
루바브 딸기 콩포트 120ml

오트 크럼블

오트밀 45g
아몬드 슬라이스 25g
갈색설탕 55g
중력분 30g
실온 무염 버터 3TS
꿀 2TS
시나몬가루 1/2ts
소금 1/4ts

조립 재료

젤 타입 식용색소(선택)
남은 바닐라 스위스 머랭 버터크림
장식용 생딸기(선택)
남은 루바브 딸기 콩포트(서빙용, 선택)

리슬링 루바브 크리스프 케이크

Riesling Rhubarb Crisp Cake

—

시트 3장으로 구성된 지름 20cm 케이크(12~15인분)

리슬링 케이크 만들기

1. 오븐을 175°C로 예열한다. 지름 20cm 케이크 팬 3개에 버터나 기름을 칠하고 밀가루를 살짝 입혀 한쪽에 둔다.

2. 밀가루, 베이킹파우더, 소금을 한꺼번에 체에 쳐서 한쪽에 둔다.

3. 스탠드 믹서에 반죽용 패들을 끼우고 버터를 중속으로 매끈하게 믹싱한다. 설탕을 추가하고 중고속으로 3~5분 동안 더 믹싱한다. 버터의 질감이 솜사탕처럼 가벼워지면 믹싱을 멈추고 믹싱볼 가장자리를 주걱으로 정리한다.

4. 다시 중저속으로 믹싱하면서 바닐라 익스트랙트와 달걀흰자를 천천히 추가해 고루 섞는다. 믹싱을 멈추고 믹싱볼 가장자리를 주걱으로 정리한다.

5. 다시 저속으로 믹싱하면서 **2**의 체 친 밀가루를 세 번에 나누어 리슬링 와인과 번갈아 넣는다. 순서는 '밀가루-리슬링-밀가루-리슬링-밀가루'로 한다. 날가루가 보이지 않을 정도로 고루 섞이면 속도를 중속으로 높여 30초만 더 믹싱한다.

6. 준비된 팬에 반죽을 똑같이 나누어 붓고 오븐에 넣는다. 이쑤시개로 케이크 한가운데를 찔렀다 빼도 반죽이 전혀 묻어나지 않을 때까지 23~25분 동안 굽는다. 오븐에서 꺼낸 케이크는 식힘망 위에서 10~15분쯤 식힌 다음 팬에서 빼낸다.

루바브 딸기 콩포트 만들기

7. 중간 크기 소스팬에 딸기, 루바브, 설탕, 레몬즙을 넣고 중강불에서 나무 스푼으로 가끔 저어가며 끓인다. 과즙이 부글부글 끓기 시작하면 불을 약하게 줄이고 과육이 저절로 뭉크러질 때까지 8~10분 동안 끓인다. 불에서 내려 그대로 식힌다.

루바브 버터크림 만들기

8. 스탠드 믹서에 반죽용 패들을 끼우고, 버터크림 480ml를 실크처럼 매끈하게 믹싱한다. 완전히 식힌 루바브 딸기 콩포트 120ml를 넣고 고루 섞일 때까지 믹싱한다.

오트 크럼블 만들기

9. 오븐을 190°C로 예열한다. 베이킹 트레이에 유산지를 깔아둔다.

10. 중간 크기 볼에 오트밀, 아몬드, 설탕, 밀가루, 버터, 꿀, 시나몬가루, 소금을 넣고 나무 스푼으로 고루 섞는다. 젖은 모래처럼 뭉친 오트 혼합물을 베이킹 트레이에 쏟아서 넓게 펼친 뒤 오븐에 넣고 8~10분 동안 노릇노릇하게 굽는다(중간에 한 번 뒤적거린다). 크럼블을 완전히 식히고, 필요할 경우 더 잘게 부순다.

케이크 조립하기

11. 케이크가 완전히 식으면 윗면을 평평하게 다듬은 뒤 바닥 시트로 쓸 것을 골라 케이크 스탠드나 서빙 접시에 올린다. L자 스패튤러로 루바브 버터크림 240ml를 펴 바르고, 그 위에 오트 크럼블 50~75g을 고루 뿌린다. 다음 시트를 올리고 똑같은 과정을 반복한 뒤 마지막 시트로 덮는다.

12. 남은 바닐라 스위스 머랭 버터크림을 젤 타입 식용색소로 물들여 케이크의 윗면과 옆면을 프로스팅한다. 생딸기가 있다면 케이크 위에 올려 장식하고, 남은 콩포트도 곁들여 서빙한다.

데커레이션 팁

사진과 같이 케이크 전체에 러플 무늬를 파이핑하려면, 짤주머니에 꽃잎 깍지를 끼우고 버터크림을 채워넣는다. 케이크 위쪽에서부터 옆면을 빙 둘러가며 연속적으로 러플 스웨그를 파이핑한다(36쪽 참조). 깍지 끝부분의 얇은 쪽이 위를 향하게 해서 위아래가 거꾸로 뒤집힌 러플을 표현한다. 이어 첫번째 줄의 아랫부분과 약간 겹치도록 두번째 술을 파이핑한다. 이 같은 방식으로 케이크 옆면 전체를 러플로 가득 채운다. 좀 더 심플하게 프로스팅할 계획이라면, 버터크림을 1.5L만 준비해도 충분하다.

파티시에 노트

리슬링 루바브 크리스프 케이크는 냉장고에서 최장 4일까지 보관할 수 있으며, 냉동 보관도 가능하다(25쪽 참조).

레드와인 블랙베리 케이크

Red Wine Blackberry Cake

시트 3장으로 구성된 지름 15cm 케이크(8~10인분)

내가 예전에 운영하던 '프로스티드 케이크 숍'은 와인 판매점과 시내에서 가장 인기 있는 로스터리 카페 사이에 끼어 있었다. 신기하게도 세 곳 모두 똑같은 시기에 개업했고, 밤낮으로 손님들이 붐비는 잘 나가는 가게였다.

덕분에 나는 매일 갓 추출한, 깜짝 놀라게 신선하고 맛있는 커피를 마시는 호사를 누릴 수 있었다. 당연히 내 레시피에도 그 카페에서 판매하는 다양한 커피가 사용되었다. 그런데 커피만큼 와인도 케이크의 맛을 한층 살려줄 수 있다는 사실을 깨닫는 데는 꽤 오랜 시간이 걸렸다. 레드와인 블랙베리 케이크는 나의 믿음직한 이웃이 추천해준 달콤하지만 묵직한 와인에 과즙이 가득한 블랙베리와 진한 다크초콜릿을 더해서 갈무리한 호사스러우면서도 다부진, 꼭 찬 느낌의 디저트다.

레드와인 케이크

케이크 팬에 바를 버터 또는 오일 스프레이

중력분 190g + 팬에 뿌릴 여분

무가당 코코아가루 55g

베이킹소다 3/4ts

베이킹파우더 1/2ts

소금 1/2ts

실온 무염 버터 170g

그래뉴당 300g

바닐라 익스트랙트 1ts

달걀 2개

달걀노른자 1개

풀바디 레드와인 240ml
　　(예: 카베르네, 말벡, 시라 등)

블랙베리 가나슈

생블랙베리 420g

그래뉴당 2TS

다크초콜릿 170g(다진 것)

슈거파우더 95g(체 친 것)

조립 재료

생블랙베리 70~140g

레드와인 케이크 만들기

1. 오븐을 175°C로 예열한다. 지름 20cm 케이크 팬 3개에 버터나 기름을 칠하고 밀가루를 살짝 입혀 한쪽에 둔다.

2. 밀가루, 코코아가루, 베이킹소다, 베이킹파우더, 소금을 한꺼번에 체에 쳐서 한쪽에 둔다.

3. 스탠드 믹서에 반죽용 패들을 끼우고 버터를 중속으로 매끈하게 믹싱한다. 설탕을 추가하고 중고속으로 3~5분 동안 더 믹싱한다. 버터의 질감이 솜사탕처럼 가벼워지면 믹싱을 멈추고 믹싱볼 가장자리를 주걱으로 정리한다.

4. 다시 중저속으로 믹싱하면서 바닐라 익스트랙트에 이어 달걀과 달걀노른자를 한 번에 1개씩 추가해 고루 섞는다. 믹싱을 멈추고 믹싱볼 가장자리를 주걱으로 정리한다.

5. 다시 저속으로 믹싱하면서 2의 체 친 밀가루를 세 번에 나누어 레드와인과 번갈아 넣는다. 순서는 '밀가루-와인-밀가루-와인-밀가루'로 한다. 날가루가 보이지 않을 정도로 고루 섞이면 속도를 중속으로 높여 30초 더 믹싱한다.

6. 준비된 팬에 반죽을 똑같이 나누어 붓고 오븐에 넣는다. 이쑤시개로 케이크 한가운데를 찔렀다 빼도 반죽이 전혀 묻어나지 않을 때까지 23~25분 동안 굽는다. 오븐에서 꺼낸 케이크는 식힘망 위에서 10~15분쯤 식힌 다음 팬에서 빼낸다.

블랙베리 가나슈 만들기

7. 소스팬에 블랙베리와 그래뉴당을 넣고 중강불에 올린다. 10분쯤 지나 블랙베리가 뭉크러지면서 즙이 흘러나오기 시작하면 불에서 내린다. 촘촘한 거름망에 밭여 씨를 비롯한 고형물을 걸러내고 즙만 볼에 받는다.

8. 내열 그릇에 초콜릿을 담아 한쪽에 둔다. 소스팬에 7의 블랙베리즙 6TS(90ml)을 넣고 약불로 끓기 직전까지 가열한다(남은 즙은 케이크를 마무리할 때 쓴다). 뜨거운 즙을 초콜릿 위에 붓고 30초 동안 그대로 두었다가 거품기로 휘저어 매끈하게 섞는다. 완성된 가나슈는 실온 정도로 식혔을 때 케이크에 펴 바를 수 있는 농도가 되어야 한다.

9. 실온 정도로 식은 가나슈를 거품기로 가볍게 휘저어 풀어준 뒤 슈거파우더를 넣고 매끈하게 섞는다.

케이크 조립하기

10. 케이크가 완전히 식으면 윗면을 평평하게 다듬은 뒤 바닥 시트로 쓸 것을 고른다. 제과용 붓으로 남은 7의 블랙베리즙을 모든 시트에 넉넉히 바른다. 바닥 시트를 케이크 스탠드나 서빙 접시에 놓고, L자 스패튤러로 블랙베리 가나슈 80ml를 펴 바른다(파티시에 노트 참조). 두번째 시트를 올리고 똑같이 가나슈를 펴 바른 뒤 마지막 시트로 덮는다. 남은 가나슈로 케이크 윗면과 옆면을 프로스팅하고, 생블랙베리를 케이크 위에 올려 장식한다.

데커레이션 팁

세련된 맛과 대비되는 효과를 내려면 케이크 표면을 완전히 프로스팅하는 대신 완성이 덜 된 듯한 러스틱 피니시 기법(31쪽 참조)을 활용한다. 서빙 직전에 생블랙베리를 케이크 위에 자연스럽게 쌓아올린다.

파티시에 노트

가나슈가 굳어서 프로스팅하기 힘들다면, 전자레인지에 넣고 한 번에 20초씩(출력량 '중' 기준) 여러 번 돌려서 농도를 조절한다. 레드와인 블랙베리 케이크는 냉장고에서 최장 4일까지 보관할 수 있으며, 냉동 보관도 가능하다(25쪽 참조). 블랙베리는 따로 보관한다.

시간이 없을 때

가나슈에 넣을 블랙베리즙을 별도로 만드는 대신 시판 블랙베리 주스를 사용한다.

호박 바닐라 차이 케이크

Pumpkin Vanilla Chai Cake

—

시트 3장으로 구성된 지름 15cm 케이크(8~10인분)

요즘 어디를 둘러봐도 온통 누런 늙은 호박 천지라고 느끼는 건 나 혼자뿐일까? 혹시 지금이 9월이라 그런 걸까? 나는 호박 요리를 좋아해서, 해마다 가을이면 호박 요리를 마음껏 할 수 있다는 기대에 부푼다. 아직도 시도해보지 못한 요리가 많지만, 이쯤에서 호박 특유의 맛에 모던한 변화를 주면 어떨까 싶다.

　앞서 말했듯이 나는 마시는 차를 무척 좋아하는 마니아다. 가장 좋아하는 건 진한 차이* 라테다. 따뜻한 시나몬, 강렬한 카다멈, 매운 생강, 너트메그로 풍미를 더한 차이 라테는 가을을 형상화한 음료로, 크리미한 호박과 완벽한 조화를 이룬다. 향신료가 들어간 수제 마시멜로를 올린 호박 바닐라 차이 케이크는 한 차원 높은 가을 손님 접대 메뉴가 될 것이다.

스파이스 마시멜로

케이크 팬에 바를 버터 또는 오일
　스프레이
장식용 슈거파우더
장식용 옥수수 전분
판형 젤라틴 3장(2½ts 또는 7g)
그래뉴당 300g
맑은 콘시럽 240ml
소금 1/4ts
바닐라빈 1개(씨앗만 준비)
시나몬가루 1/2ts
너트메그가루 1/2ts(즉석에서 간 것)

바닐라 차이 케이크

우유 240ml
말린 차이 잎 1TS
케이크 팬에 바를 버터 또는 오일
　스프레이
박력분 295g + 팬에 뿌릴 여분
베이킹파우더 2ts
시나몬가루 1ts
생강가루 1ts
소금 1/2ts
카다멈가루 1/2ts
너트메그가루 1/4ts(즉석에서 간 것)
실온 무염 버터 170g
그래뉴당 300g
바닐라빈 페이스트 2ts
달걀노른자 4개

호박 가나슈

화이트초콜릿 340g(다진 것)
시나몬가루 1/4ts
너트메그가루 1/8ts(즉석에서 간 것)
호박 퓌레 5TS(75ml)
헤비크림 2½TS
콘시럽 1ts
무염 버터 1TS

호박 차이 버터크림

무염 버터 170g
말린 차이 잎 2TS
슈거파우더 440g(체 친 것)
호박 퓌레 80ml
우유 2TS
바닐라빈 페이스트 1ts
시나몬가루 1/2ts
생강가루 1/2ts
너트메그가루 1/4ts(즉석에서 간 것)

스파이스 마시멜로 만들기

1. 23×33cm 크기의 사각형 베이킹 팬 안쪽에 버터나 기름을 칠한다. 슈거파우더와 옥수수 전분을 1:1 비율로 섞어서 팬에 충분히 뿌린다.

2. 스탠드 믹서에 딸린 믹싱볼에 젤라틴과 물 120ml를 넣고 한쪽에 둔다.

3. 소스팬에 설탕, 콘시럽, 소금, 물 120ml를 넣고 강불로 가열한다. 온도가 114°C에 다다르면 불에서 내린다.

4. 스탠드 믹서에 거품기를 끼우고, 물에 담가둔 젤라틴을 고속으로 휘핑하면서 3의 설탕 혼합물을 조심스럽게 붓는다. 믹싱볼 바깥쪽 온도가 실온 정도로 식을 때까지 8~10분 동안 계속 고속으로 휘핑한다. 바닐라빈 씨앗, 시나몬가루, 너트메그가루를 추가하고 고루 섞는다.

5. 오일 스프레이를 뿌린 스패튤러로 4의 마시멜로 반죽을 준비된 베이킹 팬에 퍼 담는다. 반죽 윗면을 재빨리 매끈하게 다듬고, 그 위에 슈거파우더를 고루 뿌린다. 식품용 랩을 씌워 한쪽에 두고 3시간쯤 굳힌다.

6. 오일 스프레이를 뿌린 칼로 완성된 마시멜로를 깍둑썰기 한 다음, 하나씩 슈거파우더에 굴려서 서로 달라붙지 않게 한다.

바닐라 차이 케이크 만들기

7. 소스팬에 우유를 넣고 중약불로 데운다. 약하게 끓기 시작하면 차이 잎을 넣고 불에서 내려 8~10분 동안 차향이 우러나게 한다. 촘촘한 거름망에 밭아 잎을 걸러내고, 우유는 그대로 식힌다.

8. 오븐을 175°C로 예열한다. 지름 15cm 케이크 팬 3개에 버터나 기름을 칠하고 밀가루를 살짝 입혀 한쪽에 둔다.

9. 밀가루, 베이킹파우더, 시나몬가루, 생강가루, 소금, 카다멈가루, 너트메그가루를 한꺼번에 체에 쳐서 한쪽에 둔다.

10. 스탠드 믹서에 반죽용 패들을 끼우고 버터를 중속으로 매끈하게 믹싱한다. 설탕을 추가하고 중고속으로 3~5분 동안 더 믹싱한다. 버터의 질감이 솜사탕처럼 가벼워지면 믹싱을 멈추고 믹싱볼 가장자리를 주걱으로 정리한다.

11. 다시 중저속으로 믹싱하면서 바닐라에 이어 달걀노른자를 한 번에 1개씩 추가한다. 완전히 섞이면 믹싱을 멈추고 믹싱볼 가장자리를 주걱으로 정리한다.

12. 다시 저속으로 믹싱하면서 체 친 밀가루를 세 번에 나누어 7의 우유와 번갈아 넣는다. 순서는 '밀가루-우유-밀가루-우유-밀가루'로 한다. 날가루가 보이지 않을 정도로 고루 섞이면 속도를 중속으로 높여 30초 더 믹싱한다.

13. 준비된 팬에 반죽을 똑같이 나누어 붓고 오븐에 넣는다. 이쑤시개로 케이크 한가운데를 찔렀다 빼도 반죽이 전혀 묻어나지 않을 때까지 23~25분 동안 굽는다. 오븐에서 꺼낸 케이크는 식힘망 위에서 10~15분쯤 식힌 다음 팬에서 빼낸다.

호박 가나슈 만들기

14. 내열 그릇에 화이트초콜릿을 담고 시나몬가루와 너트메그가루를 뿌려서 한쪽에 둔다. 소스팬에 호박 퓌레, 크림, 콘시럽을 넣고 중약불에 올린다. 약하게 끓기 시작하면 뭉근하게 몇 분 동안 더 끓인다.

15. 소스팬을 불에서 내려 화이트초콜릿 위에 붓는다. 거품기로 고루 휘저어 초콜릿을 완전히 녹인다. 버터를 추가한 뒤 뭉친 부분이 없도록 매끈하게 섞는다. 내열 용기에 옮겨 담아 냉장고에 넣는다. 중간에 가끔 뒤섞으며 1~2시간쯤 차갑게 식혀서 약간 걸쭉한 가나슈를 완성한다.

호박 차이 버터크림 만들기

16. 중간 크기 소스팬에 버터와 차이 잎을 넣고 중불로 가열해 버터를 완전히 녹인다. 불을 약하게 줄여 5분쯤 더 뭉근히 끓인다. 불에서 내린 뒤 차향이 우러나도록 5분 동안 그대로 둔다. 촘촘한 거름망에 밭아 잎을 걸러내고, 녹인 버터는 말랑한 정도로 굳을 때까지 20~30분쯤 식힌다. 버터에 미세한 잎가루가 남아 있어도 괜찮다.

17. 스탠드 믹서에 반죽용 패들을 끼우고, 16의 식힌 버터를 중속으로 매끈하게 믹싱한다. 속도를 중저속으로 줄이고 슈거파우더, 호박 퓌레, 우유, 바닐라, 시나몬가루, 생강가루, 너트메그가루를 추가한 뒤 모든 재료가 고루 섞일 때까지 믹싱한다. 속도를 중고속으로 높여서 버터크림의 질감이 솜사탕처럼 가벼워질 때까지 믹싱한다.

케이크 조립하기

18. 케이크가 완전히 식으면 윗면을 평평하게 다듬은 뒤 바닥 시트로 쓸 것을 골라 케이크 스탠드나 서빙 접시에 올린다. L자 스패튤러로 준비된 호박 가나슈의 1/2을 펴 바른다. 두번째 시트를 올리고 똑같이 가나슈를 펴 바른 뒤 마지막 시트로 덮는다. 케이크의 윗면과 옆면을 호박 버터크림으로 프로스팅하고 마시멜로로 장식한다.

데커레이션 팁

호박 버터크림은 바닐라 스위스 머랭 버터크림만큼 매끈하지 않으므로 프로스팅은 L자 스패튤러를 이용해 러스틱 피니시(31쪽 참조)로 하는 것을 추천한다. 회오리 무늬나 사선 무늬 등 원하는 무늬를 넣어도 좋다.

파티시에 노트

마시멜로는 밀폐용기에 일주일까지 보관이 가능하다. 호박 바닐라 차이 케이크는 냉장고에서 최장 3일까지 보관할 수 있다(25쪽 참조).

남은 재료 활용법

남는 마시멜로는 핫초콜릿에 넣거나 그냥 먹는다.

홀리데이 케이크

축하하는 날에는 케이크가 빠질 수 없다. 새해의 시작을 골든 샴페인 축하 케이크로 알리고, 가을의 문턱에서는 캐러멜 사과 케이크를 즐겨보자. 많은 이들을 기쁘게 해줄 이번 장의 케이크들은 계절의 맛을 물씬 느낄 수 있는 데다 과하지 않은 장식이 돋보여서 우리 삶의 특별한 순간들을 축하하는 자리에 완벽하게 어울린다.

초콜릿 석류 케이크

Chocolate Pomegranate Cake

—

시트 4장으로 구성된 지름 20cm 케이크(12~15인분)

공개적으로 말한 적은 거의 없지만, 우리 시어머니는 정말 다정하신 분이다. 깜짝 놀랄 만큼 친절하시고, 늘 나를 따뜻하게 맞아주신다. 내가 지금의 남편 브렛을 처음 만난 건 초가을이었다. 그래서 함께 보내는 첫 크리스마스에 브렛의 가족들과 처음 인사를 나누게 되었다. 초조해진 나는 저녁식사 자리에 무엇을 준비해가면 좋겠느냐고 계속 물어봤지만, 브렛은 아무것도 필요 없다고만 답했다. 특별한 날에는 어머니가 모든 것을 혼자 챙기느라 바쁘시다는 말을 익히 들었던 터라 나는 브렛이 내 제안을 거절하는 이유를 이해할 수 없었다. 결국 나는 내게 가장 익숙한 케이크를 만들어갔다.

솔직히 나는 엄청나게 화려한 케이크를 만들어가서 모두를 깜짝 놀라게 해주고 싶은 마음도 조금 있었다. 브렛의 어머니는 처음 온 손님에게 도움을 받는다는 건 꿈에도 생각지 못하실 만큼 예의를 중요시하는 분이었다. 그래서 내가 어떤 스트레스도 없이 크리스마스를 즐겁게 보내기를 바라실 뿐이었다. 어쨌거나 그날 나는 디저트를 만들어갔고, 그후 지금까지 매년 크리스마스 케이크를 담당하고 있다. 해마다 새로 개발한 매혹적인 맛의 케이크를 가족들에게 선보이는 일이 나에게는 큰 즐거움이다. 축제 느낌이 가득한 이 석류 케이크도 그렇게 해서 만든 레시피 중 하나다. 진한 석류 당밀이 복합적인 초콜릿 케이크에 촉촉함과 고급스러운 풍미를 더해주고, 필링에 들어간 석류의 짜릿한 맛은 매끈한 치즈케이크 버터크림의 달콤한 맛과 훌륭하게 어우러진다. 여기에 층층이 다크초콜릿 가나슈까지 숨어 있는 이 케이크는 특별한 날 한자리에 모인 손님들을 확실히 만족시킬 것이다.

사워크림 초콜릿 케이크

케이크 팬에 바를 버터 또는 오일
    스프레이
중력분 315g + 팬에 뿌릴 여분
무가당 코코아가루 95g
베이킹파우더 2½ts
베이킹소다 1ts
소금 1ts
포도씨유 180ml
그래뉴당 200g
갈색설탕 165g
바닐라 익스트랙트 2ts
아몬드 익스트랙트 1/2ts
달걀 2개
달걀노른자 1개
사워크림 240ml
뜨거운 커피 360ml(진하게 추출한 것)

석류 당밀

석류즙 480ml
그래뉴당 50g
레몬즙 2ts

석류 치즈케이크 필링

크림치즈 85g(말랑한 것)
바닐라 스위스 머랭 버터크림 1.5L
    (41쪽 참조)
석류 당밀 3TS

조립 재료

다크초콜릿 가나슈 240ml(45쪽 참조)
남은 바닐라 스위스 머랭 버터크림
석류 알갱이(선택)

사워크림 초콜릿 케이크

1. 오븐을 175℃로 예열한다. 지름 20cm 케이크 팬 2개에 버터나 기름을 칠하고 밀가루를 살짝 입혀서 한쪽에 둔다.

2. 밀가루, 코코아가루, 베이킹파우더, 베이킹소다, 소금을 한꺼번에 체에 쳐서 한쪽에 둔다.

3. 스탠드 믹서에 반죽용 패들을 끼운다. 믹싱볼에 포도씨유와 2종류의 설탕을 넣고 중속으로 2분 동안 믹싱한다. 믹싱을 계속하면서 아몬드 익스트랙트, 바닐라 익스트랙트에 이어 달걀과 달걀노른자를 한 번에 1개씩 추가한다. 모든 재료가 고루 섞이면 믹싱을 멈추고 믹싱볼 가장자리를 주걱으로 긁어 정리한다.

4. 다시 저속으로 믹싱하면서 2의 체 친 밀가루를 세 번에 나누어 사워크림과 번갈아 넣는다. 순서는 '밀가루-사워크림-밀가루-사워크림-밀가루'로 한다. 믹서를 끄고 믹싱볼 가장자리를 주걱으로 정리한다. 다시 저속으로 믹싱하면서 커피를 천천히 흘려넣는다. 속도를 중저속으로 높여 고루 섞일 때까지 30초 더 믹싱한다.

5. 준비한 팬에 반죽을 똑같이 나누어 붓고 예열된 오븐에 넣는다. 이쑤시개로 케이크 한가운데를 찔렀다 빼도 반죽이 전혀 묻어나지 않을 때까지 25~28분 동안 굽는다. 오븐에서 꺼낸 케이크는 식힘망 위에서 10~15분쯤 식힌 다음 팬에서 빼낸다.

석류 당밀 만들기

6. 중간 크기 소스팬에 석류즙, 설탕, 레몬즙을 넣고 고루 저어 섞은 뒤 중강불에 올린다. 끓기 시작하면 불을 약하게 줄이고 양이 180ml 정도로 줄어들 때까지 약 45분 동안 뭉근히 졸여 걸쭉한 시럽을 만든다. 불에서 내려 완전히 식힌다.

석류 치즈케이크 필링 만들기

7. 스탠드 믹서에 반죽용 패들을 끼우고, 크림치즈를 부드럽고 매끈하게 믹싱한다. 버터크림 480ml와 석류 당밀 3TS을 추가하고 완전히 섞일 때까지 계속 믹싱한다.

케이크 조립하기

8. 케이크가 완전히 식으면 긴 빵칼을 이용해 수평으로 2등분해서 두께가 똑같은 시트 4장을 만든다(27쪽 참조). 시트의 윗면을 평평하게 다듬고 바닥 시트로 쓸 것을 고른다. 제과용 붓으로 석류 당밀을 모든 시트에 넉넉히 바른다. 바닥 시트를 서빙 접시에 올리고, L자 스패튤러로 다크 초콜릿 가나슈 80ml를 바르고, 그 위에 다시 치즈케이크 필링 160ml를 매끈하게 펴 바른다. 다음 시트를 올리고 가나슈와 치즈케이크 필링을 바르는 작업을 똑같이 두 번 반복한 뒤 마지막 시트로 덮는다. 남은 버터크림으로 케이크 윗면과 옆면을 프로스팅하고, 석류 알갱이로 장식한다.

데커레이션 팁

L자 스패튤러를 이용해 매끈한 피니시(28쪽), 줄무늬 피니시(30쪽), 회오리 피니시(31쪽) 등의 방식으로 프로스팅한다. 작은 원형 깍지를 끼운 짤주머니에 남은 버터크림을 채워서 케이크 아래쪽 가장자리에 펄 보더(37쪽)를 파이핑한다. 마지막으로 케이크 위에 석류 알갱이를 왕관처럼 둥글게 올려 장식한다.

파티시에 노트

초콜릿 석류 케이크는 냉장고에서 최장 3일까지 보관할 수 있고, 냉동 보관도 가능하다(25쪽 참조).

시간이 없을 때

시중에서 판매하는 석류 당밀을 사용한다.

남은 재료 활용법

석류 당밀은 아이스티나 과일 상그리아의 단맛을 낼 때 활용할 수 있다.

골든 샴페인 축하 케이크

Golden Champagne Celebration Cake

——

시트 4장으로 구성된 지름 15cm 케이크(10~12인분)

새해맞이 케이크로 버터향이 진한 순수 바닐라 케이크보다 더 어울리는 게 있을까? 여기에 샴페인 한잔을 곁들이면 말 그대로 금상첨화다. 샴페인 한두 잔을 마신 뒤에 먹는 버터크림은 입안에서 풍미가 확 살아난다. 아름다운 금빛 케이크 한 조각으로 시작된 한 해는 눈부시지 않을 수 없을 것이다. 골든 샴페인 축하 케이크로 새로운 한 해의 각오를 다져보시길!

바닐라빈 버터 케이크

케이크 팬에 바를 버터 또는 오일
  스프레이
박력분 295g + 팬에 뿌릴 여분
베이킹파우더 2ts
소금 1/2ts
실온 무염 버터 170g
그래뉴당 300g
바닐라빈 1개(씨앗만 준비, 241쪽
  파티시에 노트 참조)
달걀노른자 4개
우유 240ml

샴페인 버터크림

바닐라 스위스 머랭 버터크림 1L
  (41쪽 참조)
샴페인 또는 스파클링 와인 120ml

조립 재료

식용 금박, 구슬 스프링클, 메탈릭
  스프링클(선택)

바닐라빈 버터 케이크 만들기

1. 오븐을 175°C로 예열한다. 지름 15cm 케이크 팬 4개에 버터나 기름을 칠하고 밀가루를 살짝 입혀 한쪽에 둔다.

2. 밀가루, 베이킹파우더, 소금을 한꺼번에 체에 쳐서 한쪽에 둔다.

3. 스탠드 믹서에 반죽용 패들을 끼우고 버터를 중속으로 매끈하게 믹싱한다. 설탕과 바닐라빈 씨앗을 추가하고 중고속으로 3~5분 동안 더 믹싱한다. 버터의 질감이 솜사탕처럼 가벼워지면 믹싱을 멈추고 믹싱볼 가장자리를 주걱으로 정리한다.

4. 다시 중저속으로 믹싱하면서 달걀노른자를 한 번에 1개씩 넣고 고루 섞는다. 믹싱을 멈추고 믹싱볼 가장자리를 주걱으로 정리한다.

5. 다시 저속으로 믹싱하면서 **2**의 체 친 밀가루를 세 번에 나누어 우유와 번갈아 넣는다. 순서는 '밀가루-우유-밀가루-우유-밀가루'로 한다. 날가루가 보이지 않을 정도로 고루 섞이면 속도를 중속으로 높여 30초 더 믹싱한다.

6. 준비된 팬에 반죽을 똑같이 나누어 붓고 오븐에 넣는다. 이쑤시개로 케이크 한가운데를 찔렀다 빼도 반죽이 전혀 묻어나지 않을 때까지 22~25분 동안 굽는다. 오븐에서 꺼낸 케이크는 식힘망 위에서 10~15분쯤 식힌 다음 팬에서 빼낸다.

샴페인 버터크림 만들기

7. 스탠드 믹서에 반죽용 패들을 끼우고, 버터크림을 실크처럼 매끈하게 믹싱한다. 샴페인을 천천히 흘려넣고 계속 믹싱해서 고루 섞는다.

케이크 조립하기

8. 케이크가 완전히 식으면 윗면을 평평하게 다듬은 뒤 바닥 시트로 쓸 것을 골라 케이크 스탠드나 서빙 접시에 올린다. L자 스패튤러로 버터크림 180ml를 펴 바른다. 다음 시트를 올리고 버터크림을 바르는 똑같은 과정을 두 번 반복한 뒤 마지막 시트로 덮는다. 남은 버터크림으로 케이크 윗면과 옆면을 프로스팅한 뒤 식용 금박(파티시에 노트 참조), 구슬 스프링클, 메탈릭 스프링클 등으로 장식한다.

데커레이션 팁

작은 L자 스패튤러를 이용해 매끈한 피니시(28쪽), 줄무늬 피니시(30쪽), 회오리 피니시(31쪽) 등의 방식으로 프로스팅한다. 원하는 스프링클 또는 금박으로 화려하게 장식한다.

파티시에 노트

케이크 위에 식용 금박을 올릴 때 과도나 깨끗한 족집게를 이용하면 손에 달라붙지 않아서 편하다.

바닐라빈 씨앗은 바닐라빈 페이스트 2ts으로 대체할 수 있다.

골든 샴페인 축하 케이크는 냉장고에서 최장 3일까지 보관할 수 있고, 냉동 보관도 가능하다(25쪽 참조).

밸런타인데이에 우리 부부는 근사한 레스토랑을 예약하거나 비싼 선물을 사주기보다는 집에서 함께 준비한 저녁을 먹고, 직접 만든 디저트로 마무리하는 것을 더 좋아한다. 그날을 위해 우리는 며칠 전부터 시간을 내서 세심하게 메뉴를 짜고 미리 장을 본다. 특히 나는 매번 새롭고 멋진 디저트를 준비하는 편이다.

    지금까지 가장 기억에 남는 밸런타인데이는 생후 3주 된 아들과 함께 보냈을 때였다. 우리는 기적처럼 간신히 짬을 내어 저녁을 준비했고, 신생아를 돌봐야 하는 나는 어쩔 수 없이 평소보다 간단한 디저트를 만들어야 했다. 그래서 선택한 것이 누가 만들어도 맛있는 바로 이 사워크림 초콜릿 케이크다. 이 케이크는 진하고 촉촉한 맛이 무조건 보장된다. 여기에 장미 무늬 프로스팅과 신선한 딸기만 더해도 로맨틱한 순간에 어울리는 특별한 디저트로 변신한다.

사워크림 초콜릿 케이크

케이크 팬에 바를 버터 또는 오일
   스프레이
중력분 220g + 팬에 뿌릴 여분
무가당 코코아가루 80g
베이킹파우더 1¾ts
베이킹소다 3/4ts
소금 3/4ts
포도씨유 135ml
그래뉴당 150g
갈색설탕 165g
달걀 2개
바닐라 익스트랙트 1ts
아몬드 익스트랙트 1/2ts
사워크림 240ml
뜨거운 커피 180ml(진하게 추출한 것)

딸기 장미 버터크림

생딸기 6~8알(꼭지 제거해서 4등분한
   것)
그래뉴당 2TS
소금 1/8ts
바닐라 스위스 머랭 버터크림 1L
   (41쪽 참조)
장미 익스트랙트 1/2ts

딸기 장미 밸런타인 케이크

Strawberry Rose Valentine Cake

—

시트 3장으로 구성된 지름 15cm 케이크(8~10인분)

사워크림 초콜릿 케이크 만들기

1. 오븐을 175°C로 예열한다. 지름 15cm 케이크 팬 3개에 버터나 기름을 칠하고 밀가루를 살짝 입혀서 한쪽에 둔다.

2. 밀가루, 코코아가루, 베이킹파우더, 베이킹소다, 소금을 한꺼번에 체에 쳐서 한쪽에 둔다.

3. 스탠드 믹서에 반죽용 패들을 끼운다. 믹싱볼에 포도씨유와 설탕을 넣고 중속으로 2분 동안 믹싱한다. 믹싱을 계속하면서 달걀, 아몬드 익스트랙트, 바닐라 익스트랙트를 추가한다. 모든 재료가 고루 섞이면 믹싱을 멈추고 믹싱볼 가장자리를 주걱으로 긁어 정리한다.

4. 다시 저속으로 믹싱하면서 **2**의 체 친 밀가루를 세 번에 나누어 사워크림과 번갈아 넣는다. 순서는 '밀가루-사워크림-밀가루-사워크림-밀가루'로 한다. 믹싱을 멈추고 믹싱볼 가장자리를 주걱으로 정리한다. 다시 저속으로 믹싱하면서 커피를 천천히 흘려넣는다. 속도를 중저속으로 높여 고루 섞일 때까지 30초 더 믹싱한다.

5. 준비한 팬에 반죽을 똑같이 나누어 붓고 예열된 오븐에 넣는다. 이쑤시개로 케이크 한가운데를 찔렀다 빼도 반죽이 전혀 묻어나지 않을 때까지 24~26분 동안 굽는다. 오븐에서 꺼낸 케이크는 식힘망 위에서 10~15분쯤 식힌 다음 팬에서 빼낸다.

딸기 장미 버터크림 만들기

6. 딸기, 설탕, 소금을 푸드 프로세서에 넣고 순간 작동 기능으로 곱게 갈아 퓌레를 만든다.

7. 스탠드 믹서에 반죽용 패들을 끼우고 버터크림을 실크처럼 매끈하게 믹싱한다. **6**의 딸기 퓌레 120ml와 장미 익스트랙트를 천천히 넣고 완전히 섞이도록 믹싱한다.

케이크 조립하기

8. 케이크가 완전히 식으면 윗면을 평평하게 다듬은 뒤 바닥 시트로 쓸 것을 골라 케이크 스탠드나 서빙 접시에 올린다. L자 스패튤러로 딸기 장미 버터크림 80ml를 펴 바른다. 다음 시트를 올리고 똑같이 버터크림을 바른 뒤 마지막 시트로 덮는다. 남은 버터크림으로 케이크 윗면과 옆면을 프로스팅한다.

데커레이션 팁

사진처럼 장미 무늬를 프로스팅하려면 먼저 중대형 별 깍지를 끼운 짤주머니에 남은 버터크림을 채운다. 케이크의 옆면과 윗면을 빙 둘러가며 로제트 무늬(37쪽 참조)를 조금씩 겹치게 파이핑한다. 위아래의 로제트는 서로 어긋나게 한다. 빈틈은 평범한 별 무늬(37쪽 참조)를 파이핑해서 메운다.

파티시에 노트

딸기 장미 밸런타인 케이크는 냉장고에서 최장 4일까지 보관할 수 있으며 냉동 보관도 가능하다(25쪽 참조).
케이크 표면을 얇고 매끈하게 프로스팅하고 싶다면, 각 시트 위에 펴 바르는 필링의 양을 165ml로 늘린다.

시간이 없을 때

딸기 장미 버터크림에 딸기 퓌레 대신 잼을 사용한다. 먼저 60ml를 넣어보고, 맛을 봐서 추가할 양을 조절한다.

클래식하고 요란스럽지 않으며 좋은 재료를 쓴 케이크. 당근 케이크는 대부분 견과류나 건포도 같은 숨은 보석들이 박혀 있을 때가 많다. 하지만 이번 케이크는 다르다. 약간의 시나몬과 다진 파인애플을 더해 일반적인 당근 케이크보다 훨씬 고급스러운 맛이 나는 이 디저트는 우리 집에서 가장 인기가 많은 케이크다. 나는 거의 10년 전부터 우리 가족의 부활절 축하 케이크부터 숍을 운영하던 시절 웨딩케이크까지 모두 이 레시피를 활용해 만들었다. 레몬 크림치즈 프로스팅의 산뜻하면서도 약간 톡 쏘는 맛은 이 케이크가 따뜻한 봄날의 모임에 완벽하게 어울리는 이유다. 좀 더 화려하게 꾸미고 싶다면 케이크 위에 설탕실로 만든 새 둥지를 얹어보라. '와아!' 하는 감탄사가 무조건 쏟아질 것이다.

당근 케이크

케이크 팬에 바를 버터 또는 오일
    스프레이
중력분 280g + 팬에 뿌릴 여분
베이킹파우더 2ts
베이킹소다 2ts
시나몬가루 2ts
소금 3/4ts
포도씨유 180ml
그래뉴당 250g
갈색설탕 110g
달걀 4개
당근 330g(잘게 썬 것)
파인애플 통조림 1캔(227g, 과육만
    잘게 다진 것)

레몬 크림치즈 프로스팅

크림치즈 115g(말랑한 것)
실온 무염 버터 115g
슈거파우더 440~500g(체 친 것)
레몬 제스트 2ts(곱게 간 것)
레몬즙 2ts
바닐라 익스트랙트 1/2ts

조립 재료

바닐라 스위스 머랭 버터크림 1L
    (41쪽 참조)
젤 타입 식용색소(선택)

설탕실 새 둥지(선택)

그래뉴당 400g
맑은 콘시럽 120ml

레몬 당근 케이크

Lemony Carrot Cake

—

시트 3장으로 구성된 지름 20cm 케이크(12~15인분)

당근 케이크 만들기

1. 오븐을 175°C로 예열한다. 지름 20cm 케이크 팬 3개에 버터나 기름을 칠하고 밀가루를 살짝 입혀서 한쪽에 둔다.

2. 밀가루, 베이킹파우더, 베이킹소다, 시나몬가루, 소금을 한꺼번에 체에 쳐서 한쪽에 둔다.

3. 스탠드 믹서에 반죽용 패들을 끼운다. 믹싱볼에 포도씨유와 2종류의 설탕을 넣고 중속으로 2분 동안 믹싱한다. 속도를 중저속으로 줄여 계속 믹싱하면서 달걀을 한 번에 1개씩 넣는다. 믹싱을 멈추고 믹싱볼 가장자리를 주걱으로 긁어 정리한다.

4. 다시 중저속으로 믹싱하면서 2의 체 친 밀가루를 두 번에 나누어 넣고 날가루가 더는 보이지 않을 때까지만 믹싱한다. 당근과 파인애플을 추가한 뒤 중저속으로 30초 더 믹싱해서 고루 섞는다.

5. 준비한 팬에 반죽을 똑같이 나누어 붓고 예열된 오븐에 넣는다. 이쑤시개로 케이크 한가운데를 찔렀다 빼도 반죽이 전혀 묻어나지 않을 때까지 25~28분 동안 굽는다. 오븐에서 꺼낸 케이크는 식힘망 위에서 10~15분쯤 식힌 다음 팬에서 빼낸다.

레몬 크림치즈 프로스팅 만들기

6. 스탠드 믹서에 반죽용 패들을 장착한다. 믹싱볼에 크림치즈와 버터를 넣고 중속으로 매끈하게 믹싱한다. 속도를 저속으로 줄인 뒤 슈거파우더, 레몬 제스트, 레몬즙, 바닐라 익스트랙트를 천천히 추가해 고루 섞는다. 속도를 중고속으로 높여 솜사탕처럼 가벼운 질감이 날 때까지 믹싱한다.

케이크 조립하기

7. 버터크림을 원하는 색깔의 식용색소로 물들인다.

8. 케이크가 완전히 식으면 바닥 시트로 쓸 것을 골라 케이크 스탠드나 서빙 접시에 올린다. L자 스패튤러로 레몬 크림치즈 프로스팅의 1/2을 펴 바른다. 다음 시트를 올리고 남은 프로스팅을 바른 뒤 마지막 시트로 덮는다. 바닐라 스위스 머랭 버터크림으로 케이크의 옆면과 윗면을 프로스팅한다. 설탕실 새 둥지를 만들 계획이라면 서빙 직전에 준비한다.

설탕실 새 둥지 만들기

9. 케이크를 서빙하기 바로 전, 작업자와 조리대 사이 바닥에 유산지를 깐다. 조리대 모서리에 나무 스푼 몇 개를 손잡이가 조리대 밖, 유산지 위로 비죽 튀어나오도록 마스킹테이프로 붙인다. 대신 스푼 손잡이가 물기 없이 바싹 마른 넓은 개수대 위로 튀어나오도록 놓아도 좋다.

10. 바닥이 두꺼운 소스팬에 설탕, 콘시럽, 물 120ml를 넣고 스푼으로 고루 휘저은 뒤 중강불에 올려 설탕물의 온도가 150°C에 이를 때까지 10~15분쯤 가열한다.

11. 그동안 커다란 볼에 얼음물을 준비한다.

12. 설탕의 온도가 150°C에 다다르면 곧바로 불에서 내려 더 이상 끓지 않도록 소스팬을 얼음물에 조심스럽게 담근다. 1분쯤 그대로 두었다가 설탕의 농도를 테스트한다. 거품기나 포크로 퍼올렸을 때 설탕물이 뚝뚝 떨어지지 않고 길고 가느다란 설탕실이 생기면 바로 사용해도 좋다(파티시에 노트 참조).

13. 거품기나 커다란 금속 포크를 뜨거운 설탕에 푹 담갔다가 재빨리 나무 스푼 손잡이 위쪽, 최소 10~15cm 이상 떨어진 위치에서 기술적으로 앞뒤로 흔들어 설탕실을 뽑는다. 길고 가는 설탕실이 스푼 손잡이 위에 걸쳐지는 것이다. 팔을 크게 움직이는 것과 손목 스냅으로 빠르게 움직이는 것 중 어느 쪽이 더 효율적인지 테스트해본다.

14. 뽑아낸 설탕실을 한데 모아 새 둥지처럼 둥그렇게 모양을 잡아 준다.

데커레이션 팁

원형 깍지를 끼운 짤주머니에 버터크림을 채워 도트 모양을 파이핑해서 사진처럼 가랜드 무늬를 표현한다. 마지막으로 아래쪽 가장자리를 빙 둘러 펄 보더를 파이핑한다(37쪽 참조).

파티시에 노트

처음에는 설탕이 엄청나게 뜨겁기 때문에 각별히 조심해야 한다. 습도가 높은 환경에서는 설탕 둥지가 더 빨리 무너질 수 있으므로 절대 냉장고에 넣어서는 안 된다. 설탕실이 바로 뽑히지 않으면, 뜨거운 설탕을 약간 식힌 뒤 다시 시도한다. 일단 설탕이 식기 시작하면 금세 못 쓰게 되므로, 미리 만반의 준비를 해놓고 단시간에 작업을 마쳐야 한다.
레몬 당근 케이크는 냉장고에서 최장 3일까지 보관할 수 있다(25쪽 참조).

캐러멜 사과 케이크

Caramel Apple Cake

시트 3장으로 구성된 지름 20cm 케이크(12~15인분)

케이크 숍을 운영하던 시절, 가장 인기가 높았던 상품은 단연코 가을 메뉴들이었다. 그중에서도 1등은 바로 이 캐러멜 사과 케이크였다. 이 케이크는 놀랄 만큼 촉촉하고 풍부한 맛으로 쌀쌀한 가을날 사람들의 마음을 따뜻하게 감싸안는다. 원래는 갈색설탕 캐러멜 프로스팅을 썼지만, 이번에는 매우 크리미한 둘세 데 레체* 버터크림과 애플사이더 캐러멜 소스로 맛을 한 단계 업그레이드했다. 계절이 바뀐 기념으로, 또는 핼러윈 축제의 전통 디저트인 캐러멜 사과 대신으로 이 케이크를 만들어보시길.

사과 스파이스 케이크

케이크 팬에 바를 버터 또는 오일
  스프레이
중력분 375g + 팬에 뿌릴 여분
베이킹파우더 2ts
시나몬가루 2ts
생강가루 1ts
베이킹소다 1ts
소금 1/2ts
너트메그가루 1/2ts(즉석에서 간 것)
포도씨유 150ml
그래뉴당 200g
갈색설탕 220g
달걀 4개
무가당 애플소스 180ml
사과 240g(껍질 벗겨 잘게 깍둑 썬
  것, 그래니스미스, 허니크리스프,
  핑크레이디 종)

둘세 데 레체 버터크림

바닐라 스위스 머랭 버터크림 1.5L
  (41쪽 참조)
둘세 데 레체 120ml(252쪽 파티시에
  노트 참조)

애플사이더 캐러멜

애플사이더 240ml
갈색설탕 110g
콘시럽 1ts
무염 버터 2TS(깍둑 썬 것)

조립 재료

남은 바닐라 스위스 머랭 버터크림

사과 스파이스 케이크 만들기

1. 오븐을 175°C로 예열한다. 지름 20cm 케이크 팬 3개에 버터나 기름을 칠하고 밀가루를 살짝 입혀서 한쪽에 둔다.

2. 밀가루, 베이킹파우더, 시나몬가루, 생강가루, 베이킹소다, 소금, 너트메그가루를 한꺼번에 체에 쳐서 한쪽에 둔다.

3. 스탠드 믹서에 반죽용 패들을 끼운다. 믹싱볼에 포도씨유와 2종류의 설탕을 넣고 중속으로 3~5분 동안 믹싱한다. 속도를 중저속으로 줄여 계속 믹싱하면서 달걀을 한 번에 1개씩 넣는다. 믹싱을 멈추고 믹싱볼 가장자리를 주걱으로 긁어 정리한다.

4. 다시 저속으로 믹싱하면서 2의 체 친 밀가루를 세 번에 나누어 애플소스와 번갈아 넣는다. 넣는 순서는 '밀가루-애플소스-밀가루-애플소스-밀가루'로 한다. 날가루가 더는 보이지 않으면 믹싱을 멈추고 사과를 넣는다. 저속으로 30초 더 믹싱해서 고루 섞는다.

5. 준비한 팬에 반죽을 똑같이 나누어 붓고 예열된 오븐에 넣는다. 이쑤시개로 케이크 한가운데를 찔렀다 빼도 반죽이 전혀 묻어나지 않을 때까지 24~26분 동안 굽는다. 오븐에서 꺼낸 케이크는 식힘망 위에서 10~15분쯤 식힌 다음 팬에서 빼낸다.

둘세 데 레체 버터크림 만들기

6. 스탠드 믹서에 반죽용 패들을 끼우고, 버터크림 480ml를 실크처럼 매끈하게 믹싱한다. 둘세 데 레체를 추가하고 고루 섞일 때까지 믹싱한다.

케이크 조립하기

7. 케이크가 완전히 식으면 윗면을 평평하게 다듬은 뒤 바닥 시트로 쓸 것을 골라 케이크 스탠드나 서빙 접시에 올린다. L자 스패튤러로 둘세 데 레체 버터크림 1/2을 펴 바른다. 다음 시트를 올리고 똑같이 버터크림을 바른 뒤 마지막 시트로 덮는다. 남겨둔 바닐라 스위스 머랭 버터크림으로 케이크 윗면과 옆면을 프로스팅한다.

애플사이더 캐러멜 만들기

8. 소스팬에 애플사이더를 붓고 강한 불에 올린다. 끓기 시작하면 불을 약하게 줄이고 양이 60ml로 줄어들 때까지 뭉근하게 졸인다.

9. 설탕과 콘시럽을 추가하고 불을 세게 해서 시럽의 온도가 116°C에 다다를 때까지 가열한다. 불에서 내려 버터를 넣고 고루 저어 녹인 다음 내열 용기에 옮겨 조금만 식힌다(파티시에 노트 참고). 따뜻한 캐러멜을 케이크 한가운데 조심스럽게 부은 뒤 L자 스패튤러로 고르게 펼쳐 케이크 가장자리를 타고 자연스럽게 흘러내리게 한다.

데커레이션 팁

L자 스패튤러를 이용해 버터크림을 회오리 피니시(31쪽 참조)로 프로스팅한다. 꽃잎 깍지를 끼운 짤주머니에 남은 버터크림을 채워서 케이크 아래쪽 가장자리를 빙 둘러가며 러플 보더(36쪽 참조)를 파이핑한다.

파티시에 노트

이 레시피에서는 시판 둘세 데 레체를 사용하지만 연유를 가열해 직접 만들어 쓸 수도 있다. 커다란 냄비에 많은 양의 물을 끓인다. 상표를 떼어낸 가당연유 캔을 옆으로 뉘어 끓는 물에 푹 담근다. 캔이 물속에 완전히 잠긴 상태로 3시간 동안 끓인다. 통조림 집게로 조심스럽게 캔을 건져서 완전히 식힌 다음 개봉한다.

애플사이더 캐러멜은 일반 캐러멜 소스보다 훨씬 빨리 식고, 다시 데워 쓸 수도 없다. 따라서 케이크 조립부터 완전히 마친 다음 애플사이더 캐러멜을 만들어서 굳기 전에 빨리 부어야 한다. 이때 먼저 케이크 뒤쪽에 약간만 부어서 캐러멜의 온도를 테스트한다.

캐러멜 사과 케이크는 냉장고에서 최장 4일까지 보관할 수 있으며 냉동 보관도 가능하다(25쪽 참조).

호박 파이 케이크

Pumpkin Pie Cake

———

시트 2장으로 구성된 지름 25cm 케이크(12~15인분)

이 케이크는 별다른 소개가 필요 없다. 굳이 덧붙이자면 이 책을 통틀어 내가 가장 좋아하는 레시피라는 점만 밝히겠다. 너무 자신 있게 말하는 게 아니냐고? 호박 스파이스와 브라운버터를 좋아한다면, 단연코 이 케이크가 여러분의 다음 추수감사절 디저트 테이블의 맨 앞자리를 차지할 것이다. 해마다 먹는 전통적인 호박 파이에 질렸을 경우도 마찬가지다. 내가 굳이 설명하지 않아도 여러분이 이 케이크를 만들어야 할 이유는 충분하다. 케이크 맛이 스스로 가치를 증명해줄 테니 말이다.

갈색설탕 호박 케이크

케이크 팬에 바를 버터 또는 오일
　　스프레이

중력분 375g + 팬에 뿌릴 여분

베이킹파우더 1TS

시나몬가루 2ts

너트메그가루 1/2ts(즉석에서 간 것)

생강가루 1/2ts

소금 1/2ts

정향가루 1/4ts

포도씨유 210ml

갈색설탕 330g

그래뉴당 100g

달걀 4개

호박 퓌레 480ml

파이 크러스트 장식(선택)

시판 냉동 파이지 1장

너트메그가루 약간(즉석에서 간 것)

브라운버터 필링

무염 버터 170g

슈거파우더 345g(체 친 것)

헤비크림 또는 우유 2TS

바닐라 익스트랙트 1/2ts

그레이엄 프로스팅

바닐라 스위스 머랭 버터크림 1L
　　(41쪽 참조)

그레이엄 크래커 120g(잘게 부순 것)

시나몬가루 1/2ts

조립 재료

장식용 휩트크림*(선택, 또는 185쪽
　　휩트크림 프로스팅 레시피의 1/2
　　분량)

갈색설탕 호박 케이크 만들기

1. 오븐을 175°C로 예열한다. 지름 25cm 케이크 팬 2개에 버터나 기름을 칠하고 밀가루를 살짝 입혀서 한쪽에 둔다.

2. 밀가루, 베이킹파우더, 시나몬가루, 너트메그가루, 생강가루, 소금, 정향가루를 한꺼번에 체에 쳐서 한쪽에 둔다.

3. 스탠드 믹서에 반죽용 패들을 끼운다. 믹싱볼에 포도씨유와 2종류의 설탕을 넣고 중속으로 2분 동안 믹싱한다. 속도를 중저속으로 줄여 계속 믹싱하면서 달걀을 한 번에 1개씩 넣는다. 믹싱을 멈추고 믹싱볼 가장자리를 주걱으로 긁어 정리한다.

4. 다시 저속으로 믹싱하면서 2의 체 친 밀가루를 두 번에 나누어 넣는다. 날가루가 보이지 않을 정도로 섞이면 믹싱을 멈추고 호박 퓌레를 넣는다. 저속으로 30초 더 믹싱해서 고루 섞는다.

5. 준비한 팬에 반죽을 똑같이 나누어 붓고 예열된 오븐에 넣는다. 이쑤시개로 케이크 한가운데를 찔렀다 빼도 반죽이 전혀 묻어나지 않을 때까지 23~25분 동안 굽는다. 오븐에서 꺼낸 케이크는 식힘망 위에서 10~15분쯤 식힌 다음 팬에서 빼낸다.

파이 크러스트 장식 만들기

6. 오븐을 205°C로 예열하고, 베이킹 트레이에 유산지를 깐다.

7. 파이지를 펼쳐놓고 쿠키 커터로 원하는 모양을 찍어낸다. 개인적으로는 작은 별 모양을 좋아하지만, 작은 크기라면 어떤 모양이든 상관없다. 유산지를 깐 트레이에 옮겨 담고, 너트메그가루를 살짝 뿌린다. 예열한 오븐에서 가장자리가 노릇노릇해질 때까지 5분쯤 구운 뒤 식힘망으로 옮겨 식힌다.

브라운버터 필링 만들기

8. 소스팬에 버터를 넣고 중불로 가끔 휘저으며 녹인다. 갈색이 돌면서 고소한 견과류 냄새가 날 때까지 약 8분 동안 더 끓인다. 표면에 거품이 일면서 소스팬 바닥에 갈색 반점들이 생기면 다 된 것이다. 불에서 내려 내열 용기에 옮긴 뒤 20~30분 동안 냉장고에 넣어 말랑할 정도로 굳힌다.

9. 버터를 믹싱볼에 담는다. 스탠드 믹서에 반죽용 패들을 끼우고, 버터를 중저속으로 매끈하게 믹싱한다. 슈거파우더, 헤비크림, 바닐라 익스트랙트를 추가한 뒤 고루 섞일 때까지 저속으로 믹싱한다. 속도를 중고속으로 높여 매끈하고 크리미한 필링을 완성한다.

그레이엄 프로스팅 만들기

10. 스탠드 믹서에 반죽용 패들을 끼우고, 버터크림을 실크처럼 매끈하게 믹싱한다. 잘게 부순 그레이엄 크래커와 시나몬가루를 넣고 고루 섞는다.

케이크 조립하기

11. 케이크가 완전히 식으면 윗면을 평평하게 다듬은 뒤 바닥 시트로 쓸 것을 골라 케이스 스탠드나 서빙 접시에 올린다. L자 스패튤러로 브라운버터 필링을 펴 바르고 나머지 시트로 덮는다. 그레이엄 프로스팅으로 케이크 윗면과 옆면을 프로스팅하고, 휩트크림과 오븐에 구운 파이 크러스트로 장식한다.

데커레이션 팁

중간 크기 별 깍지를 끼운 짤주머니에 휩트크림을 채워서 케이크 윗면 가장자리에 로제트 모양을 파이핑한다(37쪽 참조). 각 로제트 위에 파이 크러스트 장식을 얹어서 마무리한다.

파티시에 노트

케이크 시트는 지름 20cm 케이크 팬 2~3개를 이용해 구워도 된다. 굽는 시간은 22~26분으로 시트의 상태에 따라 조정한다.
호박 파이 케이크는 냉장고에서 최장 4일까지 보관할 수 있으며, 냉동 보관도 가능하다(25쪽 참조). 파이 크러스트 장식은 따로 보관한다.

피칸 서양배 크런치 케이크

Pecan Pear Crunch Cake

—

시트 2장으로 구성된 지름 20cm 케이크(10~12인분)

비즈니스나 수치에 관련된 문제에 있어 내가 아는 가장 똑똑한 사람은 바로 우리 아버지다. 하지만 음식에 관해서만큼은 약간 허술한 편이다. 아버지는 식당에서 늘 애매한 음식을 고르고(한번은 스낵으로 새우 칵테일과 아이스크림 선디*를 함께 주문한 적도 있다), 원 맨 쇼를 하듯 눈을 감고 음식 맛을 구별해보겠다고 나서기도 한다. 서양배를 가장 좋아한다면서도 마트에서 서양배 대신 파파야 같은 것들을 집어오는 재미있는 분이기도 하다. 딸로서 아버지를 옹호하자면, 사실 서양배는 고르기가 힘들 수도 있다. 아무튼 이번 피칸 서양배 크런치 케이크는 자신이 좋아하는 음식을 조합하는 데 어려움을 겪는 우리 아버지의 11월 생신을 맞아 준비한 것이다.

이 케이크는 촉촉한 스파이스 케이크 시트에 잘게 썬 배가 거의 녹아들어 있다. 가을을 맞아 고소한 견과류와 향긋한 향신료의 맛을 조합해보고 싶었던 나는 버터 럼 피칸으로 훌륭한 필링을 만드는 데 성공했다. 따뜻한 갈색설탕 프로스팅에 식감이 뛰어난 피칸으로 장식한 이 케이크는 가을철 생일날이나 정겨운 모임 자리를 더욱 빛나게 해줄 것이다. 올해 추수감사절 식사의 디저트로는 피칸 파이 대신 이 케이크를 준비해보시길.

서양배 스파이스 케이크

케이크 팬에 바를 버터 또는 오일 스프레이
중력분 315g + 팬에 뿌릴 여분
베이킹파우더 2ts
베이킹소다 1/2ts
시나몬가루 1ts
생강가루 1ts
카다멈가루 1/2ts
소금 1/2ts
잘 익은 서양배 2~3개(바틀릿, 콩코드, 당주 품종)
포도씨유 150ml
갈색설탕 165g
그래뉴당 100g
바닐라 익스트랙트 1ts
달걀 2개
달걀노른자 1개
사워크림 120ml

버터 럼 피칸

피칸 180g(잘게 다진 것)
달걀흰자 1개
다크 럼 2TS
갈색설탕 2TS
시나몬가루 1/2ts
무염 버터 1TS(녹인 것)
그래뉴당 2TS

버터 럼 피칸 크런치 필링

바닐라 스위스 머랭 버터크림 480ml (41쪽 참조)
버터 럼 피칸 레시피(왼쪽 참조) 분량의 1/2

갈색설탕 버터크림

달걀흰자 150ml
갈색설탕 220g
바닐라 익스트랙트 1ts
실온 무염 버터 450g(깍둑 썬 것)

조립 재료

남은 버터 럼 피칸

서양배 스파이스 케이크 만들기

1. 오븐을 175°C로 예열한다. 지름 20cm 케이크 팬 2개에 버터나 기름을 칠하고 밀가루를 살짝 입혀서 한쪽에 둔다.

2. 밀가루, 베이킹파우더, 베이킹소다, 시나몬가루, 생강가루, 카다멈가루, 소금을 한꺼번에 체에 쳐서 한쪽에 둔다.

3. 껍질을 벗기고 잘게 썬 서양배 115g(파티시에 노트 참조)을 촘촘한 거름망에 넣고 고무 주걱으로 꾹꾹 눌러 수분을 제거한 뒤 한쪽에 둔다. 껍질을 벗기고 깍둑 썬 배도 180g 준비한다.

4. 스탠드 믹서에 반죽용 패들을 끼운다. 믹싱볼에 포도씨유와 2종류의 설탕을 넣고 중속으로 2분 동안 믹싱해서 고루 섞는다. 믹싱을 멈추고 믹싱볼 가장자리를 주걱으로 긁어 정리한다.

5. 다시 중저속으로 믹싱하면서 바닐라 익스트랙트에 이어 달걀과 달걀노른자를 한 번에 1개씩 넣는다. 믹싱을 멈추고 믹싱볼 가장자리를 주걱으로 정리한다.

6. 다시 저속으로 믹싱하면서 2의 체 친 밀가루를 세 번에 나누어 사워크림과 번갈아 넣는다. 순서는 '밀가루-사워크림-밀가루-사워크림-밀가루'로 한다. 날가루가 보이지 않을 정도로 섞이면 잘게 썬 배를 추가하고 중저속으로 30초 더 믹싱한다. 마지막으로 깍둑 썬 배를 폴딩해서 섞는다.

7. 준비한 팬에 반죽을 똑같이 나누어 붓고 오븐에 넣는다. 이쑤시개로 케이크 한가운데를 찔렀다 빼도 반죽이 묻어나지 않을 때까지 24~26분 동안 굽는다. 오븐에서 꺼내 식힘망 위에서 10~15분쯤 식힌 다음 팬에서 빼낸다.

버터 럼 피칸 만들기

8. 오븐의 온도를 150°C로 낮추고, 베이킹 트레이에 유산지를 깔아둔다.

9. 커다란 볼에 피칸을 담는다. 달걀흰자를 거품기로 휘저어 거품을 낸 뒤 피칸에 붓는다. 다른 볼에 럼, 갈색설탕, 시나몬가루를 넣고 잘 섞는다. 이것을 피칸에 붓고 주걱으로 뒤적거려서 표면에 고르게 코팅되게 한다. 유산지를 깐 트레이에 피칸을 넓게 펼쳐서 올린 뒤 오븐에서 중간에 한번 뒤집어가며 20~25분 동안 굽는다. 고소하고 향긋한 향이 퍼지면서 살짝 갈색이 돌기 시작하면 바로 꺼낸다.

10. 뜨거운 피칸에 버터를 넣고 뒤섞은 뒤 그래뉴당을 솔솔 뿌린다. 실온 정도로 식히고 사용한다.

버터 럼 피칸 크런치 필링 만들기

11. 스탠드 믹서에 반죽용 패들을 끼우고 버터크림을 실크처럼 매끈하게 믹싱한다. 준비된 버터 럼 피칸의 1/2을 넣고 폴딩해서 섞는다.

갈색설탕 버터크림 만들기

12. 스탠드 믹서에 딸린 믹싱볼에 달걀흰자와 갈색설탕을 넣고 직접 거품기로 휘저어 섞는다. 중간 크기 소스팬에 물을 약간 붓고 중강불에 올린다. 소스팬 위에 믹싱볼을 걸쳐놓고 중탕한다. 이때 믹싱볼 바닥이 물에 직접 닿아서는 안 된다.

13. 가끔 거품기로 휘저어가며 달걀 혼합물의 온도가 70°C에 다다를 때까지 데운다. 믹싱볼을 조심스럽게 스탠드 믹서로 옮긴다.

14. 스탠드 믹서에 거품기를 장착하고 고속으로 8~10분쯤 휘핑한다. 거품기를 들어올렸을 때 머랭의 끝이 적당히 단단하고 뾰족한 모양을 띠면 휘핑을 멈춘다. 이때 믹싱볼의 바깥쪽 온도는 실온 정도여야 하고, 머랭에 남은 열기가 없어야 한다. 믹서에서 거품기를 빼고 반죽용 패들로 갈아끼운다.

15. 저속으로 믹싱하면서 바닐라 익스트랙트에 이어 버터를 한 번에 2조각씩 넣는다(파티시에 노트 참조). 버터가 고루 섞이면, 믹서의 속도를 중고속으로 높인 뒤 3~5분 동안 믹싱해서 실크처럼 매끈한 버터크림을 완성한다.

케이크 조립하기

16. 케이크가 완전히 식으면 윗면을 평평하게 다듬은 뒤 바닥 시트로 쓸 것을 골라 서빙 접시에 올린다. L자 스패튤러로 버터 럼 피칸 크런치 필링을 펴 바르고 나머지 시트로 덮는다. 갈색설탕 버터크림으로 케이크의 윗면과 옆면을 프로스팅하고 장식까지 마친다. 따로 남겨둔 버터 럼 피칸을 가니시로 올린다.

파티시에 노트

서양배를 잘게 썰 때는 구멍이 큰 박스형 그레이터를 이용하면 편리하다. 배의 껍질을 벗긴 뒤 그레이터에 대고 돌려가며 밀어준다. 15에서 버터를 넣은 뒤 혼합물이 분리될 것처럼 보이더라도 신경 쓰지 말고 계속 믹싱한다. 버터가 너무 차가워서 융합되는 데 시간이 좀 더 필요할 뿐이다.

피칸 서양배 크런치 케이크는 냉장고에서 최장 4일까지 보관할 수 있으며 냉동 보관도 가능하다(25쪽 참조).

데커레이션 팁

먼저 L자 스패튤러를 이용해 러스틱 피니시 (31쪽 참조)로 프로스팅한다. 남은 버터크림 을 중간 크기 별 깍지를 끼운 짤주머니에 채 운 뒤 케이크 윗면 가장자리를 빙 둘러가며 별 모양을 파이핑한다(37쪽 참조). 마지막으로 버터 럼 피칸을 손으로 한 줌씩 퍼서 케이크 옆면에 붙이거나 윗면에 뿌린다.

겨울 페퍼민트 케이크
Winter Peppermint Cake

—

시트 3장으로 구성된 지름 15cm 케이크(8~10인분)

행복은 따뜻한 뱅쇼나 신선한 솔잎, 또는 길모퉁이에서 파는 군밤과 같다. 아버지와 함께 갔던 스키장, 지붕을 뒤덮은 꼬마전구의 깜박이는 하얀 불빛, 추운 겨울밤 벽난로의 따뜻한 모닥불에 대한 기억 또한 행복이다. 나는 늘 사계절 중 가을을 가장 좋아한다고 말한다. 그런데 생각해보면 그 이유는 즐거움이 넘치는 겨울철 연말연시를 앞두고 있어서가 아닐까 싶다.

클래식한 초콜릿 케이크와 신선한 민트를 조합한 이 케이크는 맛이 진하면서도 산뜻함이 느껴진다. 두꺼운 코트와 목도리로 완전 무장한 상태에서 맞이하는 쨍한 겨울 추위 같다고 할까? 케이크 표면을 장식한 흰색 샌딩슈거는 햇살 아래 반짝이는 새하얀 눈처럼 아름답다. 이 케이크는 페퍼민트 마시멜로를 얹은 핫초콜릿과 최고의 궁합을 이룰 것이다.

휩트 프레시 민트
화이트초콜릿 가나슈
———

헤비크림 120ml
페퍼민트 잎 50g(가볍게 담은 것)
화이트초콜릿 200g(다진 것)
페퍼민트 익스트랙트 1/4~1/2ts(선택)

스몰 클래식
초콜릿 케이크
———

케이크 팬에 바를 버터 또는 오일
 스프레이
중력분 235g + 팬에 뿌릴 여분
무가당 코코아가루 70g
베이킹파우더 1½ts
베이킹소다 1ts
소금 3/4ts
포도씨유 120ml
그래뉴당 300g
바닐라 익스트랙트 1ts
아몬드 익스트랙트 1/2ts
달걀 2개
우유 180ml
뜨거운 커피 240ml(진하게 추출한 것)

바닐라 민트
버터크림
———

바닐라 스위스 머랭 버터크림 780ml
 (41쪽 참조)
바닐라빈 1/2개(씨앗만 준비)
페퍼민트 익스트랙트 3/4ts

조립 재료
———

장식용 흰 샌딩슈거* 220~330g(선택)
장식용 생로즈메리(선택)

휩트 프레시 민트
화이트초콜릿 가나슈 만들기

1. 헤비크림을 소스팬에 부어 중약 불로 천천히 가열한다. 그동안 민트 잎을 가볍게 짓이겨 준비한다. 크림이 약하게 끓기 시작하면 불에서 내린 뒤 민트를 넣고 10분쯤 향을 우린다. 내열 용기에 옮겨 담아 냉장고에 약 2시간 동안 넣어둔다.

2. 차가워진 크림을 촘촘한 거름망에 밭여 민트 잎을 걸러낸다. 화이트초콜릿을 내열 그릇에 담아 준비한다. 중간 크기 소스팬에 크림 90ml를 붓고 중약불로 천천히 데운다. 약하게 끓기 시작하면 곧장 화이트초콜릿 위에 붓고 30초쯤 그대로 두었다가 고루 휘저어 매끈하게 섞는다. 내열 용기에 옮겨 담아 2시간쯤 식힌다. 완성된 가나슈의 농도는 걸쭉하되 케이크에 쉽게 펴 바를 수 있을 정도여야 한다.

3. 거품기를 끼운 스탠드 믹서 또는 핸드 믹서로 가나슈를 솜사탕처럼 가볍고 뽀얗게 될 때까지 휘핑한다. 더 강한 맛을 내고 싶다면 페퍼민트 익스트랙트를 추가한다.

스몰 클래식 초콜릿 케이크 만들기

4. 오븐을 175°C로 예열한다. 지름 15cm 케이크 팬 3개에 버터나 기름을 칠하고 밀가루를 살짝 입혀서 한쪽에 둔다.

5. 밀가루, 코코아가루, 베이킹파우더, 베이킹소다, 소금을 한꺼번에 체에 쳐서 한쪽에 둔다.

6. 스탠드 믹서에 반죽용 패들을 끼우고, 포도씨유와 설탕을 중속으로 2분 동안 믹싱한다. 계속 믹싱하면서 바닐라 익스트랙트, 아몬드 익스트랙트에 이어 달걀을 한번에 1개씩 넣는다. 믹싱을 멈추고 믹싱볼 가장자리를 주걱으로 긁어 정리한다.

7. 다시 저속으로 믹싱하면서 5의 체 친 밀가루를 세 번에 나누어 우유와 번갈아 넣는다. 순서는 '밀가루-우유-밀가루-우유-밀가루'로 한다. 믹싱을 멈추고 믹싱볼 가장자리를 주걱으로 긁어 정리한다. 다시 저속으로 믹싱하면서 커피를 천천히 흘려넣는다. 속도를 중저속으로 높여서 반죽에 완전히 섞일 때까지 30초 더 믹싱한다.

8. 준비된 케이크 팬에 반죽을 똑같이 나누어 붓고 예열한 오븐에 넣는다. 이쑤시개로 케이크 한가운데를 찔렀다 빼도 반죽이 전혀 묻어나지 않을 때까지 25~28분 동안 굽는다. 다 구워진 케이크는 식힘망 위에서 10~15분쯤 식힌 다음 팬에서 빼낸다.

바닐라 민트 버터크림 만들기

9. 스탠드 믹서에 반죽용 패들을 끼우고 버터크림을 실크처럼 매끈하게 믹싱한다. 바닐라빈 씨앗과 페퍼민트 익스트랙트를 넣고 고루 섞이도록 믹싱한다.

케이크 조립하기

10. 케이크가 완전히 식으면 윗면을 평평하게 다듬은 뒤 바닥 시트로 쓸 것을 골라 케이크 스탠드나 서빙 접시에 올린다. L자 스패튤러나 스푼으로 준비된 화이트초콜릿 가나슈의 1/2을 펴 바른다. 다음 시트를 올리고 남은 가나슈를 바른 뒤 마지막 시트로 덮는다.

11. 케이크 윗면과 옆면을 버터크림으로 프로스팅한다. 표면에 샌딩슈거를 뿌려서 완전히 덮고, 생로즈메리를 가니시로 꽂는다.

데커레이션 팁

케이크 접시를 베이킹 트레이 또는 넓은 유산지 위에 놓고 케이크 옆면과 윗면에 샌딩슈거를 흰 줌씩 붙인다. 떨어진 것도 다시 모아서 케이크 표면이 완전히 메워지도록 꼼꼼히 작업한다. 로즈메리는 줄기를 부러뜨려 서로 다른 길이로 조절한 다음 케이크 윗면에 거꾸로 꽂아서 작은 숲처럼 보이게 연출한다.

파티시에 노트

겨울 페퍼민트 케이크는 냉장고에서 최장 3일까지 보관할 수 있으며 냉동 보관도 가능하다(25쪽 참조). 샌딩슈거와 로즈메리는 따로 보관한다.

해마다 크리스마스에 우리 집에서 절대 빠지지 않는 것은 할머니표 진저 크링클 쿠키*였다. 그 쿠키를 두고 벌이는 오빠와 나, 사촌동생의 싸움도 우리 집만의 전통이었다. 설탕이 뿌려진 부드러우면서도 쫀득한 질감의 그 쿠키는 스노볼, 초콜릿칩, 슈거 쿠키를 제치고 언제나 가장 먼저 동이 났다.

　내가 요리책, 특히 디저트 관련 책을 쓰면서 이처럼 유명했던 할머니표 쿠키 이야기를 빼놓을 수는 없었다. 아직까지 나는 할머니 솜씨에 견줄 만한 진저 쿠키를 단 한 번도 만들지 못했고, 그래서 대신 이렇게 케이크 형태로 바꿀 수밖에 없었다. 나는 당밀을 넣는 전통적인 방식 대신 커피 버터크림과 토피 소스로 모던한 느낌을 살짝 더했다. 이 레시피의 진하면서도 크리미한 맛은 전 세대가 즐길 수 있을 거라고 자부한다.

진저브레드 케이크

케이크 팬에 바를 버터 또는 오일
　스프레이
중력분 315g + 팬에 뿌릴 여분
베이킹파우더 2½ts
생강가루 2ts
시나몬가루 1½ts
소금 1/2ts
포도씨유 150ml
갈색설탕 165g
그래뉴당 100g
생강 1TS(다진 것, 선택)
당밀 120ml
바닐라 익스트랙트 2ts
달걀 2개
우유 240ml

조립 재료

커피 프렌치 버터크림 69쪽 레시피
　분량
버터 토피 6TS(50g, 잘게 부순 것)
바닐라 스위스 머랭 버터크림 1L
　(41쪽 참조)

토피 당밀 소스

무염 버터 6TS(80g, 깍둑 썬 것)
갈색설탕 165g
당밀 2TS
헤비크림 120ml
바닐라빈 1/2개(씨앗만 준비)
소금 1/4ts

진저브레드 커피 토피 케이크

Gingerbread Coffee Toffee Cake

—

시트 4장으로 구성된 지름 20cm 케이크(12~15인분)

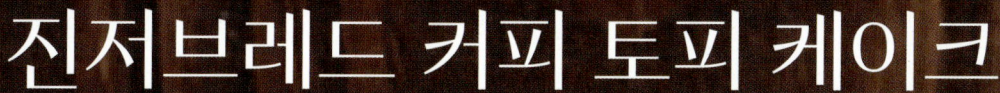

진저브레드 케이크 만들기

1. 오븐을 175°C로 예열한다. 지름 20cm 케이크 팬 2개에 버터나 기름을 칠하고 밀가루를 살짝 입혀서 한쪽에 둔다.

2. 밀가루, 베이킹파우더, 시나몬가루, 생강가루, 소금을 한꺼번에 체에 쳐서 한쪽에 둔다.

3. 스탠드 믹서에 반죽용 패들을 끼운다. 믹싱볼에 포도씨유와 2종류의 설탕을 넣고 중속으로 2분 동안 믹싱해서 고루 섞는다. 믹싱을 멈추고 믹싱볼 가장자리를 주걱으로 긁어 정리한다.

4. 다시 중저속으로 믹싱하면서 다진 생강, 당밀, 바닐라 익스트랙트에 이어 달걀을 1개씩 차례로 넣는다. 모든 재료가 고루 섞이면 믹싱을 멈추고 믹싱볼 가장자리를 주걱으로 정리한다.

5. 다시 저속으로 믹싱하면서 **2**의 체 친 밀가루를 세 번에 나누어 우유와 번갈아 넣는다. 순서는 '밀가루-우유-밀가루-우유-밀가루'로 한다. 날가루가 보이지 않을 정도로 섞이면 속도를 중저속으로 높여 30초 더 믹싱한다.

6. 준비한 팬에 반죽을 똑같이 나누어 붓고 예열된 오븐에 넣는다. 이쑤시개로 케이크 한가운데를 찔렀다 빼도 반죽이 전혀 묻어나지 않을 때까지 24~26분 동안 굽는다. 오븐에서 꺼낸 케이크는 식힘망 위에서 10~15분쯤 식힌 다음 팬에서 빼낸다.

케이크 조립하기

7. 케이크가 완전히 식으면 긴 빵칼로 조심스럽게 수평으로 2등분해 똑같은 두께의 시트 4장을 만든다. 윗면을 평평하게 다듬고 바닥 시트로 쓸 것을 골라 케이크 스탠드나 서빙 접시에 올린다. L자 스패튤러로 커피 프렌치 버터크림 180ml를 펴 바르고, 그 위에 잘게 부순 버터 토피를 2TS쯤 뿌린다. 다음 시트를 올리고 버터크림과 토피를 얹는 과정을 똑같이 두 번 더 반복한 뒤 마지막 시트로 덮는다.

8. 케이크의 윗면과 옆면을 바닐라 스위스 머랭 버터크림으로 프로스팅하고 냉장고에서 15~20분 동안 굳힌다.

토피 당밀 소스 만들기

9. 소스팬에 버터를 넣고 중강불로 녹인다. 갈색설탕과 당밀을 넣고 잘 저어 녹인 다음 2~3분 동안 바글바글 끓인다. 불에서 내린 뒤 크림을 넣고 거품기로 고루 휘젓는다. 바닐라빈 씨앗과 소금을 추가한 뒤 다시 중약불에 올려서 3~5분 동안 저어가며 뭉근하게 졸인다. 농도가 걸쭉해지면 불에서 내려 식힌다.

10. 케이크 윗면 한가운데에 토피 당밀 소스를 붓고 L자 스패튤러로 살살 펼쳐서 케이크 가장자리를 타고 자연스럽게 흘러내리도록 한다.

데커레이션 팁

작은 L자 스패튤러를 이용해 사선 무늬가 들어간 러스틱 피니시 방식으로 프로스팅하고 토피 당밀 소스가 그 위로 자연스럽게 흘러내리게 한다. 그밖에 버터크림을 이용한 다른 방식의 프로스팅(30~35쪽 참조)을 해도 좋다.

파티시에 노트

토피 소스를 케이크에 붓기 전 온도가 적당한지 잘 모르겠다면 소량의 소스를 케이크 옆면에 부어서 테스트해본다. 테스트한 쪽은 나중에 뒤로 돌려놓는다.

진저브레드 커피 토피 케이크는 냉장고에서 최장 3일까지 보관할 수 있으며 냉동 보관도 가능하다(25쪽 참조).

비터스위트 초콜릿 오렌지 스파이스 케이크

Bittersweet Chocolate Orange Spice Cake

—

시트 3장으로 구성된 지름 20cm 케이크(12~15인분)

나는 친정 식구들과 유대감이 남다른 편이다. 그래서 모두가 좋아하고 환영하는 배우자를 만난 것이 큰 행운이라고 생각한다. 특히 친정 엄마와 남편은 지난 수년 동안 케이크 배달부터 강아지 산책까지 한마음으로 나를 도왔다. 게다가 엄마는 사위의 취미와 관심사를 더 자세히 알기 위해 많은 노력을 기울였다. 누군가가 좋아하는 일과 싫어하는 일을 이해하고 심지어 과장하기까지 하는 엄마의 모습을 보면 웃음이 절로 나온다. 엄마는 사위가 진짜 오렌지처럼 생긴 초콜릿 오렌지 캔디를 좋아한다는 사실을 알게 된 뒤부터 매년 남편을 위한 크리스마스 양말에 빼놓지 않고 넣어 준다. 솔직히 남편이 그 캔디를 그 정도로 좋아하는지는 모르겠지만, 엄마의 마음이 너무 애틋해서 남편에게 직접 물어본 적은 없다. 그리고 그런 엄마의 마음을 기리기 위해 이 케이크까지 만들게 되었다.

시트는 시나몬과 정향을 더한 오렌지 아몬드 케이크로 무척이나 부드럽고, 진한 버터향 가운데 상큼한 오렌지향이 빛을 발한다. 감미로운 다크초콜릿 프로스팅과 성공적으로 조합된 이 케이크는 감귤류의 계절인 겨울철 연말연시에 사랑하는 사람들과 함께 나눌 디저트로 안성맞춤이다. 서빙할 때 플레이크 바닷소금*을 살짝 뿌리면 더욱 특별한 맛의 포인트가 된다.

오렌지 아몬드 케이크

케이크 팬에 바를 버터 또는 오일 스프레이

중력분 315g + 팬에 뿌릴 여분

아몬드가루 115g

베이킹파우더 2ts

시나몬가루 1½ts

정향가루 1/2ts

베이킹소다 1/2ts

소금 1/2ts

실온 무염 버터 225g

그래뉴당 400g

오렌지 제스트 2TS(곱게 간 것)

바닐라 익스트랙트 1ts

아몬드 익스트랙트 1/2ts

달걀 4개

버터밀크 240ml

오렌지즙 60ml(오렌지 1~2개 분량, 갓 짠 것)

비터스위트 초콜릿 프로스팅

다크초콜릿 225g

실온 무염 버터 115g

슈거파우더 250g(체 친 것)

무가당 코코아가루 25g

소금 1/4ts

바닐라 익스트랙트 1ts

사워크림 180ml

조립 재료

장식용 플레이크 바닷소금(선택)

오렌지 아몬드 케이크 만들기

1. 오븐을 175°C로 예열한다. 지름 20cm 케이크 팬 3개에 버터나 기름을 칠하고 유산지를 깔아서 한쪽에 둔다.

2. 밀가루, 아몬드가루, 베이킹파우더, 시나몬가루, 정향가루, 베이킹소다, 소금을 한꺼번에 체에 쳐서 한쪽에 둔다.

3. 스탠드 믹서에 반죽용 패들을 끼우고, 버터를 중속으로 매끈하게 믹싱한다. 설탕과 오렌지 제스트를 추가한다. 믹서의 속도를 중고속으로 높여서 버터의 질감이 솜사탕처럼 가벼워질 때까지 3~5분 동안 믹싱한다. 믹싱볼 가장자리를 주걱으로 긁어 정리한다.

4. 다시 중저속으로 믹싱하면서 바닐라 익스트랙트, 아몬드 익스트랙트에 이어 달걀을 1개씩 차례로 넣는다. 모든 재료가 고루 섞이면 믹싱을 멈추고 믹싱볼 가장자리를 주걱으로 정리한다.

5. 다시 저속으로 믹싱하면서 **2**의 체 친 밀가루를 세 번에 나누어 버터밀크와 번갈아 넣는다. 순서는 '밀가루-버터밀크-밀가루-버터밀크-밀가루'로 한다. 날가루가 보이지 않을 정도로 섞이면 오렌지즙을 추가하고 중속으로 30초 더 믹싱한다.

6. 준비한 팬에 반죽을 똑같이 나누어 붓고 예열된 오븐에 넣는다. 이쑤시개로 케이크 한가운데를 찔렀다 빼도 반죽이 전혀 묻어나시 않을 때까지 24~26분 동안 굽는다. 오븐에서 꺼낸 케이크는 식힘망 위에서 10~15분쯤 식힌 다음 팬에서 빼낸다.

비터스위트 초콜릿 프로스팅 만들기

7. 초콜릿을 중탕해서 녹인 뒤 한쪽에 두고 식힌다.

8. 그동안 스탠드 믹서에 반죽용 패들을 끼워서 버터를 중속으로 매끈한 크림 상태가 될 때까지 믹싱한다. 저속으로 계속 믹싱하면서 슈거파우더, 코코아가루, 소금, 바닐라 익스트랙트를 추가한다. 모든 재료가 고루 섞이면 믹서의 속도를 중고속으로 높여 솜사탕처럼 가벼운 질감이 날 때까지 계속 믹싱한다. 믹싱을 멈추고 믹싱볼 가장자리를 주걱으로 정리한다.

9. 초콜릿이 완전히 식으면 사워크림을 넣고 고루 저어준다. **8**의 프로스팅을 다시 저속으로 믹싱하면서 초콜릿 혼합물을 붓는다. 믹서의 속도를 중속으로 높여 계속 믹싱해 크림 같은 질감의 초콜릿 프로스팅을 완성한다.

케이크 조립하기

10. 케이크가 완전히 식으면 윗면을 평평하게 다듬은 뒤 바닥 시트로 쓸 것을 골라 케이크 스탠드나 서빙 접시에 올린다. L자 스패튤러로 준비된 초콜릿 프로스팅 180~240ml를 펴 바른다. 다음 시트를 올리고 똑같이 프로스팅을 바른 뒤 마지막 시트로 덮는다.

11. 남은 초콜릿 프로스팅으로 케이크의 윗면과 옆면을 프로스팅한다. 윗면 가장자리에 바닷소금을 솔솔 뿌려서 장식한다.

데커레이션 팁

L자 스패튤러를 이용해 회오리 피니시(31쪽 참조)로 프로스팅한다.

파티시에 노트

비터스위트 초콜릿 오렌지 스파이스 케이크는 냉장고에서 최장 3일까지 보관할 수 있으며 냉동 보관도 가능하다(25쪽 참조).

보너스:
3단 웨딩케이크
Three-Tier Wedding Cake

—

각각 시트 3장으로 구성된 3단 웨딩케이크(최대 65인분)

지금까지 다양한 종류의 레이어 케이크를 만드는 과정을 두루 살펴보았으니 이제 하산할 때다! 튼튼한 구조의 안정적인 레이어 케이크 2개에 지지대만 꽂아주면 다층 케이크로도 변신시킬 수 있다.

대형 축하 케이크에 적합한 몇 가지 종류의 시트가 따로 있다. 모든 케이크가 똑같이 만들어지진 않는다. 그래서 특히 베이킹을 배우는 과정에는 특정한 유형의 케이크로 시도하기를 강력히 추천한다. 다층 케이크로 변신시키기에 적합한 것은 클래식 초콜릿 케이크(49쪽), 바닐라빈 버터 케이크(170쪽), 버터밀크 케이크(62쪽, 65쪽, 146쪽, 173쪽, 180쪽, 200쪽) 등이다. 처음에는 시폰 케이크, 당근 케이크, 커스터드 크림 필링, 휩트크림* 프로스팅 같은 비교적 부드럽고 덜 안정적인 시트와 필링은 피하는 게 좋다. 버터크림 필링, 초콜릿 가나슈, 과일잼 등은 웨딩케이크처럼 오랫동안 형태를 유지해야 하는 케이크에 잘 어울린다. 지금까지 살펴본 레시피 중에도 다층 케이크에 활용할 만한 것들이 많지만, 이번에는 3단 웨딩케이크에 잘 어울리는 케이크 몇 가지를 더 알려주겠다.

지름 15cm 원형 레몬 생강 케이크

케이크 팬에 바를 버터 또는 오일
  스프레이

박력분 325g + 팬에 뿌릴 여분

베이킹파우더 1½ts

베이킹소다 3/4ts

생강가루 3/4ts

소금 1/2ts

실온 무염 버터 170g

그래뉴당 300g

레몬 제스트 1TS(곱게 간 것) + 1ts

생강 1/2ts(다진 것)

바닐라 익스트랙트 3/4ts

달걀 1개

달걀노른자 3개

버터밀크 240ml

레몬즙 1½TS

설탕에 절여 말린 생강 85g(깍둑 썬
  것)

지름 25cm 원형 레몬 생강 케이크

케이크 팬에 바를 버터 또는 오일
  스프레이

박력분 520g + 팬에 뿌릴 여분

베이킹파우더 2½ts

베이킹소다 1¼ts

생강가루 1¼ts

소금 3/4ts

실온 무염 버터 280g

그래뉴당 500g

레몬 제스트 1TS(곱게 간 것) + 2ts

생강 3/4ts(다진 것)

바닐라 익스트랙트 1¼ts

달걀 2개

달걀노른자 5개

버터밀크 360ml

레몬즙 2½TS

설탕에 절여 말린 생강 125g(깍둑 썬
  것)

지름 20cm 옐로 버터 케이크

케이크 팬에 바를 버터 또는 오일
  스프레이

박력분 425g + 케이크 팬에 뿌릴 여분

베이킹파우더 1TS

소금 3/4ts

실온 무염 버터 225g

그래뉴당 400g

바닐라 익스트랙트 1TS

달걀노른자 6개

우유 360ml

화이트초콜릿 버터크림

바닐라 스위스 머랭 버터크림 1.5L
  (41쪽 참조)

화이트초콜릿 155g(녹여서 식힌 것)

허니 버터크림

바닐라 스위스 머랭 버터크림 780ml
  (41쪽 참조)

꿀 6TS(90ml)

조립 재료

살구잼 120~240ml

생화(선택, 39쪽 참조)

쌓기

지름 15cm 케이크 받침

지름 20cm 케이크 받침

지름 30.5cm 높은 케이크 받침
  또는 서빙 접시

목봉 14개

빵칼 또는 작은 톱

무독성 푸드 마커 또는 식용색소펜

케이크 수평계(선택)

지름 15cm 레몬 생강 케이크 만들기

1. 오븐을 175°C로 예열한다. 지름 15cm 케이크 팬 3개에 버터나 기름을 칠하고 밀가루를 살짝 뿌려서 한쪽에 둔다.

2. 밀가루, 베이킹파우더, 베이킹소다, 생강가루, 소금을 한꺼번에 체에 쳐서 한쪽에 둔다.

3. 스탠드 믹서에 반죽용 패들을 끼우고, 버터를 중속으로 매끈하게 믹싱한다. 설탕, 레몬 제스트, 다진 생강을 추가한다. 믹서의 속도를 중고속으로 높여서 버터의 질감이 솜사탕처럼 가벼워질 때까지 3~5분 동안 믹싱한다. 믹싱볼 가장자리를 주걱으로 긁어 정리한다.

4. 다시 중저속으로 믹싱하면서 바닐라 익스트랙트에 이어 달걀과 달걀노른자를 1개씩 차례로 넣는다. 달걀이 고루 섞이면 믹싱을 멈추고 믹싱볼 가장자리를 주걱으로 정리한다.

5. 다시 저속으로 믹싱하면서 2의 체 친 밀가루를 세 번에 나누어 버터밀크와 번갈아 넣는다. 순서는 '밀가루-버터밀크-밀가루-버터밀크-밀가루'로 한다. 날가루가 보이지 않을 정도로 섞이면 레몬즙을 추가하고 중속으로 30초 더 믹싱한다. 마지막으로 설탕에 절인 생강을 폴딩해서 섞는다.

6. 준비한 팬에 반죽을 똑같이 나누어 붓고 예열된 오븐에 넣는다. 이쑤시개로 케이크 한가운데를 찔렀다 빼도 반죽이 전혀 묻어나지 않을 때까지 22~24분 동안 굽는다. 오븐에서 꺼낸 케이크는 식힘망 위에서 10~15분쯤 식힌 다음 팬에서 빼낸다.

7. 25cm 지름의 레몬 진저 케이크를 만들 때는 앞의 1~6까지 똑같이 따라하되 지름 25cm 케이크 팬을 사용하고 굽는 시간을 24~28분으로 늘린다.

옐로 버터 케이크 만들기

8. 오븐의 온도를 175°C로 계속 유지한다. 지름 20cm 케이크 팬 3개에 버터나 기름을 칠하고 밀가루를 살짝 입혀 한쪽에 둔다.

9. 밀가루, 베이킹파우더, 소금을 한꺼번에 체에 쳐서 한쪽에 둔다.

10. 스탠드 믹서에 반죽용 패들을 끼우고, 버터를 중속으로 매끈하게 믹싱한다. 설탕을 추가하고 믹서의 속도를 중고속으로 높여서 버터의 질감이 솜사탕처럼 가벼워질 때까지 3~5분 동안 믹싱한다. 믹싱을 멈추고 믹싱볼 가장자리를 주걱으로 긁어 정리한다.

11. 다시 중저속으로 믹싱하면서 바닐라 익스트랙트에 이어 달걀노른자를 1개씩 차례로 넣고 고루 섞는다. 믹싱을 멈추고 믹싱볼 가장자리를 주걱으로 정리한다.

12. 다시 저속으로 믹싱하면서 9의 체 친 밀가루를 세 번에 나누어 우유와 번갈아 넣는다. 순서는 '밀가루-우유-밀가루-우유-밀가루'로 한다. 날가루가 보이지 않을 정도로 섞이면 중속으로 30초 더 믹싱한다.

13. 준비한 팬에 반죽을 똑같이 나누어 붓고 예열된 오븐에 넣는다. 이쑤시개로 케이크 한가운데를 찔렀다 빼도 반죽이 전혀 묻어나지 않을 때까지 23~25분 동안 굽는다. 오븐에서 꺼낸 케이크는 식힘망 위에서 10~15분쯤 식힌 다음 팬에서 빼낸다.

화이트초콜릿 버터크림 만들기

14. 스탠드 믹서에 반죽용 패들을 끼우고, 버터크림을 실크처럼 매끈하게 믹싱한다. 녹여서 식힌 초콜릿을 붓고 계속 믹싱해서 완전히 섞는다.

허니 버터크림 만들기

15. 스탠드 믹서에 반죽용 패들을 끼우고 버터크림을 실크처럼 매끈하게 믹싱한다. 꿀을 추가하고 계속 믹싱해서 완전히 섞는다.

케이크 조립하기

16. 케이크가 완전히 식으면 윗면을 평평하게 다듬은 뒤 각 크기별로 바닥 시트로 쓸 것을 고른다. 지름 15cm 레몬 생강 케이크의 경우, 지름 15cm 받침 위에 바닥 시트를 놓고 L자 스패튤러로 화이트초콜릿 버터크림 180ml를 펴 바른다. 이어서 다음 시트를 올리고 다시 화이트초콜릿 버터크림을 똑같이 바른 뒤 마지막 시트로 덮는다. 남은 버터크림 약 180ml로 케이크 표면에 크럼 코트 작업까지 마친 뒤 한쪽에 둔다.

17. 지름 25cm 레몬 생강 케이크는 먼저 지름 25cm 받침 위에 바닥 시트를 놓고, L자 스패튤러로 화이트초콜릿 버터크림 360ml를 펴 바른다. 이어서 다음 시트를 올리고 다시 화이트초콜릿 버터크림을 똑같이 바른 뒤 마지막 시트로 덮는다. 남은 버터크림 약 300ml로 케이크 표면에 크럼 코트 작업을 한 뒤 한쪽에 둔다.

18. 지름 20cm 옐로 버터 케이크의 경우, 먼저 지름 20cm 받침 위에 바닥 시트를 놓는다. 원형 깍지를 끼운 짤주머니에 허니 버터크림을 채워서 바닥 시트 윗면 가장자리를 빙 둘러 가며 12mm 높이의 댐을 파이핑한다. 이어서 댐 안쪽에 준비한 살구잼의 1/2을 바른다. 다음 시트를 올리고 앞서와 똑같이 버터크림과 살구잼을 바른 뒤 마지막 시트로 덮는다. 남은 허니 버터크림으로 케이크 표면에 크럼 코트 작업을 한다.

케이크 쌓기

19. 30.5cm 지름의 두꺼운 케이크 받침(케이크 드럼) 위에 크럼 코트한 지름 25cm 케이크를 올린다. 수평계를 이용해 케이크 윗면을 최대한 평평하게 만든다. 케이크 윗면이 완벽한 수평을 이루지 않을 경우, 안정성 확보를 위해 윗면 한가운데 또는 가장 높은 지점에 기다란 나무 지지대를 박는다. 지지대가 케이크 속에 어디까지 박혔는지 식용색소펜으로 표시한 다음 지지대를 다시 빼낸다. 케이크 윗면과 지지대가 수평을 이루도록 지지대를 자른다. 지름 25cm 케이크에는 똑같은 길이의 지지대가 총 9개 필요하다. 1개는 케이크 중심에 박고, 나머지 8개는 가장자리에서 안쪽으로 2.5cm쯤 들어온 위치에 똑같은 간격으로 박는다.

20. 지름 25cm 케이크 위에 20cm 케이크를 조심스럽게 쌓아올린다. 이어 앞서와 똑같이 총 5개의 지지대를 20cm 케이크 윗면에 박는다. 그 위에 다시 지름 15cm 케이크를 쌓아올린다. 케이크와 받침 사이에 빈틈이 보이면 버터크림으로 메운다. 버터크림을 짤주머니에 채워 케이크 아래쪽 가장자리에 파이핑하면 좀 더 정돈된 느낌이 난다. 마지막으로 생화를 꽂아 장식한다.

파티시에 노트

대형 다층 케이크를 다른 장소로 옮겨야 할 경우, 각각의 케이크에 미리 지지대를 박아두고 해당 장소에 도착하자마자 쌓아올린다. 케이크를 쌓을 때는 L자 스패튤러로 조심스럽게 받쳐서 옮긴다.

두꺼운 케이크 받침과 지지대는 온라인 쇼핑몰이나 대형 마트의 베이킹 코너에서 구매할 수 있다.

이 레시피에서처럼 케이크 표면을 크럼 코트로 마무리하지 않고 완벽하게 프로스팅하려면, 버터크림을 3L 정도 더 준비해야 한다.

3단 웨딩케이크는 냉장고에서 최장 4일까지 보관할 수 있으며 냉동 보관도 가능하다 (25쪽 참조).

믹스 앤드 매치

이 책의 의도는 크게 두 가지다. 하나는 내가 좋아하는 케이크들을 독자들이 집에서 똑같이 재현할 수 있도록 레시피와 노하우를 알려주는 것이고, 또 하나는 내가 알려준 내용을 조합해 독자들이 스스로 자신만의 케이크를 만들 수 있게 하는 것이다.

지금까지 여러분은 다양한 케이크 시트와 필링, 프로스팅, 가니시를 두루 섭렵했다. 이제는 각종 레시피와 장식 기술을 각자 자유롭게 조합해서 독창적인 나만의 디저트로 만들 차례다. 다음의 몇 가지 예시를 참고해서 시작해보자!

새 작품	시트	필링	프로스팅	파티시에 노트
바닐라 카푸치노 케이크	바닐라빈 버터 케이크	에스프레소 가나슈	에스프레소 버터크림	케이크 윗면은 휩크림®을 사용해 회오리 피니시로 프로스팅하고, 코코아가루를 뿌려 장식한다.
여름 바질 복숭아 케이크	폴렌타 올리브오일 케이크	바질 휩트크림	신선한 복숭아	한여름 바비큐 파티에 잘 어울리는 케이크다.
초콜릿 몰트 케이크	데블스 푸드 케이크	초콜릿 몰트 필링	퍼지 프로스팅	가니시로 몰트 볼을 잘게 부수거나 통째로 올린다.
피넛버터 바나나 케이크	로스티드 바나나칩 케이크	피넛버터 크림치즈 프로스팅	머랭 프로스팅	마시멜로 아이싱이 더해져서 마치 피넛버터 마시멜로 샌드위치 같은 느낌의 케이크다. 지름 20cm 팬에 25~28분 동안 굽는다.
딸기 샴페인 케이크	화이트초콜릿 케이크	딸기크림	샴페인 버터크림	화이트초콜릿 컬로 장식한다.
베이크트 알래스카 케이크	클래식 초콜릿 케이크	좋아하는 아이스크림	머랭 프로스팅	만드는 법은 바나나 스플릿 케이크와 동일하며, 머랭으로 프로스팅한다. 30~60분 동안 얼린 다음 요리용 토치로 표면을 살짝 그을린다.
핑크 레모네이드 케이크	레몬 버터 케이크	딸기크림	바닐라 스위스 머랭 버터크림	조립 전 케이크 시트에 리몬첼로®를 바르면 레몬의 풍미를 더 강하게 낼 수 있다.
빅토리아 스펀지 케이크	시폰 케이크	라즈베리잼 + 휩트크림	휩트크림 프로스팅	케이크 옆면은 프로스팅하지 않고, 좋아하는 베리류를 케이크 위에 듬뿍 올린다.
호박 라테 케이크	갈색설탕 호박 케이크	캐러멜 크림치즈 프로스팅	에스프레소 가나슈	가나슈의 양을 레시피의 두 배로 늘려서 케이크 전체를 프로스팅한다.
초콜릿딥 딸기 케이크	클래식 초콜릿 케이크	딸기크림	딸기 장미 버터크림	케이크 전체를 매끈하게 프로스팅한 다음 초콜릿 글레이즈를 끼얹는다.
밀크 쿠키 케이크	바닐라빈 버터 케이크	브라운버터 필링	바닐라 스위스 머랭 버터크림	케이크 반죽에 미니 초코칩 쿠키 1컵을 폴딩해서 섞은 뒤 굽는다.
스푸모니 케이크®	클래식 초콜릿 케이크	체리잼 ⏐ 피스타치오 버터크림	바닐라 스위스 머랭 버터크림	케이크 위에 초콜릿 글레이즈, 버터크림 로제트, 체리 설탕 조림을 올려서 장식한다.
키 라임 파이 케이크	라임 케이크	라임 필링	그레이엄 프로스팅	휩트크림을 회오리 모양으로 파이핑하고, 신선한 라임 제스트를 올려 마무리한다.
레몬 블루베리 케이크	블루베리 버터밀크 케이크	레몬 커드	바닐라 스위스 머랭 버터크림	신선한 블루베리나 설탕에 조린 레몬 슬라이스로 장식한다. 봄날에 가장 잘 어울리는 케이크!

감사의 말

생애 첫 책을 펴내는 일이 쉽고 간단할 거라고는 생각하지 않았다. 하지만 막상 해보니 그 과정은 내가 상상했던 것보다 훨씬 힘들고 복잡했다. 나 혼자서는 절대 해내지 못했을 일이라 이 책이 세상에 나오기까지 도움을 준 모든 이들에게 감사한 마음을 전하고 싶다. 내 인생에서 그들과 인연을 맺게 된 것을 정말 고맙게 생각한다.

나의 에이전트 멜리사 서버 화이트는 이번 프로젝트를 시작한 첫날부터 내게 용기와 신뢰를 주었다. 태어나서 처음 책을 써보려는 내게 출판이라는 새로운 세계를 알려주었고, 계속해서 해낼 수 있다는 믿음을 갖게 해주었다.

편집자 로라 도지어는 이 책이 세상에 나오기까지 전 과정에서 굳건한 지원군이자 길잡이였다. 내가 생각을 구체화시키고 창의력을 발휘하는 데 도움이 되도록 긍정적인 환경을 만들어주었다. 내 글과 사진을 아름다운 진짜 책으로 탄생시켜준 샐리 냅, 뎁 우드, 그밖에 에이브럼스북스 출판사 편집팀에게도 고마움을 전한다. 그들은 내가 이 책을 내 스타일대로 구성할 수 있게 해주면서도 전문성을 발휘해 내가 꿈에도 생각지 못한 수준으로 업그레이드해주었다.

무조건적인 사랑과 인내심을 보여준 내 남편 브렛. 엄청난 양의 설거지와 시도 때도 없는 재료 준비, 무한한 맛보기까지 이번 프로젝트에서 남편이 도와준 일은 한두 가지가 아니었다. 한밤중에도 내게 이성적인 조언을 해주고, 내가 스스로를 의심하지 않도록 지켜주었다.

내가 꿈을 좇을 수 있게 늘 격려해주고, 내가 하는 모든 일을 응원해 주신 부모님께도 감사함을 전한다. 케이크 숍을 여는 과정에서도 영업 신고부터 매장 인테리어, 심지어 설탕 꽃을 만드는 작업까지 도와주셨다.

오빠 라이언은 내 인생에 중요한 터닝 포인트가 된 카메라를 사준 장본인이다. 또 오빠와 긴 대화를 나누는 동안 비즈니스 마인드와 현실적 인식을 기반으로 꿈과 열정을 추구할 수 있는 길을 찾을 수 있었다. 내 삶에 다양한 스토리를 만들어주고, 이 책에 실린 많은 레시피의 영감이 된 가족과 친구들에게도 고맙다는 말을 전한다.

마지막으로 사랑하는 내 아기 에버렛! 이 책에 실린 첫번째 사진을 찍고 출판사에 레시피 초고를 보낸 때가 에버렛이 태어나기 바로 며칠 전이다. 내게 인생에서 정말 중요한 것이 무엇인지 일깨워주고, 이전까지 세상에 존재하는지도 몰랐던 사랑을 가르쳐준 아들에게도 고맙다고 말하고 싶다.

재료 구입처

그동안 케이크 전문 파티시에 겸 푸드 스타일리스트로 일하면서 다양한 제과·제빵 도구를 구입했다. 특히 케이크 스탠드와 각종 장식물은 많이 사 모았다. 나는 독특한 모양의 서빙 도구를 좋아해서 마음에 쏙 드는 제품을 구하기 위해 앤티크 숍들까지 뒤지고 다닌다. 하지만 정작 내가 가장 아끼는 제품들은 대개 좀 더 대중적이고 상업적인 베이킹 용품 매장에서 구매한 것이다. 다음은 내가 주방에서 실제로 사용하는 제품과 브랜드들을 취급하는 업체 목록이다.

앤스로폴로지
anthropologie.com
케이크 스탠드, 디저트 접시, 유리잔,
리넨

밥스 레드 밀
bobsredmill.com
다양한 품종의 스페셜티 가루
(고급 식품 전문 매장에서도 구매 가능)

칼리바우트 초콜릿
callebaut.com
프리미엄 다크초콜릿과 화이트초콜릿
(고급 식품 전문 매장에서도 구매 가능)

크레이트 & 배럴
crateandbarrel.com
베이킹 도구, 케이크 스탠드, 디저트 접시 등

크로스 데코어 앤드 디자인
thecrossdesign.com
케이크 스탠드, 디저트 접시, 리넨, 장식품

플레어 익스체인지
theflairexchange.com
컨페티, 종이 가랜드 등 각종 파티 용품

푸드 52
food52.com/shop/
아름다운 베이킹 도구, 케이그 스탠드,
디저트 접시, 기타 장식품

글로벌 슈거 아트
globalsugarart.com
베이킹 도구, 케이크 팬, 스프링클 등

구어메 웨어하우스
gourmetwarehouse.ca
밴쿠버 소재 업소용 식자재 및
스페셜티 푸드 전문 매장

헤리엇 그레이스
shop.herriottgrace.com
예쁜 수제 소품, 양초, 케이크 깃발

케이트 스페이드 뉴욕
katespade.com
모던한 느낌의 식기류

킹아서 플라워
kingarthurflour.com
각종 밀가루, 코코아가루, 설탕
(일반 마트에서도 구매 가능)

키친에이드
kitchenaid.com
다기능 스탠드 믹서

마이클스
michaels.com
각종 스프링클, 케이크 팬, 베이킹 도구 등

닐슨 마세이
nielsenmassey.com
바닐라빈 페이스트, 각종 익스트랙트류

퍼펙트 퓌레 오브 나파 밸리
perfectpuree.com
패션프루트 농축액, 기타 과일 퓌레

피어 1 임포츠
pier1.com
케이크 스탠드, 디저트 접시, 리넨 등

쉬르 라 타블
surlatable.com
베이킹 도구, 케이크 팬, 스프링클 등

웨스트 엘름
westelm.com
베이킹 도구, 식기류, 커틀러리, 리넨 등

홀푸드 마켓
wholefoodsmarket.com
유기농 식품, 스페셜티 푸드

윌리엄스 소노마
williams-sonoma.com
주방 기기, 베이킹 도구, 케이크 팬,
스페셜티 푸드

주석

가토 아 프랑부아즈
'프랑부아즈'는 라즈베리, '가토'는 케이크란
뜻이다.

길티 플레저
죄책감을 느끼거나 하면 안 된다는 걸 알지
만 자신에게 즐거움을 주는 행위.

둘세 데 레체
우유에 설탕을 오랜 시간 뭉근하게 끓여서
만든 일종의 잼. 남미와 프랑스, 폴란드 등에
서 즐겨 먹는다. 캐러멜 소스와 비슷하나 물
대신 우유를 사용한다는 점이 다르다.

리몬첼로
이탈리아 남부 지방에서 생산된 레몬 리큐어.

마지팬
설탕과 아몬드가루를 섞어 만든 페이스트.

멜론볼러
과일을 작은 공 모양으로 파낼 때 쓰는 기구.

미니 피넛버터 컵
작은 컵 모양의 밀크초콜릿으로 안에 피넛버
터가 들어가 있다.

바노피 파이
버터향이 강한 타르트 베이스에 바나나, 휩
트크림, 캐러멜 소스 초콜릿 등을 올린 영국
식 디저트.

바크 초콜릿
베이킹 트레이에 녹인 초콜릿을 부어 얇고
평평하게 펼친 다음 견과류나 과일 등을 뿌
려 굳힌 뒤 큼직한 조각으로 부순 것.

봄브
19세기말 프랑스의 전설적인 셰프 에스코피
에가 개발한 아이스크림 디저트. 대포알 모
양의 틀에 얼려서 '봄브'라는 이름이 붙었으
며, 오늘날에는 아이스크림 외에 무스, 셔벗,
케이크 등 다양한 형태를 띤다.

샌딩슈거
입자가 굵고 광택이 좋은 장식용 설탕.

스킬릿
옆면이 비스듬한 프라이팬.

스푸모니 케이크
체리, 초콜릿, 피스타치오로 각각 분홍색, 갈
색, 녹색을 낸 레이어 케이크. 이탈리아 아이
스크림인 스푸모니spumoni와 비슷한 형태를
띠는 데서 유래한 이름이다.

아몬드밀
아몬드 껍질을 벗기지 않고 거칠게 간 것. 아
몬드가루는 아몬드 껍질을 벗기고 곱게 간
것이다.

아이스크림선디
아이스크림에 시럽이나 초콜릿소스, 견과류,
휩트크림, 설탕에 절인 과일 등을 올린 미국
의 대표 디저트.

앤젤 푸드 케이크
달걀흰자로 만든 스펀지 케이크.

옐로 케이크
달걀 노른자와 흰자가 모두 들어간 제누아즈.

오픈별
별 모양 깍지 중에 톱니가 뭉툭하고 별 가운
데 면적이 넓은 것을 '오픈open'이라고 하고,
반대로 톱니가 길쭉하고 별 가운데 면적이
좁은 것을 '클로즈드closed'라고 한다(한국
에서는 '크로스별'이라고 한다).

차이
인도식 홍차. 향신료와 우유, 설탕 등을 섞어
마신다.

컨페티
색종이 가루 같은 스프링클.

코셔소금
아이오딘 같은 첨가물이 없는 거친 소금.

코셔푸드
재료 선정부터 조리 과정까지 유대교 율법에
따라 처리한 깨끗하고 안전한 식품.

콩포트
과일을 큼직하게 썰거나 통째로 설탕물에 조
린 것. 잼과 비슷하지만 과육 덩어리 때문에
펴 바르기가 쉽지 않다.

쿨리
채소나 과일에 설탕 등을 넣고 조려 퓌레처
럼 으깬 뒤 촘촘한 거름망에 밭여서 만든 묽
은 소스의 일종.

크링클 쿠키
슈거파우더를 뿌린 쿠키로, 쿠키 반죽이 부
풀어오르면서 갈라진 부분이 하얀 슈거파우
더 사이로 드러나 주름crinkle처럼 보인다.

포터 케이크
흑맥주인 포터와 말린 과일, 향신료 등으로
맛을 낸 아일랜드의 전통 케이크.

플뢰르 드 셀
프랑스 해안가에서 전통 방식으로 생산되는
소금.

플레이크 솔트
크리스털처럼 입자가 크고 납작한 마른 소금.

피루에트
발레에서 한쪽 발끝으로 서서 회전하는 동작.

핑크페퍼콘
남미 원산의 브라질 후추나무 열매. 단맛이
강하며 끝에 후추의 톡 쏘는 향이 느껴진다.
고급 해산물 요리나 샐러드, 소스 등에 사용
한다.

하우피아 파이
파이 크러스트 위에 코코넛 푸딩과 초콜릿을
얹고 크림으로 장식한 전통 하와이 디저트.

휩트크림
액상 크림을 거품기로 휘저어whip 만든 반
고체형 크림. 흔히 휘핑크림이라고 부르지만
엄밀히 말해 휘핑크림은 휘핑용 액상 크림을
가리킨다.

레시피 찾아보기

레이어드

1판 1쇄 펴냄 2024년 1월 25일
1판 2쇄 펴냄 2024년 3월 4일

지은이 테사 허프
옮긴이 김현희

펴낸이 김경태
편집 홍경화 양지하 한홍비   **디자인** 박정영 김재현   **마케팅** 김진겸 유진선 강주영

펴낸곳 (주)출판사 클
출판등록 2012년 1월 5일 제311-2012-02호
주소 03385 서울시 은평구 연서로26길 25-6
전화 070-4176-4680 **팩스** 02-354-4680 **이메일** bookkl@bookkl.com

ISBN 979-11-92512-66-2 13590

출판사 클의 책을
만나보세요.